保障力

中国的发展与总体国家安全

杜刚 著

開明書店

序

国家安全是国家存在的常态话题。国家的产生、存续和消亡必然与国家安全的产生、维护和消失相偕而行。当今国际社会，民族国家依然是国际政治的主要行为体，经济全球化、地区一体化虽然在一定程度上冲击人们对民族国家的认同，但国家依然是保证一国主权安全、领土完整和社会平安稳定的主要力量。当前，世界正面临百年未有之大变局，在种种不确定性因素的冲击下，几乎每一个国家都变得“不安全”，“黑天鹅”“灰犀牛”事件层出不穷。每个国家面临的实际情况是：一方面，传统安全变得更加错综复杂；另一方面，非传统安全因素的叠加让国家安全变得越发难以解决。

21 世纪以来，随着中国整体实力的增强和国际影响力的不断提升，影响中国的传统安全问题和非传统安全问题也不断涌现。习近平适时提出了总体国家安全观，成为指导中国国家安全建设的根本指导思想和基本准则，也成为学界研究国际安全、国家安全、国际战略的最重要的理论依据。

本书作者苏州经贸职业技术学院杜刚教授于 2004 年进入华中师范大学政治学研究院攻读国际关系硕士学位，我有幸成为他的指导教师。毕业后，杜刚一直从事国际问题方面的研究，我们时常保持学术联系。后年，他师从钮菊生教授攻读博士学位。在读期间，他勤于思考，勇于钻研，敢于挑战自我，挑战权威，在学术上展现出一股顽强不屈的精神。多年来，杜刚教授一直在国家安全领域深耕细作，斩获颇丰，尤其是对国家安全本质、国家安全发展的历史逻辑、国家安全的未来演化趋势等进行了深入独到的研究，提出了诸多令人耳目一新的见解。本书是在其博士学位论文的基础上扩展修订完成的学术专著，也是作者多年来安全研究成果的集中体现。该书就国家安全与社会生产力发展、国家安全的若干主要变量、国家安全保障力的获得、国家安全教育等方面议题进行了广泛而深刻的研究，为我们认识纷扰的现实世界提供了重要的分析依据和理论参考，无论是在理论还是在实践上都具有重要的借鉴价值。

国家安全处于不断发展变化之中。科技进步为维护国家安全带来了便利，但也带来了巨大挑战。一方面，高科技、计算机网络、人工智能（AI）、大数据等技术的快速发展为维护和研究国家安全提供了诸多新思维、新疆域和新方法；另一方面，高新技术的发展既增大了现实国家安全面临的不确定性和高风险性，也使国家安全研究面临更多更复杂的新对象和新议题。无论如何，随着国家安全一级学科的设立，国家安全的研究和教育未来必然可期。相信杜刚老师定能乘此东风，在国家安全领域继续“钻井”，学术道路越走越远，成果产出更加丰硕。

摘要

冷战结束以来，国际社会并没有进入人们所奢望的太平世界。在经济全球化快速发展背景下，传统安全问题不仅没解决，非传统安全问题又犹如捅破了马蜂窝一样接踵而至。传统安全与非传统安全两者又相互叠加、相互转化。大国之间关系既有合作也摩擦不断。亚洲地区正在成为世界的中心，地区热点问题难以解决，国际社会并不太平。这是中国发展进程所面临的国际形势和国际安全背景。

进入 21 世纪以来，中国的发展面临着新的安全问题。当前中国正在致力于实现中华民族伟大复兴，处在历史发展的关键时刻。实现中华民族伟大复兴、实现中国梦、实现和平发展构成了新时代国家发展的目标。如何保障这些目标顺利实现、如何在实现目标进程中保障和实现国家安全，这些都是迫切需要回答的问题。本文首先从生产力发展的角度分析了国家发展可以维护国家安全，国家安全反过来有利于促进国家崛起。提出国家要实现崛起必须具有相对稳定的内外环境的假设，创新提出了“国家安全保障力”概念。着重分析了中国在和平崛起进程中所面临的内外几个主要安全问题，重点探讨了和平崛起进程中安全的挑战及其根源。提出“人”是实现国家安全之根本的思想，为此设计了保障国家安全的路径选择。在章节设置上，第一章是和平崛起与国家安全的理论分析，从理论视角分析国家发展与国家安全之间的关系。第二章提出问题，分析中国和平崛起进程中国家安全面临着什么样的问题。第三章分析了和平崛起进程中由安全问题引起的挑战及其根源。第四章解决问题，中国和平发展进程中保障总体国家安全的路径选择，从四个方面探讨了如何维护国家安全的具体措施。

通过论证分析，总结论就是国家发展并不必然带来国家安全，国家崛起既是实现国家安全的途径，也是国家实现安全的最终目的。国家安全的内涵和外延是不断发展变化的，在国际社会上只要有阶级差别存在、地区发展差别存在、意识形态差别存在，共同安全价值观（人类命运共同体意识）如果没有形成，国际社会就会一直处于不安全状态。维护和实现国家安全不是某一个国家的责任，需要全世界共同努力。中国在发展进程中既需要团结广大热爱和平的国家，实现合作安全；也需要从物质和精神两个建设维度来考虑维护国家安全。

关键词：中国　和平崛起　国家安全　保障力

目录 Contents

导 论

一、选题背景

（一）国际背景

冷战结束以来，国际安全形势发生了很大的变化。从整体上来看，和平与发展的时代主题没有变化，和平、发展、合作、共赢成为鲜明的旗帜。“世界多极化、经济全球化深入发展，文化多样化、社会信息化持续推进，科技革命孕育新突破，全球合作向多层次全方位拓展，新兴市场国家和发展中国家整体实力增强，国际力量对比朝着有利于维护世界和平方向发展，保持国际形势总体稳定具备更多有利条件。同时，世界仍然很不安宁。”[1] 传统安全问题依然存在，非传统安全问题变得更加扑朔迷离，恐怖主义越反越恐，国际金融危机影响深远，世界经济增长不稳定不确定因素增多，全球发展不平衡加剧，霸权主义、强权政治和新干涉主义有所上升，局部动荡频繁发生，气候与环境安全、水与粮食安全、能源资源安全、网络信息安全等全球性问题更加突出。[2]

当前，国际关系进入新世纪以来发生的深刻变化正在继续，一些具有规律性的特点和趋势进一步显现。

一、国际局势总体和平，但局部性的战争和动荡有所加剧。全球化

1　胡锦涛：坚定不移沿着中国特色社会主义道路前进为全面建成小康社会而奋斗——在中国共产党第十八次全国代表大会上的报告；《天津政协》2012-11-15。

2　同上。

发展迎来“逆全球化”思潮，个别大国贸易保护主义抬头。大国关系基本以合作为主调并保持相对关系的稳定。大国关系出现新型特征，新型大国关系呈现端倪。

二、霸权主义依然是当今国际社会动荡不安的主要根源。西方霸权主义在伊拉克虽遭受挫折，但元气未伤，其谋求单极世界霸权的势头仍将延续相当一段时期。当今世界热点问题与传统安全问题相互交织，乌克兰危机、“阿拉伯之春”带来各种后遗症。巴以矛盾因美国的搅局持续升级，朝鲜半岛核问题久拖未决，亚洲国家领土争端不停，这些问题虽然是由多种复杂因素引起，但从根本上说与霸权主义干预有紧密联系。

三、国际恐怖主义有消有长而未根除，滋生恐怖主义的土壤还在，国际反恐斗争形势依然严峻。冷战结束后，恐怖主义活动愈演愈烈，已成为国际社会一大公害。近年以来，国际反恐形势出现若干新动向。“伊斯兰国”虽然被消灭了，恐怖主义活动出现新的反弹，打击恐怖主义的复杂性和艰巨性更加突出。恐怖主义袭击频率增加，活动范围、袭击规模扩大。[3] 法国、英国、西班牙、俄罗斯等地先后遭受严重恐怖主义袭击，举世震惊。

四、各国新军事变革深入调整。当前，世界上军事大国正在进行二战以来最广泛、最深刻的军事战略调整。美国战略重心东移，重返亚太，提出“亚洲再平衡”战略，其主要目的是遏制有关新兴国家的崛起，强化军事力量在维护和扩展国家利益中的作用，谋求在世界多极化进程中占据优势地位，争夺二十一世纪国际社会中战略主动权。俄国努力扩大在原苏联地区地缘政治的影响，维护俄罗斯的国家战略利益，试图恢复到苏联时期的影响，保持世界重要的一极。中国在十八大后进行了新一轮军事战略调整，围绕着“听党指挥、能打胜仗、作风优良”的目标进

3 魏向前：当前国际安全形势与中国对外战略选择，《当代世界》，2011-01-05。

行军事变革。日本军事战略整体上调整为“由守转攻”，战略上瞄准中国。

五、中国周边地区及亚太局势紧张。近年来随着中国的快速崛起，再加上亚洲新兴经济体不断发展，亚洲国家在世界舞台的发言权越来越显得举足轻重，亚洲成了影响世界发展格局的重要力量。与此同时，亚洲，尤其是东亚地区，成了大国实力较量和武力展示的竞技场。美国构筑对华“C”型包围圈不断在幕后指使盟国与中国进行领土争端，在政治、军事、经济、文化、太空和网络空间等诸多领域全面阻挠和遏制中国崛起。

六、非传统安全问题变得更加突出。纵观整个世界，虽然大规模战争短期内不会爆发，但是发展问题、环境问题、重大传染性疾病、能源危机、国际金融危机、恐怖主义、走私贩毒、非法移民等非传统安全问题越来越多，也在困扰着全世界人民。非传统安全问题与传统安全问题的界限变得越来越模糊，逐渐成为需要世界各国联手应对的问题。

全球化发展所产生的上述问题对国际安全、地区安全、国家安全、社会安全乃至公民的个人安全都构成了重大的威胁和影响。应对这些问题需要国际社会、每个国家、每位地球公民共同应对，打造“人类命运共同体”。

（二）国内背景

改革开放以来中国取得了举世瞩目的成就，各项事业取得了飞速发展，国际地位显著提升。2010 年，中国的经济总量超过了日本，成为世界第二大经济体。中国的崛起正处在关键的历史时期，“两个一百年”奋斗目标正处在关键时刻，中华民族伟大复兴正在不断接近现实。中国的崛起让世界很不适应，尤其是西方国家，他们认为中国的崛起是“威胁”。“虽然一些国际舆论固守成见和偏见始终对中国的发展抱有怀疑，但事实不断证明中国的崛起符合历史大势，也契合爱好和平的人们对于人类未来的期待。"[1] 中国在崛起的进程中产生的国家安全问题将长久地伴随着中国。

在中国崛起进程中国家面临的内外安全问题非常突出。国家主席习近平在 2014 年 4 月 15 日中央国家安全委员会第一次会议上指出，"当前我国国家安全内涵和外延比历史上任何时候都要丰富，时空领域比历史上任何时候都要宽广，内外因素比历史上任何时候都要复杂，必须坚持总体国家安全观。"[2] 这一论述高度概括了中国国家安全总体面临的态势。

一、中国改革开放的发展进入新时代，新时代面临新的安全问题。十八大以来中共面临着十分复杂的国际形势和艰巨繁重的改革任务。中共高举中国特色社会主义伟大旗帜，以邓小平理论、"三个代表"重要思想、科学发展观、习近平新时代中国特色社会主义思想为指导，团结带领全党全军全国各族人民，坚持稳中求进的工作总基调，着力稳增长、调结构、促改革，沉着应对各种风险挑战，全面推进社会主义经济、政治、文化、社会、生态建设，全面推进党的建设新的伟大工程。与此同时，中国发展也面临着新的安全问题。习近平在十九大报告中指出，当前中国社会发展进入了新的阶段，处于新的历史方位。国内外形势不容乐观，"当前，国内外形势正在发生深刻复杂变化，我国发展仍处于重要战略机遇期，前景十分光明，挑战也十分严峻。"[3] 面对新形势新任务，全面建成小康社会，进而建成富强、民主、文明、和谐、美丽的社会主义现代化国家、实现中华民族伟大复兴的中国梦，必须在新的历史起点上全面深化改革。因此保障国家安全需要酝酿出新思维、新战略和新举措。

---

1 王帆：中国崛起正改变世界历史进程，环球网－《环球时报》，2015 年 1 月 4 日，http://opinion.huanqiu.com/opinion_world/2015-01/5332582.html.

2 习近平著：《习近平谈治国理政》，北京：外文出版社，2014 年版，第 200 页。

3 习近平：决胜全面建成小康社会 夺取新时代中国特色社会主义伟大胜利，《人民日报海外版》，2017 年 10 月 19 日，第 04 版。

二、政治安全和政权安全需要不断加强和巩固。当前中国政治体制改革在不断推向前进，改革围绕着党的领导、人民当家作主和依法治国的三者有机统一。政治安全是国家安全的基础，没有稳定的政治局势，社会稳定出现问题，对国家和社会发展就会产生重大影响。十八大以来从中共惩治腐败的决心、力度和成果来看，腐败是令人深恶痛绝的。腐败程度之深、腐败官员级别之高、范围之广都是难以想像的。政治体制不改革，权力没有受到监督和制约，腐败问题层出不穷，其结局必然是亡党亡国。

三、社会发展的突出问题影响社会的稳定。社会矛盾的积累会对社会的稳定、国家的安宁带来致命威胁。"国泰"与"民安"历来是相辅相成，二者具有高度一致性。如果民"不安"，国也不可能"泰"。苏联改革失败的重要原因之一，就在于社会矛盾不断加深和社会问题的长期积累。改革开放以来中共高度重视社会稳定问题，明确提出"稳定是大局"的思路。邓小平在改革开放之初提出要处理好"改革、发展与稳定"三者之间的关系。但是改革既然是一场革命，"革命"必然会引起社会的动荡和不安。近年来，中国的改革开放进入了攻坚克难的深水区。改革带来的阵痛比以往任何时候都显得更为严峻。改革开放使中国取得了举世瞩目的成就，但也存在许多"发展中的问题"。十八大的报告中阐述了发展的问题，"城乡区域发展差距和居民收入分配差距依然较大；社会矛盾明显增多，教育、就业、社会保障、医疗、住房、生态环境、食品药品安全、安全生产、社会治安、执法司法等关系群众切身利益的问题较多，部分群众生活比较困难；一些领域存在道德失范、诚信缺失现象等等。"[1]这些问题虽然属于发展问题，如果解决不好，也会对社会稳定、国家安

1　胡锦涛：坚定不移沿着中国特色社会主义道路前进　为全面建成小康社会而奋斗——在中国共产党第十八次全国代表大会上的报告，《天津政协》，2012-11-15。

全带来威胁。习近平在主持第十四次政治局学习时强调，面对新形势新挑战，维护国家安全和社会安定，对全面深化改革、实现“两个一百年”奋斗目标、实现中华民族伟大复兴的中国梦都十分紧要。显而易见，在习近平看来，维护社会安定与维护国家安全的地位是相同的。

四、国内的分裂势力和恐怖主义成为影响国家发展和民族团结的毒瘤。国内恐怖势力、宗教极端势力和分裂势力与外部恐怖势力勾结，威胁了国家安全和民族地区的安定团结。长期以来，恐怖主义以其血腥的暴力活动为显著标志，在世界各地制造混乱，造成社会动荡不安。“9.11”事件的影响到一个前所未有的高度，它以空前的破坏力、冲击力和影响力给国际政治、国际关系和国际秩序带来深刻的变化。它迫使世界各国合作打击各类恐怖主义势力，重新评估恐怖主义的危害，并把反恐纳入国家安全的战略层面。对恐怖主义势力虽然“人人喊打”，但恐怖主义威胁并没有在国际反恐斗争的严厉打击下日趋衰微，打击恐怖主义势力是一项复杂的、长期的而又艰巨的任务。

五、国民的思想道德、精神信仰、文化素质不能满足国家安全发展形势的需要。经过 40 年的以“经济建设为中心”的发展，中国在经济、科技、军事等领域的发展突飞猛进，但是人们的信仰、国民的思想文化素养、人的道德与诚信在不断滑坡，拜金主义、享乐主义、奢靡之风严重。意识形态领域斗争形势严峻。国民对国家的认同弱化、民族观念淡薄，缺乏世界公民意识。在安全领域，国民的国家安全意识淡化，居安思危意识不足，电视和网络媒体充斥低俗媚俗节目。怀疑英雄人物、质疑历史的虚无主义弥漫。社会和国民维护国家安全的能力不强。海外利益、海外华侨人身安全、海外项目、财产安全维护和保障能力不足。

从总体上，当前中国经济发展稳健前行，政治改革紧随其后，文化发展不能满足经济、政治和社会发展的需要。中国综合实力在不断发展，离实现中华民族伟大复兴的中国梦越来越近。但是也要看到今天中国面对的国内外各种压力和挑战是非常严峻。国家安全保障时刻需要加强戒备和防范，随时面对各种突发事件。而国民的国家安全意识和维护国家安全的能力尚需要大幅度提升。

二、选题意义

（一）理论意义

国家安全问题既是理论问题也是实践问题。安全问题研究自身涉及理论发展和安全实践的指导问题。必须把安全课题放在国家历史与时代的大背景下进行研究，这对安全理论发展和安全实践都具有重要意义。

1. 从认识论上来说，“我们需要从月球上来认识地球上所发生的一切。”[1] 马克思主义历来重视从生产力发展视角看待和分析问题。从生产力的角度来认识安全问题，突破了单一的安全研究视角，突破了安全研究维“器物”论认识，突破了安全研究“管理论”的认识，以生产力视角研究安全问题加深了对安全内涵、安全外延、安全行为体变化的认识和理解，对安全问题发展规律会更有进一步的认识。扩大了安全研究的时空范围。此外，就国家发展理论上来说，从安全的角度认识国家发展理论与实践，维护国家安全就是维护国家的存在，当所有国家灭亡消失了，国家安全也就随之消失了，最终的一切安全议题重新回归到“人”的安全上来。

2. 突破了对国家安全具体内容的研究，把国家安全放在了历史与时代主题中进行研究。目前国内外学者对国家安全的研究多偏向于具体领域的研究，比如经济安全研究、金融安全研究、文化安全研究、防范恐

1　乔耀章：政治学前沿问题讲义，2013 年 9 月。

怖主义研究、政治安全研究等等。这些具体领域中的安全研究虽然具有一定的必要性，在指导该领域的安全防范和从事安全管理上具有重要的理论与现实意义，但是具体领域研究具有局限性，没有看到安全问题的历史性和时代性。对国家来说，不存在任何单一的安全，国家安全是总体性安全，是综合性安全，是与其他国家共同维护和实现的安全。过于追求某一方面的安全状态容易陷入“安全困境”的尴尬局面。国家安全的综合性、历史性和时代性研究对于在理论建设上具有一定的开拓性思维。

3. 把国家安全问题与生产力理论相结合进行研究。生产力发展和科技进步对国家安全产生什么样的影响？安全与科技两个变量之间何时是呈现正相关影响，又何时会出现负面影响？如何减少科技因素对国家安全的负面影响，比如阻止先进武器流入到恐怖分子手中，防范国家之间的网络战争，这些问题有必要在理论上加以研究，要让科技因素更好地在国家内部提升安全保障能力，同时使国家之间的关系变得更稳固和谐，使人类社会平安地利用科学技术，需要在理论上开展进一步研究。

（二）现实意义

1. 课题研究可以使人们不断地认清安全问题发展的趋势和历史规律。自从产生了人类也就产生了安全问题。自国家诞生以来安全问题变得更加复杂，各级各类安全管理主体如果能够认识到安全议题是永恒的，安全内涵是不断更新的，安全外延是不断发展的，安全有不断变化趋势，把握安全的发展规律对安全管理主体来说具有重要的指导意义。

2. 国家安全保障本身就是安全实践的问题。安全保障包含着安全行为主体安全意识的获得和维护安全能力的不断增强。而安全意识、安全知识、安全思想、安全能力需要在生产、生活和生存的实践中去获得。同时，已经获得的安全意识、安全知识、安全思想和维护安全的能力也需要代际之间传播、转移、延续和发展。

3. 为国家安全行为主体、国家安全管理主体提供指导思想、行为方法和管理措施。国家内部的每一公民、单位、社区、社会、政府机构都可以成为国家安全行为主体和国家安全的管理主体。这些与国家安全相关的行为主体要想获得高度的安全意识和维护公民与国家安全的能力需要大量的安全实践的开展。课题研究可为安全实践提供咨询、帮助和指导。

三、研究综述

近一百年的时间内，根据对国家安全论文数量的研究分析，国家 / 国际安全研究大致经历了四个发展时期，第一个时期是第一次世界大战结束到二战结束，即从 1915 年第一次世界大战结束到 1945 年这 30 年的时间内，关于国家安全研究文章不多。第二阶段是冷战时期，即从 1945 年二战结束人们开始对战争进行思考，关于国家安全的研究逐渐多了起来，到 70 年代的时候发展到了一个阶段，就是冷战时期的阶段。第三阶段是冷战结束到 21 世纪初“9.11”事件之前。从 70 年代中后期开始，随着冷战的结束，东欧剧变、苏联解体，到 21 世纪之初，人们开始对冷战的发生，在冷战时期围绕着美苏大国的争霸，学者主要考虑冷战给国家带来的影响和造成的后果。第四阶段是进入 21 世纪即“9.11”事件之后，人类社会飞速发展，科学技术突飞猛进，世界经济全球化趋势加快，世界多极化加速发展，与此同时由西方政治与经济霸权所产生的世界范围内不平等、不平衡在制约着国家的发展，给各国的安全带来了新的挑战。恐怖主义、气候变化、环境问题、资源紧张、非法移民等诸多非传统安全问题困扰着人类发展。关于世界、国家、公民、气候等安全议题如井喷一样呈现出来。学者关于这方面的文章、刊物、会议呈多发态势。具体数据分析情况见表1[1]：

表1 “国家安全”研究趋势表

“国家安全”从1915年开始出现相关研究，2014年达到最热，至今共有30160篇相关论文。

（一）国内研究综述

古往今来，中西方对国家安全的研究是十分丰富和深刻的。单就中国来说，中国古人对安全问题更是有着独到的见解，它对当今社会的影响还依然存在。在《孙子兵法》中开篇作者便说道："兵者，国之大事，死生之地，存亡之道，不可不察也。"古代国家安全在春秋战国时期论述较多，大多与战争相联系，属于“传统安全”范畴研究。

新中国成立以来，领导层对国际安全和国家安全有宏观论述。毛泽东提出了“一边倒”外交思想，周恩来在国际社会倡导“和平共处”的五项原则。在实践上，冷战时期与苏联结盟，冷战后期与美国结盟。这些外交理论的提出和“结盟”的实践都对国家安全的保障起到了重要的指导和规避风险的作用。在学术研究上，国内学界对国家安全问题进行了持续分析，国家安全认知从“传统的二元（政治和军事）”研究向“非传统

1 图标数据来源于百度学术网络分析。

的无穷大”研究转变。国家安全理论范式研究从马克思主义“一元主导”向“多元主义”探讨转变。国家安全挑战研究从“意识形态冲突”向“内外多重动因”转变。[1] 国家安全战略研究从“扁平化”向“立体化”转变。这些研究为推进中国国家安全战略的发展和完善提供了坚实的智力支撑。当前国内相关研究还存在一些不足之处，如：内容过于集中、研究视角和研究力量过于单一、缺乏足够的实证分析等。应进一步强化问题意识，提升国家安全问题研究的针对性，整合研究力量，加强实证和多学科分析，在全面把握国际国内局势的基础上，不断促进该领域研究的进一步向前发展。

1. 国内学术界对国家安全战略领域的研究起步较晚。北京大学梁守德教授认为“战争与和平”一直是国际政治的主要内容，研究和探讨如何反对和防止战争，维护和争取和平，一直是国际政治学的基础和核心。国际政治学学派林立，观点各异，但无一不以战争与和平为依据。“战争与和平一直是国际社会的主要内容。”[2]

2. 安全相关概念的研究情况。苏州大学翟安康博士从哲学思辨的角度认识安全问题（安全问题的哲学追问，《苏州大学学报》2015,03）。他认为安全和安全感既是一种社会结构元素，也是一种精神世界的感受。他从“安全是主体与客体、主观与客观、理想与现实、静态与动态”的统一追问安全的本体论基础，从“是谁带来安全危机、安全问题指向谁、安全问题的化解依靠谁”，反思安全问题认识论内容。

3. 个人关于国家安全的研究不断增加。据中国期刊网全文数据库统计，新中国成立至今，有关国家安全方面的文章高达 13000 余篇。个人著作方面，比较著名的有国际关系学院刘跃进教授的《国家安全学》，这

---

1 胡洪彬：中国国家安全问题研究：历程、演变与趋势，《中国人民大学学报》，2014-07-16。
2 梁守德、洪银娴著：《国际政治学理论》，北京大学出版社，2000 年版，第 172 页。

是一本综合性的研究国家安全问题的教科书。该教材从国家和国家利益基本概念出发，分多个领域论述了安全问题。国际关系学院李文良教授的《国家安全管理学》从国家安全管理的原则、职责、国家安全职能和国家安全人才等方面进行了研究论述。同济大学夏立平教授的《中国国家安全与地缘政治》从国家安全角度论述了中国所面临的地缘政治环境。张文木教授的《全球视野中的中国国家安全战略》研究了世界地缘政治三大支点的特征及其差异，以及基于这种差异的世界主要大国彼此作用可达到的极限和底线。在此基础上，论述了中国崛起的可为空间和不可为空间。目前国内出版的《国家安全学》和《国家安全管理学》两部专著弥补了国家安全研究在学科建设上的空白，具有里程碑意义。

4. 研究机构和智库不断增多，研究成果丰硕。随着国际政治学科成为“显学”，关于国际问题研究的机构、研究室、研究所、中心越来越多。如：国际关系学院国际战略与安全研究中心的年度报告《中国国家安全概览》、中国现代国际关系研究院的年度报告《国际战略与安全形势评估》、国防大学国际战略研究所的年度报告《国际战略形势与中国国家安全》以及中国国际问题研究所的年度报告《国际形势和中国外交蓝皮书》等。[3]

此外，还有民间的研究机构，如察哈尔学会、中国政策科学研究会国家安全政策委员会（CNSPS），它由中华人民共和国民政部批准，2003年12月24日成立，是从事国家安全战略研究的全国性民间研究机构。浙江大学非传统安全与和平发展研究中心在非传统安全领域研究成果突出等，在非传统安全研究方面独树一帜。该研究中心（Center for Non-Traditional Security and Peaceful Development Studies，简称NTS-PD）成立于2006年11月，是一个立足中国、面向世界的国际性学术研究和咨

---

3 胡洪彬：中国国家安全问题研究：历程、演变与趋势，《中国人民大学学报》，2014-07-16。

询机构。中心拥有研究团队12个，研究成员近80名，由“关注人类非传统安全问题并且致力于社会改进和世界和平发展的科学家、人文社会科学学者、企业领袖、政府官员”组成，涉及安全理论、公共危机管理、人口安全与仿真、公共卫生与安全、能源安全、信息安全等诸多非传统安全领域的研究。[1]

5. 国家安全研究呈现出新态势。第一、“国家安全”研究涌现出一大批权威学者，推动着国际政治学科向前发展。中央党校门洪华教授从国家战略角度研究安全问题。于志刚、莫洪宪多从法律角度研究国家安全问题。苏长河教授从新型大国治理的角度研究国家安全（新型大国安全治理新方略，《人民论坛》2014年28期）。研究人员的学术专业背景复杂呈现复杂化。有的原来从事文学专业转向安全研究，比如北京大学王岳川教授，依赖文学学术背景研究国家文化安全。浙江大学非传统安全研究中心的人员组成背景更是复杂，有的是系统工程地质专业，有的是医学防疫专业。不同学科背景的人员有利于从不同视角研究国际安全问题。第二、研究的中心、所、室等机构在不断增加。拿江苏省来说，江苏除了原来解放军国际关系学院和南京政治学院、南京大学中美文化研究中心、苏州大学国际战略研究所外，2013年江苏省省级国际研究中心又增加了南京大学的非洲研究中心、苏州大学的老挝-大湄公河次区域研究中心和南京航空航天大学的国际战略和安全研究中心等9家机构。第三、安全研究的内容和领域不断拓宽。中国社会科学院王逸舟教授（现北京大学国际关系学院副院长）长期从事安全问题的综合研究，有国际安全的、国家安全的和非传统安全的研究。成果有专著《全球化时代的国际安全研究》，有论文“和平崛起阶段的中国国家安全：目标序列与主要特点”（《国际经济评论》2012年3期），论文“中国与非传统安全”

1　浙江大学：非传统安全与和平发展研究中心，http://www.nts.zju.edu.cn.

(《国际经济评论》2004年6期)，论文“和平发展阶段的国家安全”(《科学决策》2007年第2期)等。清华大学阎学通教授对“和平”的性质进行了界定，他认为“和平≠安全”，并倡导中国新安全观和东亚开展安全合作(论文：中国的新安全观与安全合作构想，《现代国际关系》，1997年11期)。人民大学的时殷弘教授从非传统安全角度分析了中美在朝核伊核问题上的博弈(论文：非传统安全与中美反扩散博弈——在朝鲜及伊朗核问题上，《现代国际关系》，2010年5期)。复旦大学徐以骅教授从宗教和统战的角度来认识国家安全问题(论文：安全与统战——新中国宗教政策的双重解读，《世界宗教研究》2011年6期)。苏州大学钮菊生教授从建设和谐世界理念角度分析了中国的地缘安全战略(论文：“和谐世界”理念与我国的地缘安全战略，《学海》2008年3期)，并对大湄公河区域的地区安全合作进行了研究。金太军教授认为“维护国家政治安全，应以建设平安中国为切入点。”(国家安全与平安中国建设，《党政研究》2015年1月)。陈跃的“论国家安全的着力点”(《党政研究》2015年1期)。李本先、梅建明提出在国家安全委员会主导下建立反恐机制(《国际展望》2015年4期)。第四、学者开始关注国防教育中的国家安全教育改革问题。如：闫忠林注意到国防教育中的国家安全教育(以“总体国家安全观”为导向的高校国防教育教学内容改革的研究，《兰州石化高等职业技术学院学报》2015年2期)。第五、“国家安全”的跨学科研究也发展迅速，已深入到应用经济学、法学、心理学等多个学科，并衍生出多个交叉学科主题。

6. 国家的安全机构与部门设置。从1983年到2013年负责国家安全的部门是国家安全部，英文缩写是MSS。随着安全形势的发展，原有的安全部已经不能满足维护国家安全的需要了。2012年中共十八届三中全会决定成立“国家安全委员会”。国家安全委员会(National Security Commission of the Communist Party of China)，俗称“中央国安委”“国安委”，全称为“中国共产党中央国家安全委员会”，是中国共产党中央委员会下属机构。经中国共产党第十八届中央委员会第三次全体会议决定，于2013年3月17日正式成立。[1]中央国家安全委员会由中共中央总书记任主席，国务院总理、全国人大常委会委员长任副主席，下设常务委员和委员若干名。中央国家安全委员会作为中共中央关于国家安全工作的最高决策和议事协调机构，向中央政治局、中央政治局常务委员会负责，统筹协调涉及国家安全的重大事项和重要工作。[2]“国安委”的成立标志着中国国家安全的决策和防范体系建设发展到一个新的高度。

7. 国家安全意识和维护国家安全能力实践有了新的探索。国家安全的维护与保障需要多种安全主体的参与。国家安全不能单单依靠国家，国家安全也不能只限于国防安全和军队的现代化建设。维护国家安全需要调动一切因素，需要协调国内外各种力量。当前中国维护国家安全的机制还处于建设与完善过程中，已有了决策机构和执行机构。而关于公民的安全意识培养、教育、公民和社会维护自身及国家安全的意识和能力方面尚有欠缺。从事国家安全教育的措施、途径、方式、平台、载体不多。国家安全教育目前集中在大学生的国防教育上，对普通民众的国家安全教育仅限于一些与旅游景点类似的“爱国主义教育基地”或“抗日战争纪念馆”。另外，还有面向中小学生的公共安全教育。2007年2月7日教育部颁布了《中小学公共安全教育指导纲要》，纲要的目的是“为进一步加强中小学公共安全教育，培养中小学生的公共安全意识，提高中小学生面临突发安全事件自救自护的应变能力”。这与国家安全教育要求还有一定的差距。2014年6月，首批“国家安全教育示范基地”启动仪式在江苏省如东县举行，这是国家安全教育针对中学生的正式开展。中

1　国家安全委员会：https://baike.baidu.com/item/%E5%9B%BD%E5%AE%B6%E5%AE%89%E5%85%A8%E5%A7%94%E5%91%98%E4%BC%9A/2074823.

2　同上。

国政策科学研究会国家安全政策委员会为如东高级中学和栟茶高级中学这两所高级中学授牌，这是中国首批在中学校建立的“国家安全教育示范基地”。[3]2014年9月22日，北京市第八中学和第九中学也正式挂牌成为北京市首批“国家安全教育示范基地”。[4]中国政策科学研究会国家安全政策委员会由中华人民共和国民政部正式批准成立，是从事国家安全战略研究的全国性学术研究机构。

国家安全教育的师资力量有了根本性的变化。国家国防教育办公室在2014年5月建立了首批国防教育师资库，“为贯彻落实党中央、国务院、中央军委《关于加强新形势下国防教育工作的意见》精神，进一步加强国防教育师资队伍建设，经总政领导批准，国家国防教育办公室明确了首批230位国家国防教育师资库入库专家。”[5]苏州大学钮菊生等一批专家学者成为首批师资库专家成员。

8.此外，在安全保障的实践上，还设立“国家安全教育日”“国家公祭日”“抗战胜利日”等特殊日期以此增强国民的国家观念和国家的安全意识。2014年2月27日，十二届全国人大常委会第七次会议决定设立中国人民抗日战争胜利纪念日和南京大屠杀死难者国家公祭日的决定，确定每年9月3日为中国人民抗日战争胜利纪念日，每年12月13日为南京大屠杀死难者国家公祭日。[6]国家公祭日的设立，是缅怀过去，更是抚慰民心、顺应民意的措施，是为了现在和未来的不忘却纪念。[7]2015年7月，全国人大决定每年的4月15日设立为“国家安全教育日”。国家特殊日期的设置有利于加强公民对国家重大事件的记忆，增强国家观念、

3 新华网：http://news.xinhuanet.com/world/2014-06/22/c_126652967.htm. 2014年6月22日。
4 北京晚报 http://www.bj.xinhuanet.com/bjyw/2014-09/22/c_1112578922.htm. 2014年9月22日。
5 郑群：国家国防教育师资库首批专家确定，《解放军报》，2014年05月10日。
6 国家公祭日：http://baike.sogou.com/v66047073.htm.
7 国家公祭日具多重意义：对安倍政权的最好回击_政务快讯，http://www.mzyfz.com.

国家意识和国家安全意识。

综上所述，国内对于国家安全的理论和实践研究在冷战前偏于传统安全研究。在冷战思维背景下人们对安全认知仍然带有政治和军事色彩。冷战结束后，国际局势总体趋向缓和，但是冷战思维和传统安全理念的影响并没有终结。冷战结束后对国家安全的研究变得复杂化。随着经济全球化的发展、科学技术的突飞猛进、全球性气候问题的产生、恐怖主义的蔓延，这些问题使得国际安全和国家安全比以往任何时候都变得复杂。非传统安全问题研究也变得异彩纷呈。

（二）国外研究综述

二战之前，西方国家对国家安全的研究主要在战争的防范上，以传统安全研究为主。国家安全的定义最早是由美国学者李普曼（Walter Lippman）于 1943 年在《美国外交政策》中提出的。二战后，这个提法才成为国际政治中标准概念。[1] 冷战时期，西方学术界发表了大量的关于安全方面的论文和专著。论文有约翰·赫尔茨的《理想主义与安全困境》（1950 年），提出了著名的“安全困境”的概念。[2] 罗伯特·杰维斯的《安全困境下的合作》（1978 年），杰维斯把安全困境作为分析攻防理论的载体，以攻防力量对比和攻防意图能否分辨作为变量，来研究安全困境下合作的可能性。还有约瑟夫·奈的《国际安全研究》（1988 年）等。研究的著作有彼得·戈尔德曼的《国家安全与国际关系》。冷战之后，人们对安全研究的视角和范围发生了转变，主要是在传统安全的框架下研究非传统安全。论文有奥利弗·霍尔姆斯的《冷战后国家安全框架研究》（1994 年），彼得·利普曼《安全困境与相对收益》（1996 年），大

1　李少军著：国际政治学概论（第四版），上海人民出版社，2014 年版，第 176 页。
2　黄金元：国家系统安全理论初探，《国防科学技术大学硕士论文》，2005-11-01。

卫·鲍德温《安全的定义》(1997 年)。[3] 著作有基因·普林茨的《应对环境安全危机》(1993 年),大卫·鲍德温的《安全研究与战争终结》(1995 年),彼得·卡森斯坦的《国家文化安全》(1996 年),巴里·巴赞的《新安全论》(1997 年)。冷战后,随着新自由制度主义的发展和建构主义理论的崛起围绕安全理论的三大范式研究不断兴起,三大国际政治理论成为了学者研究安全问题的工具。

1. 国际政治理论三大主流理论对安全问题都有着深刻而不同的认知。"人类对安全的关注是国际关系理论得以形成和发展的最重要的社会动力。可以说,什么是安全、怎样获得安全、如何保持安全等问题是不同国际关系理论流派都无法回避的议题。"[4]

现实主义安全观强调国际社会的无政府状态,认为国家的目的是最大限度地追求权力和安全。"基于对国际安全问题的高度重视,现实主义对于国际政治的本质以及战争与和平问题进行了长久而深入的思考。在现实主义学派看来,国际安全在本质上是稀缺的,国际安全问题只可以缓解,却不能最终得到解决,而获得安全的最重要手段就是拥有强大的权力。"[5]

自由主义安全观认为制度可以帮助国家确定利益和规范国家行为,从而有助于克服国际无政府状态。与现实主义相比,理想主义和新自由制度主义更加注重集体安全和相互依赖。理想主义学派代表人物美国总统伍德罗·威尔逊认为建立国际组织、健全国际法和国际公约可以确保和平和安全。[6] 制度对于国际安全的意义在于:通过建立国际制度、成立国

3 同上。

4 肖晞:安全的获得与维持:西方国际关系理论对安全问题的思索,《当代世界与社会主义》,2010-10-20。

5 三大西方主流国际关系理论学派国际安全观之比较,国际观察,http://bbs.tianya.cn.

6 同上。

际组织可以增进成员之间的了解，促进成员之间的沟通和合作。从而降低这种无政府状态下的不信任感。总之，基于互惠基础上运作的国际制度，至少是维持和平的重要力量。[1]

建构主义安全观则确立了以行为体的文化内容为主的社会实践在建构国际安全结构中的地位，实现了文化和认同对安全理论的回归。[2] 行为体之间如有没有共同的安全价值观念，双方容易形成“安全困境”，如果双方的认同、观念、知识使他们彼此之间建立信任，“安全共同体”将会形成。彼得·卡赞斯坦认为，安全是规范、文化与认同的结合。国家安全文化是通过规范、文化及认同得以表现出来。[3] 建构主义学派把非物质性因素在国际关系中的作用提升到了新的高度。

总之，三大理论的多样性推动了国际关系理论的不断发展和进一步完善。

2. 哥本哈根学派的安全研究。哥本哈根学派，代表着欧洲建构主义安全研究是近年来最为显赫的一支。它的主要代表人物是巴里·布赞、奥利·维夫、皮埃尔·利威特等。哥本哈根学派提出安全复合体理论和非安全化理论。该学派认为，安全不过是一种特殊化的政治而已，他们提出了一种社会建构主义的研究方法，以便理解谁以及何时能够实施安全化。[4] 他们的方法兼顾了传统主义者的议程。在今天，地区安全复合理论依然显示出旺盛生命力。

另外，近年来巴里·布赞教授对以往人类对安全的研究进行了整理、归纳和研究，他与丹麦哥本哈根大学政治学系琳娜·汉森副教授通

---

1 三大西方主流国际关系理论学派国际安全观之比较，国际观察，http://bbs.tianya.cn.

2 肖晞：安全的获得与维持：西方国际关系理论对安全问题的思索，《当代世界与社会主义》，2010-10-20。

3 刘军：安全文化与战略选择的相关性 —— 以冷战后的北约东扩为例，《国际观察》，2003-04-25。

4 朱宁：安全与非安全，《世界经济与政治》，2003 年第 10 期。

力合作写出了《国际安全研究的演化》一书。该书经由浙江大学非传统安全研究中心主任余潇枫教授精心翻译已正式在中国出版。“该书对中国学术界的启示，并不仅仅多了一本权威的教材，更重要的是，分析和梳理两位教授在该书中的思想和观点，对于如何推进有中国特色的国际安全研究也具有重要的学术价值。”[5]

3. 国际政治认知学派的安全研究。美国的罗伯特·杰维斯教授是国际政治心理认知学派的代表人物。罗伯特杰维斯是美国成果卓著的国际政治学教授。60年代后期和70年代，他借鉴认知心理学领域的研究成果，建立了比较完善的微观层次的国际政治理论。1976年他的名著《国际政治中的知觉与错误知觉》问世，全面阐述了他的国际政治心理学理论体系，成为了认知心理学派的代表作。[6]杰维斯研究主要分布在三个相关联的国际政治领域：战略性互动、国际政治中的知觉与错误知觉和复杂互动系统。在战略性互动研究中他提出了“安全困境”经典定义。他利用心理学中的知觉和错误知觉来分析决策的决策行为。他认为决策者的知觉或错误知觉可能带来对其他国家的误判，从而引起冲突或战争。这种理论对决策和决策者具有使用价值。

4. 俄国的B.M.库拉金，对国际安全和国家安全与世界安全之间的关系做了细致的研究。他认为，“国际安全”是针对若干个国家而言，更多的是从国家关系这一国际政治层面去理解的。随着全球化、一体化、信息化的发展，各国间的互动关系加快、相互依赖关系加强，一国在追求国家安全时必然还会受到“国际安全”与“世界安全”的制约。也就是说，

5　朱锋：巴里·布赞的国际安全理论对安全研究“中国化”的启示，《国际政治研究》，2012年1期，第23～34页。

6　[美]罗伯特·杰维斯著：《国际政治的知觉与错误知觉》，秦亚青译，世界知识出版社，2003年5月，第5页。

“国家安全”与“国际安全”、“世界安全”存在对立统一的关系。[1]

5. 马克思主义国家安全观。由于马克思主义没有为我们留下直接的国家安全理论，但是马克思主义和马克思主义理论中隐含着国家安全的分析。如在《共产党宣言》中，他要求无产阶级夺取政权后要大力发展生产力，这是巩固社会主义国家政权的理论。马克思、列宁、斯大林、毛泽东等等对战争的理论，和战争与和平的理论作了详细的分析。此外还有马克思主义国家学说，阶级斗争问题等等。

（三）进一步研究的必要性

国家安全议题既古老又年轻。随着经济全球化的发展，无论是国内还是国外，无论是国家、政府、社会、学者、研究人员还是普通百姓，都可以时刻关注国家安全问题。

就国内而言，中央国家安全委员会的设立是完善中国国家安全保障体系和国家安全战略的重要举措，也将给国家安全理论研究工作提出新要求、带来新契机。[2]对《江南社会学院学报》“国家安全”主题文章的统计分析表明，一方面，国内学术界对国家安全问题的关注日渐升温，涌现出不少优秀理论研究成果；另一方面，当前研究中也存在一些不足。[3]为此，需要以中央国家安全委员会的设立为契机，着力从优化外部工作环境、扩大研究覆盖面、创新研究思路和方法、强化研究的积累性和连续性、推进研究力量建设等方面，进一步提高国家安全理论研究的质量和水平。

就国际而言，全球化成为影响国家间行为关系的重要变量，也使以

1 ［俄］B. M. 库拉金：《国际安全》，武汉大学出版社，2009 年版，https://baike.baidu.com/item/%E5%9B%BD%E9%99%85%E5%AE%89%E5%85%A8/6652767.

2 赵修华、陈丙纯：“国家安全”理论研究现状评析 —— 基于《江南社会学院学报》1999–2013 年数据，《现代国际关系》，2014（4）。

3 同上

国家为主体的国际体系发生了深刻的变化，并以自身的逻辑改变着人们对国家安全的认识和理解。[4]为了适应新的国际安全环境，而构建既能回答现实问题，又能适应发展要求的国家安全观，对每一个国际行为体来说都是重要而紧迫的课题。

就内容而言，当前国内外对于国家安全研究热度较高，非传统安全研究方兴未艾。其中围绕全球性热点问题，如：恐怖主义、难民危机、全球气候变化、瘟疫疾病等研究持续不断。理论研究成果丰富，实践研究不足；宏观上国际层面研究普遍，中观和微观安全研究不足；研究越来越具体化，没有从生产力发展、科技进步、人类社会或国家诞生、发展和灭亡的角度分析研究国家安全问题；在维护国家安全的意识与能力上，公民、社会、单位、政府都存在很大不足，安全意识和能力需要同时加强。这些为安全议题的进一步研究留下了新空间：

A. 理论发展空间的进一步延伸

1. 现实主义安全理论注重实力（物质）因素作用，权力决定安全；自由主义重视制度 — 合作的作用；建构主义注重观念和认同，制度因素与观念、认同应属于精神层面要素。国家安全应从物质和精神两个维度融合发展，相互作用，共同保障国家安全。

2. 中国国家安全研究的话语权不足，多借鉴西方理论，应构建中国安全研究话语体系。

3. 非传统安全内容的无限性要与传统安全的核心不变要素相结合。

4. 国家安全要与国家发展理论相结合。

5. 国家安全概念是动态发展变化的要与生产力发展相结合，国家安全保障的决定性因素是人，“兵民是国家安全之本”。

4　高升：从新国家安全观的角度解读上海合作组织的成功实践，华东师范大学博士论文，2007-04-01。

6. 安全理论研究要与国家安全政策策略相结合；国家安全政策要随着安全形势的发展不断地调整、丰富、完善和评价。

B. 在安全保障的实践探索上

1. 重新弘扬和提倡尚武精神，这可以增强国民的身体素质，也可以让公民在遇到恐怖主义危机时做出防范和应对。

2. 继续加大国家安全教育的力度和内容，从安全教育专家遴选、到师资培养，再到安全教育对象，这些教育的内容要继续丰富和扩展。

3. 提高国民的世界公民意识和应对世界各种复杂环境的能力。

4. 提高国民应对核武器和生化武器的应对能力，抗击各类风险。

5. 建立更多的安全能力提升平台，整体提高维护国家安全能力。

四、相关概念的界定与研究的理论视角

（一）相关概念界定

概念是构筑理论体系的基石。在课题研究过程中概念的创造和准确运用是一个相当重要的问题。理论的突破源于概念的创新，理论的缺陷或含糊不清也与概念的不定和自身的发展有着一定的关系。在国际政治中有些基本概念是含糊不清的，厘清概念是研究的前提。因此，在分析研究课题之前有必要对相关的概念，如：和平崛起、（安全）国家安全、传统安全、非传统安全、安全意识 / 能力、安全保障等做出具体的分析和界定。

1. 和平崛起

和平崛起是本文的一个重要的概念。“和平崛起”作为一种发展战

略一经提出迅速得到中西方学界、政界的强烈响应。虽然后来国家在宣传策略上出于某种考虑不再提“和平崛起”，而用“和平发展”概念代替之，但这并没有阻碍学者们的研究兴趣。随着中国在事实上的快速发展，讨论和研究“中国崛起”的话题从未断过。比较具有代表性的专著有2004年江西元和夏立平合著的《中国和平崛起》（社会科学出版社，2004年）。清华大学阎学通教授2005年出版过专著《中国崛起及其战略》（北京大学出版社）。华中师范大学政治与国际关系研究院胡宗山教授出版过专著《中国的和平崛起：理论、历史与战略》（世界知识出版社，2006年）等。代表性的论文有郑必坚的《中国和平崛起的新道路》（《新华文摘》，2004）。牛军的《中国崛起：梦想与现实之间的思考》（《国际经济评论》2003）。黄仁伟的《中国崛起，中国人的宣言》等等。学者们的研究给中国如何实现崛起，怎样实现和平举起进行论证分析。学者们对“崛起”的概念进行了界定，比较具有代表性的有阎学通的，他认为崛起是“体系大国相对实力持续增长，接近并超过体系霸权国的过程”[1]。胡宗山定义是“一个国家在原有的国家行列中迅速脱颖而出，达到另一个国家定位”[2]。两位学者的“崛起”定义中对“实力的增长”给予肯定，但是对增长的参照系是不同的，阎学通倾向于“超过霸权国”，胡宗山倾向于“达到另一个国家定位”。本文认为，“崛起”不仅是实力的超越，还有速度的“快速发展”，结果是“超出了原有国家行列”，这样的发展方式才是“崛起”。崛起的体系内不一定有“霸权国”的存在。本文更倾向于胡宗山教授的“崛起”定义。本文中涉及的“和平崛起”除了是指“非武力”方式崛起外，在中国特定国家范围内，在中国特定的战略背景下，“和平崛起”具有以下三点涵义。

---

1 阎学通、孙学峰等著：《中国崛起及其战略》，北京大学出版社，2005年，第42页。

2 胡宗山著：《中国的和平崛起：理论、历史与战略》，世界知识出版社，2006年版，第20页。

第一，“崛起”还是中华民族实现发展结果的目标。国家战略实现的目标有多种语言表述方式，国际政治中常说的有“霸权”“实现霸权”。中国汉语语境中还有“兴起”“繁荣”“富强”“复兴”等。对中国来说“崛起”是相对于从鸦片战争后到新中国成立这一百年时间内的沉沦、受到的屈辱、不公与蹂躏。中华民族百年的苦难在中国五千年的历史长河中是极其少有的事情，灾难差点导致亡国灭种。用“崛起”来代表中华民族重新站起来，重新富起来，重新强大起来是一个最合适的词汇。周恩来少年立志“为中华崛起而读书”，就是要实现中国崛起。中国崛起要扬眉吐气。

第二，“和平崛起”还是中国选择自身发展道路的一种方式。崛起有暴力崛起和和平崛起。在历史上大国崛起多是采取暴力方式实现崛起的。如：大秦帝国崛起、古罗马帝国崛起、拿破仑帝国崛起、大英帝国崛起、德意志帝国崛起、日本军国主义崛起等。这些国家的崛起主要通过对外发动战争、殖民掠夺的方式扩充国家的地盘、物资和实力。但是，这些国家的崛起背后也存在着国家的经济改革、社会改革和军事改革。也就是说上述国家崛起与其内部的改革是起到了决定性的作用的，没有内部的社会改革，国家实力不会增强，军事力量也不会增强。中国崛起是在考虑到自身国家的发展历史、国际社会的格局结构和时代主题的变化而做出的战略选择。中国发展只能选择走和平的道路。这种和平发展方式就是不对外使用武力，不搞侵略扩张，不强取豪夺，通过内部改革调整各方利益、各种关系，实现国家发展；通过平等协商、互惠互利、合作共赢的方式实现国家间关系发展。

第三，“和平崛起”还是一种进程，一个发展阶段，一个作为国家实现战略目标的长期坚持的背景。和平崛起对中国来说将是长期的，和平崛起进程将会伴随着中国实现“中华民族伟大复兴中国梦”的全部过程。和平崛起进程甚至是中国“社会主义初级阶段”的过程。“崛起”的结果是无止境的，因为“崛起”的标准是无法衡量的。既可以是阶段性的“崛起”，也可以是长久性的“崛起”，所以“中国崛起”是一个进程，在本文研究中它是中国发展的一种背景。在这样的背景下去探寻安全问题，探寻安全保障问题。

2. 国家安全

“国家安全”是本文的核心概念，而提到“国家安全”必须先从“安全”这一最基本、最古老的定义说起，“安全”是本文研究的基础性概念。

安全，是一个古老的话题，也是人类的永恒话题。安全是随着人类的诞生而产生。在人类诞生之前，一切自然活动都只是自然界的“自我玩耍”。安全随着人类的发展而不断发展。安全问题随着人类群体结构的不断变化、不断增长 —— 从群居、到家庭、到族群，再到氏族、到国家、超国家 —— 安全变得越来越重要。相应地，安全主体类型和数量也在不断增长，不断呈现复杂化趋势。安全主体出现了个人安全、家庭安全、民族安全、国家安全、国际安全、世界安全。各安全主体之间的互动关系也随着人类社会的发展不断趋于复杂化。在国际政治领域内，安全议题是影响国际关系的重要因素。

安全是一个随着人类社会的发展而产生的概念。在中西方的政治学、社会学以及文学著作中有很多关于“安全”的思想与命题。安全是一个十分复杂而模糊的概念。对于安全的定义、概念、解释、含义有很多。在古汉语中没有“安全”一词，但“安”字在许多场合下表达了现代汉语中“安全”的意义。《现代汉语词典》对“安全”的解释是“没有危险；不受威胁；不出事故”，多作形容词使用。它的特有属性是安全主体内外“没有危险”。在国际政治中，安全是一个最常见的术语，来自西方政治学话语。正是因为大家对“安全”理解的不同，就产生了不同的安全定义。北京大学梁守德认为，安全是极为广泛的概念，涉及军事、政治、社会和经济等多个方面。从广义上说，安全，就是和平与发展的生活环境，它同战争、动乱、贫穷相对，同和平发展相连，表现为有序的、稳定的和平环境。他还认为“这种解释既适应于人类安全，又适应于国家安全和国际安全。”[1]

安全还是影响国际行为体关系的核心变量，是国际关系理论中最重要和最复杂的概念之一。在国际政治中，安全主要指的是国家安全和国际安全，两者不可分割。[2] 国际关系学院刘跃进教授认为，安全是没有危险的客观状态，其中既包括外在威胁的消解，也包括内在无序的消解。刘跃进“安全”概念的最大区别就是安全是客观的，“安全”概念既与“安全工作”“安全活动”“安全度”等表达客观存在的概念有严格的区别，更不同于“安全感”“安全判断”等表达主观意识的概念。清华大学邢悦认为“安全是指一种‘没有危险、不受威胁的状态’，在国际关系学中，安全的主体是国家、国家的人民或人类共同体。”[3]“安全是一种状态，包括客观和主观两方面的内容。”[4] 本文认为邢悦教授的“安全”概念从主客观两个维度进行定义比较科学，安全不单单是客观外在情况，“安全”的获得与安全主体的主观感受或对安全的价值判断也有一定关系。安全是客观与主观相协调的统一。

在西方语境里“安全”一词表达为 security。按照英文词典里的解释，security 有两方面的含义，一是指安全的状态，即免于危险，没有恐惧；二是指对安全的维护，指安全措施和安全机构。Security 一词基本上涵盖了“国家安全（National Security）”的含义。安全问题是历史的，也是具体的。安全问题存在于与人类社会相关的一切活动和领域，但是安全

1 梁守德、洪银娴著：《国际政治学理论》，北京大学出版社，2000 年 7 月版，第 173 页。
2 同上，第 174 页。
3 邢悦、詹奕嘉著：《国际关系：理论、历史与现实》，复旦大学出版社，2008 年 10 月版，第 363 页。
4 同上，第 364 页。

必须依附于主体，就像灵魂必须依附于肉体一样，离开了主体也就无所谓安全。有多少行为主体就有多少安全主体，所以安全的主体是多元的丰富的，如个人安全、单位安全、社会安全、集体安全、国家安全、国际安全和全球安全（人类安全）。国家安全问题是随着国家的产生而产生的。如果国家消失了，国家安全也就不复存在了。

与“安全”概念相联系的还有“风险”。“风险”这个词的真正含义是什么？词典中的解释是“可能发生的危险”。“这个词在我们的日常会话中经常出现，它似乎被人们所理解。对大多数人来说，风险指的是，在特定情况下某种结果的不确定性形式。某种事件可能会发生，如果发生，其结果对我们不利。它不是我们期望的结果。风险既包含着对未来的疑虑，又包含着发生的结果将使我们处于比现在更糟的境地。”[5]每种情况都有风险和不确定性的因素。与此相反，也许每种情况都可能发生严重的伤亡事故。不确定性存在于抽象之中，它不依赖于那些有直接联系的人是否承认它的存在，与不确定性联系的主要是事件本身，而不是人们对不确定性存在的认识。[6]在国际政治中，人们对风险的理解似乎越来越深，背后的根本原因在于国际社会的风云变幻，国际事件层出不穷。国际社会中每一个行为体的自然行为都伴随着风险的存在。有风险存在就意味着对安全的威胁。追求和维护安全就要预测风险，防止不必要隐患的发生。

“国家安全”是安全的派生概念，是以国家作为安全行为主体来研究和考量的概念。与“安全”的概念一样，“国家安全”的概念也是比较复杂和模糊的。在法律领域，十二届全国人大第十五次会议颁布的《中华人民共和国国家安全法》中对“国家安全”的定义是：“国家政权、主权、

---

5 The Meaning of Risk 风险的内涵，http://www.examda.co，2012-3-13.
6 同上。

统一和领土完整、人民福祉、经济社会可持续发展和国家其他重大利益相对处于没有危险和不受内外威胁的状态，以及保障持续安全状态的能力。”该定义除了强调国家安全“没有危险和不受内外威胁”外，还强调了“保障持续安全状态的能力”，这就为如何提升保障国家持续安全状态的能力建构了新的课题。在政治学领域，中国关于“国家安全”的比较著名的定义是刘跃进提出来的，他认为国家安全是指“一个国家处于没有危险的客观状态，也就是国家既没有外部的威胁和侵害又没有内部的疾患和混乱的客观状态。”[1] 从这个定义我们可以看到，国家安全的范围包括内外两个方面，每一个方面又都包含着多种变量。所以，要真正保障国家的安全是极其复杂和困难的事情。

从上述对安全和国家安全两个概念的简要辨析中不难看出，国家安全是一种社会历史现象，是人类社会发展带来的问题，与人类社会发展的每一个历史阶段相联系。由于国家是历史的范畴，国家安全在历史中产生，也将在历史中消失，或者被更高级的安全所替代。本文使用的“国家安全”概念是采用刘跃进教授定义的政治学领域概念。

国际安全与国家安全之间的关系来说，是同一个安全问题在不同空间领域所表现形态。“在国际政治中，安全，主要指的是国家安全和国际安全，两者不可分割。”[2] 二者相互影响又相互联系。“国际安全是国家安全的保证，国家安全是国际安全的基础。一国安全必须同国际安全相联系，离开了国际安全是不可能有国家安全的。任何国家要确保自身安全，均应同时谋求国际安全”[3] 在当今全球化发展迅猛的态势下，根本不可能存在处身于世外桃源的国家。俄国学者库拉金认为“国际安全”是针对若干个国家而言，更多是从国家关系这一国际政治层面去理解

---

1 刘跃进：国内关于安全是否具有主观性的分歧和争论，《江南社会学院学报》，2006-06-02。
2 梁守德、洪银娴著：《国际政治学理论》，北京大学出版社，2000 年版，第 174 页。
3 同上。

的。[4]随着全球化、一体化、信息化的发展，各国间的互动关系在加快、相互依赖关系在加强，一国在追求国家安全时必然还会受到“国际安全”与“世界安全”的制约。也就是说，“国家安全”与“国际安全”、“世界安全”存在对立统一的关系。一方面，“国家安全”不可能是纯粹的一个国家行为，各国在追求自身安全的同时，必须考虑到他国的反应及合作，从而使其国家安全具有全球性和国际性的因素。另一方面，“国家安全”与“国际安全”和“世界安全”有时又是对立的。由于世界仍是主权国家建立的体系，所以各国在追求“国际安全”或“国家安全”时往往更注重国家安全，其追求国际安全往往都是为国家安全服务的，超越国家利益追求国际安全及全球安全并不符合当前国际政治的根本原则。[5]

3. 传统安全与非传统安全

传统安全与非传统安全有时又称作传统安全威胁和非传统安全威胁。二者在本质上是一样的，都是事物在其运动过程中的不确定性构成的对安全单位的直接的或间接的威胁与破坏。非传统安全威胁是人类社会发展的结果。

传统安全是以国家为安全主体的安全威胁，它往往以军事手段或军事方式解决国家间的安全问题。传统安全的产生是从国家诞生之后到冷战结束之前，人类对安全的认识形态围绕着国家主体而产生的。当今国际社会传统安全问题依然存在，还有新的发展趋势。产生传统安全问题的原因是多样的，有政治因素、意识形态因素、军事因素、历史宗教因素、领土争端等等。当今国际社会造成传统安全问题存在最主要的原因

---

4 [俄]B. M. 库拉金著：《国际安全》，钮菊生、雷晓菊译，武汉大学出版社，2009年版。http://baike.baidu.com/link?url=YsojxNnCqMjQuzI3TfFSatn6uEse0L2jrpH3IC3oPh5_HpWw6_f3aPQMhjNA4xmU_uqVcFUgg1ttu9FcMxcukK#2_2.

5 同上。

还是霸权主义和强权政治的存在。

冷战结束后，随着经济全球化发展，在第四次工业革命的浪潮推动下，尤其是互联网技术与通讯技术的快速发展的作用下，世界各国之间的联系更加紧密广泛。这也导致了原先在一国范围内的安全问题逐步延伸到其他国家或其他领域，甚至是整个全球。从而全球性问题产生，比如：全球性气候问题、环境安全问题、淡水和资源枯竭问题、金融安全问题、恐怖主义、跨国犯罪、传染性重大疾病、信息安全等等。"非传统安全问题的主要特征是内容和手段的'非军事性'与安全问题的'复合性'。"[1] 非传统安全问题的出现犹如打开了"潘多拉魔盒"。"非传统安全威胁已经超越了任何传统学科的'界限'，探讨'人类下一个危机是什么'，必须要有'多学科''跨学科'甚至'全学科'的视野对其进行审视并寻找治理良方。"[2]

非传统安全问题与传统安全问题之间的界限正变得越来越模糊。传统安全问题尚未彻底解决非传统安全问题又接踵而来，二者之间又相互影响，相互交织，有时还可能相互转化。在本文的研究当中并没有把二者严格地区分出来，而是把二者看成"统一"的安全问题。

4. 安全保障力

为了获得和实现安全就有安全保障的问题。人们采取安全保障的行为、方式、组织的物质和人员安排就形成了各种安全保障力量。安全保障力是安全主体为了实现保障自身或他人能够持续生存、生活和发展下去的目的，采取各种手段措施、或方式方法，这些手段、方式、方法和措施所形成的一切力量的总和。根据安全保障力存在的形态可分为物质性安全保障力和精神性安全保障力，这两种力量可以相互转化，相互促

1 余潇枫主编：《非传统安全概论》（第二版），2015 年版，第 9 页。
2 同上，第 1 页。

进，相互影响。

国家安全保障力，即国家安全主体为维护自身安全所组织、集结和构建的一切力量。国家安全保障力不是国家的综合国力，也不是一国的军事实力，而是与国家有关的各层次、单位、单元、结构所拥有的共同维护国家安全的能力。国家安全保障力与综合国力又是有联系的。从一般意义上讲国家综合实力强，它的国家安全硬实力也强。但在一定情况下，如果国民意志软弱、精神不振，即使综合国力十分强大也未必能够形成国家安全保障力。国家安全保障力包括综合国力和国民意志用于保障国家安全的部分力量的总和。一国想要提升国家抵御外敌、维护国家安全的能力，必须在综合国力、军事实力和国民能力与意志等诸多方面同时建设，国家才会获得真实的安全，即获得"绝对安全"状态。而绝对安全往往是很难实现的，或者说绝对安全是不存在的。

关于国家安全保障力中的物质力量与精神力量问题，国家安全与物质力量和精神力量有着密切的联系。物质力量和精神力量的互动也深刻影响着国家安全。在本文的研究中，物质力量和精神力量是决定和影响国家安全的重要变量。在不同范畴和领域内，物质力量的涵义和内容是不同的，精神力量也是如此。

物质力量的概念首先是由马克思使用，马克思使用的物质力量概念是首先用于哲学当中。马克思在《〈黑格尔法哲学批判〉导言》中曾经指出"批判的武器当然不能代替武器的批判，物质力量只能用物质力量来摧毁"。百度百科中对"物质力量"概念的解释是"在自然、社会和思维的一切领域里，可以改变一种以上的事物原先运动或发展状态的各种能力都叫做物质力量，它独立于人的思维之外，是一种客观存在"[3]。此概念认

3 百度百科：物质力量。https://baike.baidu.com/item/%E7%89%A9%E8%B4%A8%E5%8A%9B%E9%87%8F/9386899?fr=aladdin.

为的物质力量也存在于“思维”之中，这是为多数人难以理解的。在一般情况下，物质力量存在于自然界和社会领域，而存在于思维意识中的力量该是“精神力量”，二者不能混淆。在社会学中的物质力量概念是指实实在在的为可视的现实的物质世界及其变化而产生的力量。物质力量是国家安全获得的重要因素，是保障国家安全的基础，是有形力量的集合。一个安全主体除了在精神上要保持警惕、有危机意识外，还要不断地通过发展生产力、创新科学技术等途径方式扩大自身的物质力量，以保证对敌人物质力量的摧毁。对于国家安全主体来说，就是要不断地发展生产力，发展科技，把国家的硬实力转化成越来越多的物质保障力量。

物质力量在保障和维护国家安全方面是有局限性的。这是因为，不同的主体对物质力量的理解和运用具有差异性。安全主导主体还必须通过各种方式途径来提升人的即公民的文化素养和知识水平，这样物质力量的效能才能得到有效发挥。

精神力量。精神力量是保障国家安全的另一种重要力量。所谓精神力量是指“人的思想意识、思维活动和一般心理状态中产生出自信、自强的激情与活力，及其与之相对应的自我控制力和自我约束力”[1]。一个国家、一个民族、一个集体、单位、家庭、个人都离不开精神力量。人，需要靠精神支撑着，国家也是如此。国家的发展、改革和建设离不开精神力量的贡献。国家安全保障也是需要精神力量的贡献。对于中华民族来说，在长期民族发展中形成了以爱国主义为核心的民族精神。对于中国共产党来说，塑造过井冈山精神、长征精神、西柏坡精神。新中国成立后有铁人王进喜精神、雷锋精神，两弹一星精神等等。保障国家安全需要继承中华民族优秀的民族精神，需要塑造培育新的民族精神和时代精神。尤其是培养国民的国家意识、危机意识、民族血性等维系国家存

1　张浩：论体育的力量，《体育文化导刊》，2011-05-23。

亡的精神精髓。

物质力量与精神力量二者不是孤立的。它们统一于国家安全保障的全过程，二者相辅相成、相互影响，相互促进，有时也会产生相互制约。一个国家在任何时候都要重视二者的共同建设和同步发展，不可偏废其一。邓小平的那句话对于国家安全来说意义重大 —— 物质文明和精神文明两手都要抓，两手都要硬。

（二）理论分析工具

1. 全球治理理论。全球治理理论是20世纪90年代诞生于西方的国际政治理论。它是针对全球化迅速发展并满足对全球性议题的治理而产生的一种理论。90年代中期，中国学者也密切关注全球治理理论的发展并开展同步研究。而关于“全球治理”的概念目前并没有形成统一的概念，各家众说纷纭。全球治理理论创始人之一詹姆斯·罗西瑙在其著作《没有政府的治理》中提出的定义是“与统治相比，治理是一种内涵更为丰富的现象。它既包括政府机制，也包括非正式、非政府机制，随着治理范围的扩大，各色人等或各种组织借助这些机制满足各自需要，并实现各自的愿望”[2]。全球治理委员会给全球治理下的定义是“治理是个人和制度、公共和私营部门管理其共同事务的各种方法的综合。它是一个持续的过程，其中，冲突或多元利益能够相互调适并能采取合作行动，它既包括正式的制度安排也包括非正式的制度安排”[3]。目前这个定义是影响最广引用最广泛的定义。国内学者对全球治理研究比较有影响的有俞可平、唐贤兴、陈绍峰、邵鹏等。俞可平教授对于全球治理的界定是“通过

---

2 ［美］詹姆斯·罗西瑙著：《没有政府的治理》，张胜军译，江西人民出版社，2001年版，第5页。

3 全球治理：https://baike.baidu.com/item/%E5%85%A8%E7%90%83%E6%B2%BB%E7%90%86/6752366?fr=aladdin.

具有约束力的国际规制（regimes）解决全球性的冲突、生态、人权、移民、毒品、走私、传染病等问题，以维持正常的国际政治经济秩序”[1]。该定义认识到全球治理的内容，和要达到的价值与目标，但是没有明确治理的主体是谁，这对于多主体参与全球治理的呼声要求是不相符的。在本文中所使用的概念界定采用了全球治理委员会的定义来分析当前全球治理，尤其是全球安全治理的议题。

解决全球性安全问题需要全球治理理论的指导。全球治理理论包含五个核心要素：全球治理的价值、治理的规制、治理的主体、客体、治理的效果。学者把上述五个核心要素转化成五个问题：即为什么治理、如何治理、谁治理、治理什么、治理得怎样。[23] 五个核心要素对于认识和解决国际安全问题也同样适用。本来安全议题就是全球治理议题（治理客体）主要内容之一。治理全球性安全问题需要各方共同参与，秉持着“共同安全”的价值理念，通过各种机制、途径、平台实现世界和平。

全球治理理论为中国参与全球性事务治理、参与全球安全治理、贡献中国方案提供了契机。“全球治理体现了一种全新的权力关系和管理规则。”[4] 中国崛起正为中国参与全球性事务管理提供的机遇。自近代威斯特伐利亚会议之后，形成了西方主导世界的权力中心，中国的崛起改变了西方世界主导世界的权力分配模式和全球治理模式。中共在十九大报告中提出了“共商、共建、共享”的全球治理观是治理观的新发展。“习近平主席提出的‘共商、共建、共享’的全球治理理念，为破解当今人类社会面临的共同难题提供了新原则新思路，为构建人类命运共同体注入了

---

1 俞可平：全球治理引论，《马克思主义与现实》，2002 年，第 1 期。

2 肖凤翔、黄晓玲：职业教育治理：主要特点、实践经验及研究重点，《河北师范大学学报（教育科学版）》，2015-03-15。

3 https://baike.baidu.com/item/%E5%85%A8%E7%90%83%E6%B2%BB%E7%90%86/6752366?fr=aladdin.

4 蔡拓：全球治理的中国视角与实践，《中国社会科学》，2004 年，第 1 期。

新动力新活力，具有深远历史意义与重大现实意义。”[5] 从理论发展的角度来看，“理论是灰色的，生命之树常青”，由中国参与的全球化治理必将对理论的发展和改造带来新的机遇。

2. 风险社会理论。风险是与人类共存的。科技的进步和工业化的快速发展给“风险社会”理论提供了诞生的温床。风险社会理论属于社会学理论，它从人类社会发展视角分析和研究社会性的问题。实际上风险社会理论与国际政治中的“非传统安全理论”具有某种相似之处，两者可谓不谋而合。运用风险社会理论分析当今社会中存在的问题有助于降低某些领域的风险，比如金融危机、生态危机、经济危机、信息技术领域、传染性疾病等等，提高对威胁的认识程度。“风险社会理论很好地描述和分析了我们所处的社会结构特征，为我们理解当代社会的发展和现代化进程提供了独特的视角，为制定相关的社会政策提供了有益的思路。”[6]

德国社会学家乌尔里希·贝克（Ulrich Beck）在1986年出版的《风险社会》一书中，首次提出了“风险社会”（risk society）概念。20多年来，这一理论在社会理论界、政策研究界和公众中的影响与日俱增。人们认为，“风险社会”理论很好地描述和分析了我们所处的社会结构特征，为我们理解现代社会的发展和现代化进程提供了独特的视角，为制订相关的社会政策提供了有益的思路。[7] 本课题借鉴这一社会学理论研究科技进步与发展、国际社会制度、经济全球化等现代性要素对国际社会和国家安全的影响。由于现代社会具有不可知性、整体性、建构性、平等性、全球

---

5 陈建中：共商共建共享的全球治理理念具有深远意义，《人民日报》，2017年09月12日07版。

6 钮菊生、杜刚：在风险社会背景下寻求国家安全，《中国社会科学报》，2015年10月23日，第829期。

7 靡晶；模式调适与机制创新：网络时代政府公共危机治理研究，《苏州大学博士论文》，2014-03-01。

性等诸多特性[1]，这就导致了风险社会与安全问题产生了天然的脐带关系。“‘全球性’是风险社会也是‘风险国际社会’的最大特征。从安全角度考虑，风险国际社会的存在必然对国际安全和国家安全构成影响。”[2] 此外，风险社会的每一阶段发展对人类的安全都构成了重要影响。借鉴风险社会理论研究国家安全问题或许具有全新的视角和不一样的思路。

风险社会理论为我们认识当今国际社会和国内社会的安全问题提供了一个视角，那就是现代化的过程充满着各种风险，这些风险有人为性的和制度性风险两种形式。在风险社会中有以下几种特点：风险是内生的，风险具有全球延展性，风险的发生难以预料，造成的结果也难以预算等。风险社会理论的提出对国内和国际的安全治理提出了新的挑战。在国家安全管理实践中要有风险意识，危机意识，要做到未雨绸缪，提前预案，把危机降到最低点。

3. 安全困境理论。中国的快速崛起产生了“崛起困境”。清华大学教授阎学通认为“任何大国崛起都必然形成战略冲突，因为霸主国不愿任何国家强大到与其平起平坐，其他大国也不愿别国比自己强大”[3]。并提出“崛起困境”理论，该理论“解释为什么大国崛起过程伴随着国际体系压力越来越大的现象”[4]。中国崛起的阶段性目标是建设成为“富强民主文明和谐美丽的社会主义现代化强国”[5]。中国的崛起和学者提出的“崛起困境”与西方现实主义理论中的“安全困境”理论不谋而合，只不过两者的根本区别是认识问题的角度和出发点不同。

---

1 赵延东：解读“风险社会”理论，《自然辩证法研究》，2007 年第 06 期。

2 钮菊生、杜刚：在风险社会背景下寻求国家安全，《中国社会科学报》，2015 年 10 月 23 日，第 829 期。

3 阎学通：“崛起困境”与中国外交新特征，人民论坛网，（2014-12-05），http://theory.rmlt.com.cn/2014/1205/354658.shtml.

4 同上。

5 这是十九大报告中确立的到本世纪中叶实现的目标，“强国”应该是建设的阶段性重点。国家的强大是相对而言的，在这里主要相对的是中国的过去“积贫积弱”。

安全困境理论的基本原理是一个国家为了追求自身安全，采取军备等必要措施，这种行为降低了其他国家的安全感，最终使该国自身感到更加不安全的一种状态。无政府社会的存在是引起安全困境的根本原因。在一个无政府状态下的国际社会中，在丛林法则尚未消除的国际环境下，一个国家的强大相对其他国家而言“可能不是什么好事”。这就是国际政治中的“霍布斯恐惧”（Hobbes fear）。一个国家的崛起客观上提升了自身的安全实力，但是它引起了其他国家的恐惧和不安，其他国家为了自身的安全也要采取一些措施和方法，这就是现实主义“安全困境”理论（Security Dilemma）。“安全困境”一词是由美国纽约市立大学的教授约翰·赫兹提出的。罗伯特·杰维斯（代表作：《安全困境下的合作》）和柯林斯对安全困境做了进一步研究。

破解安全困境通常有两种模式，一是构筑安全共同体，一是合作安全。建构主义认为，“安全困境”是主体间相互建构的产物，因此也可以被解构。而解构“安全困境”就是靠建构国际“安全共同体”。这种“安全共同体”是建立在“一国为大家，大家为一国”的国际政治文化基础上的。通过建构国际“安全共同体”，一国安全为另一国的不安全的恶性循环就此打破，国家安全的相对性转变为绝对性。你之安全即是我之安全，与“你之安全即为我之威胁”的“安全困境”形成了鲜明对比。国家安全不再是竞争性的，而是合作性的。通过国际“安全共同体”可以有效的解决国际冲突实现国际和谐。[6]合作安全是近年来大国寻求国际安全治理的主要途径。合作安全是“强调各国之间应当通过合作而不是对抗、协商而不是冲突的办法解决彼此之间存在的各种矛盾和争端”，[7]最终实现安全的目的。运用安全困境理论可以从结构、进程和功能三个

---

6 三大西方主流国际关系理论学派国际安全观之比较，国际观察，http://bbs.tianya.cn.

7 张磊：试论合作安全在东亚的发展及其局限性，《国际观察》，2005年第3期。

方面对问题进行分析研究，“安全困境不仅是一个结构性概念，也是一个进程性概念，其存在也必然溢出到其他问题领域，因而还是一个功能性概念。”[1] 多维度分析安全困境对安全态势的把握更系统更准确，有利于安全困境的破解。

安全困境理论描述的情况古今都有。当今国际社会在多个地区依然存在着安全困境。比如，巴以之间、印巴之间、朝韩之间（东北亚安全困境）、中日之间、中美之间、美俄之间。运用安全困境理论可以帮助我们认识当今国际社会中安全域各类主体状态，分析安全困境下的各安全主体的需求和安全措施，最重要的是如何化解安全困境，破解安全困局，降低安全风险，使国家顺利实现崛起这是理论指导实践的最大意义。

4. 总体国家安全观。从严格意义上说“总体国家安全观”思想并不是学术意义上的国际政治理论，但是它却高于国际政治理论，它是习近平站在新时代新高度和新起点上提出的关于处理中国国家安全的最新理论成果，它在未来中国崛起进程中指导中国国家安全理论建设和安全实践的发展。它在国际社会上对于处理国家之间的安全关系、解决安全议题和推动安全合作具有重要的理论价值和指导意义。它是马克思主义国家安全理论在中国的新发展，是习近平新时代中国特色社会主义思想的组成部分。研究国家安全，认识国际安全形势必须以总体国家安全观的思想为指导，国家各项安全工作以总体国家安全观为引领，在理论建设和实践发展中走中国特色的国家安全建设的道路。

总体国家安全观是习近平新时代中国特色社会主义思想的重要组成部分。总体国家安全观是十八大以来以习近平同志为核心的党中央在国家处于新的历史时期 —— 中华民族伟大复兴的进程中，安全面临新的问

1 门洪华：东北亚安全困境及其战略应对，《现代国际关系》，2008 年第 8 期。

题 —— 内外安全十分严峻的背景下提出的如何维护安全、如何实现安全、如何保障国家安全的重大理论论述。“面对新形势新挑战，维护国家安全和社会稳定，对全面深化改革、实现‘两个一百年’奋斗目标、实现中华民族伟大复兴的中国梦都十分紧要。”[2] 总体国家安全观的提出“是新形势下指导国家安全实践的强大思想武器，是对国家安全理论的重大创新。”[3] 它是马克思主义关于国家安全的新的理论发展。总体国家安全观主要思想是提出了中国特色国家安全道路，即“以人民安全为宗旨，以政治安全为根本，以经济安全为基础，以军事、文化、社会安全为保障，以促进国际安全为依托”的国家安全道路。[4] 走这样的安全道路必须处理好的关系是“既重视外部安全又重视内部安全、既重视国土安全又重视国民安全、既重视传统安全又重视非传统安全、既重视发展问题又重视安全问题、既重视自身安全又重视共同安全”[5]，这“五位一体”安全观构成了完整的安全理论体系。这个安全体系架构从宏观层面表明了中国特色的总体国家安全观的基本价值取向。

总体国家安全观思想是当前和今后一段时期指导中国国家安全建设、做好各项安全工作、开展安全研究的理论工具和行动指南。理论中对于安全态势的阐述、安全领域的划分、安全与发展的关系做出了重要论述，这些论述对于课题的研究指明了方向。

其他理论的借鉴。国家安全学理论为认识国家安全的内外部威胁和安全领域的内容提供现实的指导，对于分析具体的安全问题具有重要的借鉴意义。公共政策分析科学，运用公共政策科学分析目前现行国家安

---

2 习近平著：《习近平谈治国理政》，外文出版社，2014 年版，第 202 页。

3 《总体国家安全观干部读本》编委会：总体国家安全观干部读本，人民出版社，引论，第 1 页。

4 习近平：坚持总体国家安全观，走中国特色国家安全道路，《习近平谈治国理政》，外文出版社，2014 年版，第 200 页。

5 同上。

全政策体系、政策制定的背景、政策运行效果、国家安全政策补充与完善情况。此外，行为主义科学在文中也有适量运用。

五、研究方法

人们为了解决不同问题使用不同的方法。同一个方法也可以在不同的研究领域中使用。由于安全问题涉及多学科领域即安全问题复杂性和多样性，那么研究安全问题的方法也呈现出多样性和复杂性。

1. 马克思主义阶级与历史分析法。阶级分析方法是指在承认人类社会发展到一定阶段划分为阶级并由此产生阶级斗争的前提下，运用马克思主义的阶级观点，从阶级对立和阶级斗争的角度分析社会历史现象的方法。[1] 当今国际社会依然有阶级的存在，有社会主义国家和资本主义国家的共存。西方国家对社会主义国家的和平演变、网络文化的传播、东西方意识形态的斗争，这些都威胁到了社会主义国家政局的稳定、无产阶级政权的巩固，社会主义国家的安全要放在阶级斗争的长久环境中去保障和维护。

2. 比较研究方法。每个国家都存在安全问题及共相应的领导决策机构，比如国家安全委员会、国家安全局、情报局等；每个国家维护国家安全的做法、措施、方法方式各有不同，这就需要对这些措施方法进行比较研究。目的在于通过比较别人的经验，为国家安全保障提供借鉴。

3. 实证与调查研究方法。实证研究是通过对研究对象大量观察、实

---

1 阶级分析法：http://baike.baidu.com/link?url=Sh9TDshXEE_5sGOaAKoPxtrOHEPl4s9hoEbPaCUl8O1L_m7OTdfq2UcTLcAB-Cf_VWvrdhLOdzN4NbeCQBOKH_.

验和调查，获取客观材料，从个别到一般，归纳出事物的本质属性和发展规律的一种研究方法。[2] 实证研究方法包括观察法、访谈法、测验法、个案法、实验法。国家安全保障本身就是一种实践性极强活动。国家安全研究需要考察国内外各种结构、单元、实体等对象，也需要对研究的对象开展调查、问卷和走访交流。

4. 文献研究方法。关于国际安全和国家安全问题研究，古往今来有大量文献资料，前人的思想认识需要挖掘，国外的理念、经验、学术思想也需要借鉴。课题的研究需要参考大量的文献资料，占有丰富资料，分析研究，文献研究几乎是所有科研工作者必须的研究方法。

5. 安全学研究方法。本课题还借鉴“安全科学”的某些概念、定义、理论作为国家安全研究的基本理论。安全学作为安全工程、环境工程、采矿工程等工科专业的基础性教材，其中的某些原理如安全的社会属性、安全的自然属性、安全观的历史演变、安全动力学等原理[3] 用来借鉴分析国家安全中的一些问题和安全理论的基本规范。《安全行为科学》为我们解释了人的安全意识的本质，感觉、记忆、情感与行为安全的关系。安全行为科学还可以运用到安全管理、安全教育、安全宣传安全文化建设等领域。

六、研究的基本思路

前提假设：安全问题对人类来说是一直存在的，即使人类社会发展到有了“国家”它也无法完全为公民和自身提供“绝对安全”的状态。

2　安邦、王会民：高校思想政治教育接受问题研究综述，《濮阳职业技术学院学报》，2013-02-20。

3　关于安全学的一些基本原理可以参考张景林教授编著的《安全学》，北京：化学工业出版社，2009 年 7 月版。罗云主编的《安全行为科学》，北京航空航天大学出版社，2012 年 8 月版。

国际社会在无政府状态下，生产力发展并不能给国家带来更加安全的状态，国家发展生产力，增加物质力量并不能产生绝对安全。科技的发展不断促进人类社会的进步，但是，科技的两面性对每一个安全行为主体又带来了威胁。在全球化发展背景下这种威胁程度加深了，整个国际社会成了风险国际社会。在以国家为主要国际行为主体的情况下，国际社会、地区、国家、社会乃至个人都要增加国家安全意识、国家认同意识、民族意识、人类命运共同体意识，同时提升安全保障能力。国家，这一个“中观”国际行为主体更应该做出不断的努力，来维护国际社会、地区和国家内部的稳定。

证明假设：

1. 生产力发展成为推动国家安全内涵和外延发展的根本因素，它使国家实力得到增强，国家安全得到根本保障，同时也会给国家安全制造了威胁，国家安全困境无法彻底解决。科技的发明创造使人类灭亡的速度变得更快了。

2. 从全球范围来看，阶级问题、资本主义与社会主义的根本对立没有改变。

3. 一国（中国）发展速度加快，国家实力增强，可能会引起其他周边国家、区域国家或世界其他大国在安全认知上出现差异，从而形成对崛起国的误判，导致崛起国不安全状态存在。

4. 国家内部的发展不平衡对国家政权的稳定构成威胁。

解决问题：国家安全得以实现的路径依赖

1. 通过国家间合作，实现共同安全；

2. 建设人类命运共同体；

3. 培养国民的国家安全意识；

4. 提升国民国家安全保障能力；

5. 建立具有中国特色的国家安全文化。

七、创新与不足

（一）创新之处

1. 提出“人”才是国家实现安全的根本的思想。人与国家安全是辩证统一的。毛泽东提出“兵民是胜利之本”，同样的道理“兵民也是国家安全之本”。兵民，本质上就是人，在社会主义国家就是人民。“人民”既是国家安全保障的对象，又是国家安全力量的支撑，所以“保障人民安全是国家安全工作的根本任务”，而国家安全的实现，国家领域、疆域、政权、文化等等各个领域的安全是要靠具有安全意识和安全能力的人来实现，国家的安全归根结底就是“人”的安全。

2. 国家安全意识恒定原理。国家安全意识是与国家相联系的安全主体围绕着国家的生死存亡而产生的各种思想、观念、主义或觉悟。国家安全意识与国家是“影”与“型”的关系。没有国家也就没有国家安全意识。中国封建社会家国一体，民众的忠君思想也是一种国家安全意识。现代国家产生后，家国思想出现适度分离，公民的家与国的思想也在变化，公民对国的观念淡薄了，家的思想更加重视。但是，公民的国家意识、国家观念并没有完全消失。国家依然是保护公民个体、家庭、单位、社区、各阶层、阶级和各民族的重要主体。反过来，公民对国的保护依然有义务来担当。总之，国家安全意识有强有弱。意识的强弱与国家安全面临的局势、公民的素质、公民个体的觉悟和国家的政治制度、教育制度有很大的关系。但是国家安全的意识在总体上不会消失，国家安全意识成了维护国家安全存在的长久因素，或者叫恒定因素，成了常量（constant）。

3. 国家安全保障力概念。国家安全是一个由安全理论、安全战略、管理机构、物质要素和精神要素组成的各类安全相关系统的总和。这些系统围绕着实现国家安全为目的，相互结合形成了一种强大力量，这种维护国家安全的物质要素、精神要素、制度要素、机制要素的总和就是国家安全保障力。国家安全保障力不是简单的经济力量、也不是科技力量和军事力量，也不是综合国力，而是用于维护国家安全的各种力量，国家安全保障力与综合国力、经济实力、科技实力、军事实力具有一定的联系。国家安全保障力是维护国家安全的综合实力，只有用于维护国家安全的力量才能够称作国家安全保障力。

（二）重点与难点

1. 安全问题对国家生存的发展产生什么样的影响，是否存在某种规律；

2. 获得或实现国家安全对其他国家之间关系有何影响；

3. 国家发展（崛起）过程中如何避免战争获得安全；

4. 生产力和科技因素与国家安全的关系；

5. 当前国家安全保障措施分析（领导机构、执行机构、法律机制等）；

6. 公民的国家安全意识如何培养；

7. 公民的维护国家安全能力如何获得；

8. 公民的全球安全意识与维护世界和平的能力。

第一章
和平崛起与国家安全的理论分析

一个国家或一个民族在其自身发展进程中没有哪一个是一帆风顺的。从人类历史上看，越是伟大的民族、越是强盛的国家都是经历过挫折和磨难，最终创造出辉煌的文明。中国有句话叫做“多难兴邦”，或许就是这个道理。

第一节　崛起与国家安全

崛起，是自国家诞生以来每个时代大国的共同目标、发展追求与梦想。在传统国际社会中崛起意味着战争、霸权、领土扩张和对外殖民掠夺。古代社会的大国，如：大秦帝国、雅典帝国、古罗马帝国等多是通过内部改革完成后，开始对外武力扩张最终实现国家的崛起。但是这种穷兵黩武、过度依赖武力扩张建立起来的帝国没有哪一个是真正能够实现长治久安和国泰民安的，穷兵黩武最终导致这些帝国分崩离析，轰然倒塌。近代以来到二战时期的大国，也是如此。都没有摆脱国强必霸的老路。修昔底德陷阱[1]在一次次不断上演。

所以，从历史上看武力崛起意味着风险，武力崛起意味着战争。

那么，对于一个国家来说什么是“崛起”呢？崛起的真正含义是什么

1　修昔底德陷阱：是指崛起国（新兴国）挑战现有大国（守成国），现有大国认为崛起国对其构成了威胁，往往双方爆发战争。修昔底德陷阱是古希腊历史学家修昔底德研究雅典与斯巴达之间的战争原因提出的理论。

呢？崛起与国家安全之间的互动关系是什么呢？崛起与国家之间内在的互动关系是什么样的情况呢？回答和解决好这些问题对于处在新的历史方位的中国来说具有重要的意义。

一、马克思主义的生产力论与国家安全

马克思主义认为，生产力是决定社会发展的最根本因素。国家的崛起、国家发展、国家的安全都离不开生产力这一决定性因素。从生产力角度来分析国家崛起、国家安全、保障和维护国家安全是一个新的视角。马克思主义认为“历史过程中的决定性因素归根到底是现实生活的生产和再生产”[2]。国际政治中，生产力发展是国际政治的根本推动力[3]。而国家安全是国际政治的核心议题，国家安全从根本上来说也就深刻地受到了生产力发展的影响和制约。马克思主义对国际政治和国家安全的指导性认知是非常深刻的。

1. 生产力的发展与国家的崛起

生产力发展对于国家的发展来说具有决定性意义。在人类历史长河中，国家和民族的发展根源在于生产力的发展。当一国的生产力快速发展时，该国家的各项事业，经济、军事、文化、科技都会紧随其后。而当一个国家在短时间内通过内部持续改革和解放生产力，导致综合国力大幅提升，这时候国家发展的状态通常认定是“崛起的”或者说是“物质性崛起”。因为这种崛起相对周围国家的国力是短时间内急剧提升的。如果一国内部改革措施不明显，生产力得不到充分的解放，国家的发展将是“一般性”的发展。当一国的生产力发展低于同时代国家发展平均水平

2 《马克思恩格斯选集》第1版，第四卷，中共中央编译局编，1972年5月版，第477页。

3 宋新宁、陈岳著：《国际政治学概论》，中国人民大学出版社，1999年版，第93页。

时，该国发展就是相对落后了。解放和发展生产力的程度、广度、深度决定了一个国家发展的成果，甚至是决定着国家和民族发展的未来。保罗·肯尼迪的《大国的兴衰》给我们的启示之一就是国家崛起不能忽视“生产力与科学技术的发展”。

这里我们根据生产力发展速度与发展的结果分成三种情况：一是生产力快速发展、二是生产力一般发展、三是生产力迟缓发展或倒退，相应地发展出现的结果通常也出现以下三种情况，一是崛起、二是一般发展、三是滞后。这三种国家生产力发展状态称之为国家发展模式。（见图1）国家在不同生产力发展模式下，国家对内对外也会造成不同的“安全场域”。

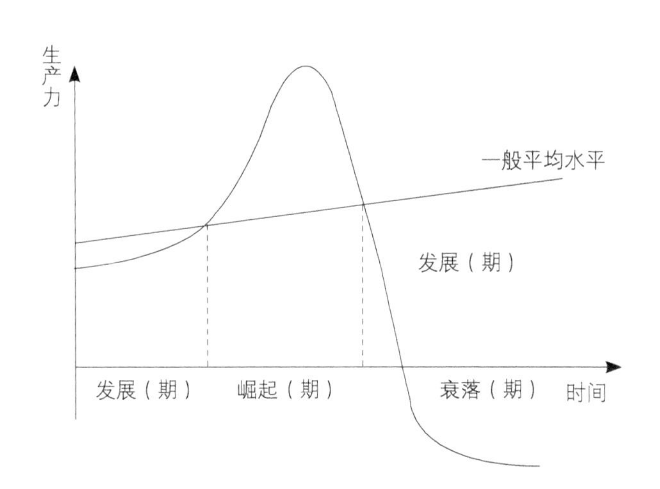

图1 生产力发展速度与发展模式图

根据对生产力发展程度与发展时间之间关系的分析，我们认为所谓“崛起”就是一个国家、民族或地区在与其他平行发展主体相比较的时间内，实现了生产力发展效果总量的突然激增或显著增长。这里的崛起是有横向和纵向的双重比较。横向比较是指与其他周边相对应的主体之间发展的比较，有一个快速发展期或者快速增长期；同时跟自身比较也存在快速增长的情况。当一个国家、民族、或地区的发展在相对时间内出现发展快速增长的态势，这种状态就称为“崛起”。崛起与发展的区别在于崛起是发展的一种快速表现形式。

必须说明的是，我们提出的崛起是生产力发展方式的崛起，不是那种依靠对外殖民、扩张与掠夺式的暴力崛起，不是依靠武力和发动对外战争的方式实现崛起的。崛起有和平崛起和武力崛起两种类型。国家以改革和发展生产力方式实现的崛起，才是最稳定、最安全、最持久和最可靠的崛起。武力方式崛起风险较大，武力崛起可能会给国家带来一时的物质增加、疆域的拓展、人口增长，但从长期来看都是不稳定的，必将给国家安全带来许多隐患。

2. 生产力发展与国家安全

马克思主义认为生产力是最活跃的革命因素。生产力发展对国家的长治久安具有重要的影响。发展生产力为维护和保障国家安全提供了物质基础。生产力对于安全来说是手段而不是目的。人类在自身的生产、生活和生存的社会实践中，总是想方设法通过各种途径方式使人类生活过得更加美好安宁。人类使用火种，也就知道了火灾的无情。人类总是通过提高生产力来不断增加安全指数，但是威胁、灾难、危险如影子一般地追随着人类。生产力的提高并没有彻底解决安全问题，在有些问题上，在某些领域内，安全问题十分突出。人类创造的科学技术在飞速发展，但科技发展并没有使人们感觉到比以往更安全。相反，生产力越是提高，用于灭亡人类的技术手段也在加速，人类自我灭亡的时间在加快。在国家层面层面上，生产力发展与国家安全之间的关系总体来说国家是通过生产力的发展来提高国家安全的指数，但也依然逃脱不掉科技发展给国家造成的威胁。“人类在发展和利用科学技术的过程中，生产力得到解放的同时，也带来很多安全问题，安全科学的出现是科学技术发展到一定程度，人类文明提出的必然要求”。[1] 所以，生产力的发展必然会给个人、社会、国家、国际社会和全世界带来安全问题。如果国家之间的矛盾、冲突、发展差距、民族仇恨、误解难以消除，生产力的发展将会导致国家之间的问题更加严峻。传统安全问题与非传统安全问题的叠加使整个世界变得更加危机重重。

当今国际社会，资本主义与社会主义国家之间的矛盾并没有彻底消除。国际政治中两大阶级之间的对立时隐时现，有时还比较剧烈。“社会主义作为先进生产力的代表，最终取代资本主义必然需要经过生产力长期发展的过程。”[2] 当今资本主义国家、社会主义国家、发展中国家并存共处和相互摩擦与人类社会物质生产的发展阶段是相适应的，这是不以人的意志为转移的。冷战结束后，全世界人民迫切要求的发展问题因时代变迁，发展的含义也发生了变化，它从“过去的南北差距和不合理的世界政治经济秩序中，深入到关系全人类命运的可持续发展范畴，从而获得了整体性和长远性意义”[3]。安全与发展的关系越来越密切。“安全的发展和发展的安全成为时代突出的问题，安全与发展也相应地成为冷战后世界的新主题。”[4]

关于生产力与国家安全之间的关系，马克思主义理论家们并没有给我们留下直接的指导和论述。但是，在马克思主义原理论中就已经涵盖了生产力发展与国家安全之间关系的论述。马克思在《共产党宣言》中指出：“工人革命的第一步上升为统治阶级，争得民主。无产阶级将利用自己的政治统治，一步一步地夺取资产阶级的全部资本，把一切生产工具集中在国家即组织成为统治阶级的无产阶级手里，并且尽可能快地增

1　张景林、林伯泉主编：《安全学原理》，中国劳动社会保障出版社，2009 年版，第 73 页。
2　宋新宁、陈岳著：《国际政治学概论》，中国人民大学出版社，1999 年版，第 93 页。
3　俞正梁等著：《全球化时代的国际关系》，复旦大学出版社，2000 年 7 月，第 173 页。
4　同上。

加生产力的总量。”[5] 这里马克思强调无产阶级夺取资产阶级的全部资本的目的是增加生产力的总量。那么问题又来了，马克思为何要强调增加生产力的总量呢？这里的意思很明确，就是要大力发展生产力巩固无产阶级专政的政权，强调的是“发展与国家安全的问题”、强调的是“政治安全与政权安全问题”、强调的是“共产主义”实现的问题。从这里来看，生产力发展是维护国家安全的根本，尤其是巩固无产阶级政权的根本。反过来看，无产阶级想要牢牢地掌握政权必须要大力发展生产力，忽视生产力发展而导致政权更迭，民族灾难，国家灭亡的历史太多了。

二、国家“落后就要挨打”的生产力视角分析

“落后就要挨打”，从中国近代发生鸦片战争开始到新中国成立这段历史时间，中国人刻骨铭心地感受着这句话包含的意思。对于“落后就要挨打”这句话有没有道理，从生产力发展与国家安全的角度来看，要具体分析它的情况了。

1.“落后”国家的界定。国家发展到什么情况看作是落后呢？在英语中“落后”有多种翻译，backward、fall behind、lag behind、draggle、drop behind，它没有限定的主语，可以指家庭、个人、组织、机构、单位还可以指国家、民族、地区等。它也没有具体指代的内容，可以指经济发展落后，也可以指政治、思想和文化落后；可以指物质技术要素的落后，也可以指观念精神理念落后；可以指方法措施落后，也可以指制度措施政策的落后。“落后”是一个无指定的中性词语，它可以附带自己的前置定语，比如我们常说的“经济落后”“思想落后”“观念落伍”等等。在这里，“落后”的主体是国家、是民族、是个人。它的内容是多样的、综合的，既是指经济上的，也是指政治上、文化上的、军事上的、思想

5　马克思、恩格斯：《马克思恩格斯选集》，人民出版社出版，1972年版，第272页。

道德素养上的。所以判断一个国家是“落后”还是“先进”就是一个综合变量的分析，经济、政治、文化、军事、外交等因素还是相互影响的，不能以单一的经济变量来分析安全问题。

2. 国家整体“落后”就要挨打带有一定的必然性。这是人类历史发展过程中的铁律。在当今的国际政治中，弱肉强食的丛林法则并没有因为经济全球化的发展而消失。“落后就要挨打”是斯大林在 1931 年一次名为《论经济工作人员的任务》的演说中提出的。斯大林说这句话的目的是鼓励经济工作人员要掌握技术和业务，成为经济方面的专家和内行，并指出科学技术在国民经济各个部门中的决定性意义。对斯大林的这句话，处于 1840 年至 1949 年的中国人有深刻的理解和真实感受。近代中国是一个半殖民地半封建社会，中国在政治上、经济上、军事上、观念上都是极其落后的。政治上受到帝国主义的侵略和压迫。中国近现代经历了两次鸦片战争、中法战争、中日甲午战争、八国联军入侵中国、抗日战争等战争之苦，国家一次次遭受侵略和蹂躏。在经济上，以自然经济为主体的小农经济无法与资本主义机械化大生产相提并论，帝国主义官僚主义联合对中国实行压榨和剥削。证实了落后就要挨打的事实。这里的“落后”不仅仅是指整个国家经济的落后，也包括政治制度的落后、思想观念的落后、文化的落后、军事军备和国防的落后，是整体综合实力的落后。

回过头来，再来看看晚清政府为什么老是挨打，国民政府也为何摆脱不了挨打的命运。从整体上看，清政府的失败是摆在了政治经济的体制上，也就是说从一开始清政府就注定是要失败的，而不是败在了经济总量上。清政府的人口和经济总量都是超过西方国家的，但是它没有把人口和经济总量转化为有效的对外防御力量。在战争过程中，武器的对决是两个时代的战争，一个是冷兵器一个是热兵器。军事指挥思想也是与兵器相关的指挥作战思想。著名抗战历史学家荣维木认为：“衡量国家先进与落后的标准，还有许多非经济的因素。与日本相比，清政府的腐朽决定了它的战争组织能力的低下。”[1] 另外，国民素质不高，国民思想与清王朝统治阶级没有达成统一的一致对外抗击敌人的思想。总之，晚清王朝在世界格局的整体观念上、时代潮流认识上、国家总体发展战略上、外交理念上、内外政策的决策体系上都是落后的。尽管经济总量较高、人口总数较多、地域范围较广，最终还是一败涂地，经济资源反而成了别人嘴里的肥肉，大清国成了任人宰割的羔羊。

再说抗日战争中的中日力量对比。“中日战争的发生，印证了‘落后就要挨打’的规律。”[2] 抗日战争是从 1931 年 9 月 18 日，即九一八事变为开始标志到 1945 年 8 月 15 日抗战胜利为结束的 14 年抗日战争。[3] 为何 14 年才取得抗日战争的胜利呢？甚至有的学者说抗战胜利并不是中国人取得的，而是美苏两国帮助取得的。在抗战时期有的人甚至认为中国是不可能取得胜利的，对于这种亡国论调，毛泽东在《论持久战》一文中就给予了批驳。毛泽东对中日双方的国力进行了对比，他说，日本方面“它是一个强的帝国主义国家，它的军力、经济力和政治组织力在东方是一等的，在世界也是五六个著名帝国主义国家中的一个”[4]。在中国方面，毛泽东是这样分析的，“我们依然是弱国，我们在军力、经济力和政治组织力各方面都显得不如敌人。战争之不可避免和中国之不能速胜，又在这个方面有其基础。”[5] 在这里毛泽东看到了中国的落后有“挨打的必然性”，中日之间生产力发展的差距，军事力量之间的悬殊，国力的强弱，毛泽

---

1 荣维木：“落后就要挨打”抗日战争的历史启迪，http://www.china.com.cn/xxsb/txt/2007-08/14/content_8681619.htm.

2 同上。

3 关于抗日战争的时间，2017 年 1 月，教育部颁布了《关于在中小学地方课程教材中全面落实“十四年抗战”的函》，在该函中抗战时间由 8 年改为了 14 年。

4 毛泽东著：《论持久战》，见《毛泽东选集》第二卷，第 447 页。

5 同上，第 449 页。

东得出了结论，就是中国遭受日本帝国主义侵略具有必然性，要想战胜日本，中国必须要花费很长时间。接着毛泽东又从战争的性质上进行分析，日本发动的性质是帝国主义侵略战争，是非正义战争，所以战争的胜利必然属于中国，日本必然要失败。可见，落后虽然要挨打，但是可以打醒一个民族，挨打也并不一定被打败。

日本在近代史上实行的闭关锁国政策，也曾尝到过落后就要挨打的苦果。十九世纪前半期，西方列强在全球寻找资本市场的进程中，目标锁定了日本。日本从 1639 年到十九世纪前半期实行了锁国政策，“除荷兰和中国外，禁止与外国贸易，外国商人和传教士全部被逐出日本。”[1] 中国人也被封锁在了长崎的唐人住宅区。此后幕府政府实行锁国政策长达二百多年，直到十九世纪中叶才被美国用炮舰强行开国。日本在美国的炮舰下被迫开国，标志着日本国力的虚弱和封建统治的无能。1858 年，日本安政五年，幕府与美、英、俄、荷、法签订了统称为“安政五国通商条约”的系列不平等条约，日本主权沦丧。[2] 日本明治维新后，引进了西方先进的技术和管理经验，国力大增，军事实力大增，国民素养提高，又走上了与西方列强共同侵略亚洲各国的道路。

今天的中国与往日已不可同日而语了。但是我们必须看到“中国还不是一个综合国力强大的国家，为了改变落后的面貌，中国还要走过漫长而曲折的道路”[3]。建设富强、民主、文明、美丽的国家是中国人民当前的奋斗目标。今天中国 GDP 总量虽然世界排名第二，但我们还应该清醒地意识到，国民的综合素质和思想文化道德水准与现代化强国的要求还有一定差距，落后仍然是中华民族的最大忧患。

---

1 王绳祖主编：《国际关系史》，法律出版社，1986 年 12 月，第 2 版，第 134 页。

2 曲飞：人间五十年：从被迫开国到兴兵海外，《新京报》，2014 年 07 月 26 日。

3 荣维木：落后就要挨打，抗日战争的历史启迪，http://www.china.com.cn/xxsb/txt/2007-08/14/content_8681619.htm.

3.“落后就要挨打”说法具有一定的片面性。落后就一定要挨打吗？不落后就不挨打了吗？中国在几千年的历史发展进程中，建立了与周边国家的相对稳定的朝贡体系。在这个体系内，繁荣的中华文明以自身的优势资源维持着与周边国家之间的良好关系。从整体上来看，中国与周边国家在历史上是相安无事的。中华帝国没有因为自身的强大而侵略过其他小国、穷国、弱国。对落后的国家还给予一定的物质和文化上的帮助。反过来看，落后的文明、野蛮的国家或民族在历史上曾经也侵略过先进文明的国家和地区。“落后”打败“先进”的历史情况也是出现过。如，秦国灭掉了六国，统一中国。宋代以来，华夏帝国屡遭北方少数民族袭扰，以至于政权灭亡，国家灭亡。论生产力和国力，北方少数民族远不是大宋帝国的对手，然而却被落后的民族打败了。明朝的历史再一次演绎着“落后”打败“先进”的历史进程。所以，在特定的历史时空下，单从国力上来看，先进发达的国家或民族在对外交往中所实施错误安全国策、错误的外交政策，都可能引起别国的攻击或侵略。“落后就要挨打”的片面性在于：忽视了其他相关因素的作用，单独唯生产力论，忽视了经济与政治的互动关系，忽视了经济与军事的关系，也会给国家安全带来不稳定因素。

总而言之，避免“落后就要挨打”，综合国力就得需要全面发展，尤其要注重经济因素与其他因素的融合、互动和制约关系，精神要素的力量更是不可小视。

三、中国经济的发展与国际地位的提升

1978 年是中国改革开放的元年。中国经过近四十年改革开放的发展，取得了举世瞩目的成就，已今非昔比。这一点是包括西方国家的那些挑剔的人也是完全赞成的。就拿中国电商来说，2017 年“双十一”期间，电商巨头阿里巴巴 24 小时的销售额达到 1682.69 亿元人民币，同比

增长39%。其中无线交易达到90%。[1] 外界认为这是对邓小平经济政策的赞誉。[2] 看待中国经济的快速发展需要从国内国外纵横两个维度进行比较。所谓纵向比较，就是自身现在情况与过去情况进行比较。横向比较是指与周边国家、与地区国家、与世界主要大国间进行比较。比较的意义在于分析差距，寻找形成差距的原因，以及差距的存在对于国家安全具有什么样的影响和意义。

从纵向比较来看，中国从1978年到2016年的38年，中国经济年均增速超过了9%。这期间，GDP翻了204倍、人均GDP翻了142倍、城乡居民收入分别翻了98和93倍。中国创造出来的连续30多年的发展速度、发展成就，世界其他国家还未曾拥有过。[3] 具体发展数据见表2：

表2　1978~2012年国内生产总值及人均国内生产总值表

年份	国内生产总值（亿元）	人均国内生产总值（元）
1978	3645	381
1980	4546	463
1985	9061	858
1990	18 668	1644
1995	60 794	5046
2000	99 215	7858
2005	184 937	14 185
2010	401 513	30 015
2011	473 104	35 198
2012	518 942	38 420

资料来源：《中国统计年鉴2012》。

---

1 中国“双十一”引发全球共振，《参考消息》，2017年11月13日，第15版。
2 同上。
3 丁茂战：中国经济进入新的发展阶段，中国经济网，（2017-10-09），http://www.ce.cn/cysc/newmain/yc/jsxw/201710/09/t20171009_26473738.shtml[2017-12-28].

十八大以后，中国经济发展呈现出勃勃生机。经济领域中各行各业发展突飞猛进。创新驱动发展战略成果正在显现，重大科技成果的不断传出。习近平在十九大报告中描述中国经济五年来发展情况是“国内生产总值从五十四万亿增长到八十万亿，稳居世界第二，对世界经济增长贡献率超过百分之三十。”[4] 中国经济发展成就让中国人扬眉吐气，对实现两个一百年奋斗目标和实现中华民族伟大复兴的中国梦更加信心百倍。中国经济取得的成果、中国经济发展的趋势、中国经济对世界的贡献越来越得到国际社会的认可，国际影响力越来越大。

再从横向上来看，在发展速度上，世界主要大国美国、欧盟、英国、日本、俄罗斯等国家经济发展的速度落在了中国的后面。GDP 总量上中国在 2010 年超过了日本，成为世界第二大经济体。有学者预测中国将在 2030 年左右经济发展将超过美国。根据 2016 年世界银行发布数据显示，世界主要经济体总量排名中中国名列前茅。（具体 GDP 数值见世界银行发布数据表 3）美国经济在 2008 年全球性金融危机后整体复苏乏力，交通和基础设施落后，失业率依然维持在 5% 左右。俄罗斯因“乌克兰危机”的影响，受到西方国家制裁，经济发展受到阻碍，2016 年卢布贬值幅度近 50%，生产总值不及韩国，甚至是中国的广东省。[5]

就中美日世界三大经济体的发展趋势来看，中国尽管在总量上与美国的总量还有一定的差距，但是这个差距正在慢慢变小，相信不远的将来中国将超过美国，成为全球第一大经济体。中日之间相比，自 2010 年中国超过日本后，中日之间的差距越拉越大，当然中日之间从经济发展

4　习近平：决胜全面建成小康社会，夺取新时代中国特色社会主义伟大胜利，《中国共产党第十九次全国代表大会文件汇编》，人民出版社，2017 年 10 月，第 3 页。

5　广东省经济总量在 2016 年达到 79512.05 亿元。凤凰财经网，http://finance.ifeng.com/a/20170123/15163804_0.shtml.

表 3 2016 年世界主要经济体排名表

2016 年			
排名	经济体	GDP（百万美元）	排名变化
世界		75,212,696	
1	United States 美国	18,561,930	0
-	European Union 欧盟	17,110,523	
2	China 中国	11,391,619	0
3	Japan 日本	4,730,300	0
4	Germany 德国	3,494,900	0
5	United Kingdom 联合王国	2,649,890	0
6	France 法国	2,488,280	0
7	India 印度	2,250,990	0
8	Italy 意大利	1,852,500	0
9	Brazil 巴西	1,769,600	0
10	Canada 加拿大	1,532,340	0
11	South Korea 韩国	1,404,380	0
12	Russia 俄罗斯	1,267,750	0
13	Australia 澳大利亚	1,256,640	0
14	Spain 西班牙	1,252,160	0
15	Mexico 墨西哥	1,063,610	0
16	Indonesia 印度尼西亚	940,953	0
17	Netherlands 尼德兰	769,930	0
18	Turkey 土耳其	755,716	0
19	Switzerland 瑞士	662,483	0
20	Saudi Arabia 沙特阿拉伯	657,785	0
21	Argentina 阿根廷	541,748	0
22	Republic of China 中华民国	519,149	0
23	Sweden 瑞典	517,440	0

的质量上看，中国还需要进一步提升，在汽车、家电、电子产品领域中国还需要花更大的努力追赶日本。在单位产品的消耗能源上中国需要进一步降低能耗，提升产品的国际竞争力。见表 4，数据反映了中美日三国近 10 年的国民生产情况。[1]

1 数据资料来源：http://mp.weixin.qq.com/s?__biz=MzA5NTE5Njc0NQ==&mid=2649567432&idx=1&sn=1d69e175678e1fad17eabc541c8d8e14&chksm=885a93eebf2d1af83587078ccc40c7ab61eff7709595de29d0f02775d064cec5ae683f0fb755&mpshare=1&scene=23&srcid=1224U0VF118xsborszVelnQy#rd.

表 4　中美日三国近 10 年国民生产总值对比表

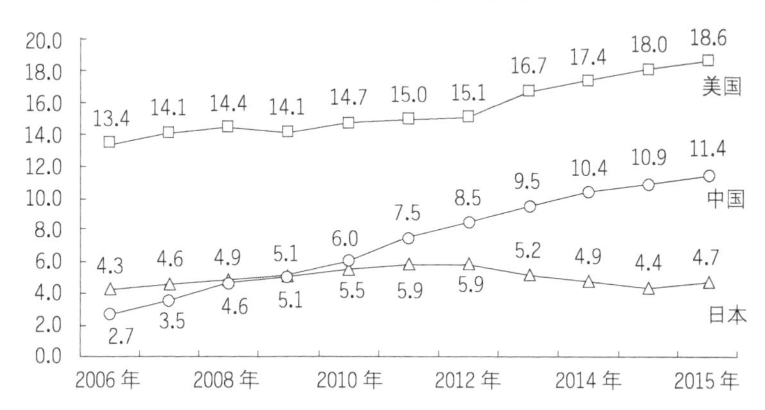

中国的发展不仅仅是经济领域的发展，而是政治、文化、科技、军事、教育等综合国力的全面发展。中国国力的提升带动了国际地位的提升。在国际社会上，中国是联合国常任理事国，强大的政治实力和经济实力相互作用，中国在国际社会中发挥的作用越来越大。中国方案越来越得到国际社会的广泛认可，中国文化越来越得到国际社会的喜爱，中国正以更加自信的心态迈向世界舞台的中央。

第二节　和平崛起与国家安全保障

一、国家崛起需要安全保障

国家发展在任何时候都要高度重视安全问题。安全是伴随着国家一直存在着的，只要有国家存在，就会有国家安全问题存在。未来人类社会，随着国家自行消亡国家安全也就随之消亡了，取而代之的是人的安全。这是安全问题与国家发展和国家存在相联系的一般规律。需要强调的是，国家安全不仅要在一般发展时期要维护，国家在崛起时期更要维护其自身安全，这是因为国家的崛起在力量对比上、在国际政治结构上，甚至是国民心理上常常会引起了安全格局的变化。

第一、国家崛起需要内部相对稳定的环境。国家崛起从内部看，崛起期也是改革期，它是各项政策调整转型的过程，这个过程容易引起激发各种利益主体之间的利益纷争、矛盾冲突或纠纷斗争，容易造成国内社会动荡不安。改革可以促进崛起，但是如果改革失败，国家崛起也会付诸东流。比如苏联时期，戈尔巴乔夫的“改革与新思维”最终没有让苏联变得更强大，反而导致国家解体，世界共产主义运动发展出现了波折。日本国在崛起过程中的两次变革，即大化革新和明治维新，两次改革从根本上触动了旧阶级旧制度的利益，国内斗争不断，社会动荡不稳。晚清时期的洋务运动、戊戌变法还没有从根本上彻底与旧社会决裂，“改良”式崛起根本就不可能成功。清末社会的大变革大动荡让满清政府在风雨中飘摇。当国家内部的新生力量能够完全战胜旧势力或旧制度时国家崛起才有希望。所以，国家崛起时期比起一般的发展时期更容易带来社会矛盾，不完善的政治制度、不完善的市场经济更容易滋生腐败。改革进程中出现的棘手问题如果解决不好，改革也可能会前功尽弃，将会给国家带来灾难性后果。中国共产党反复强调“必须把改革的力度、发展的速度、社会可承受的程度三者统一起来”，它的重要意义就在于此。因此，实现崛起首先需要国家内部的稳定，崛起还要安内。

第二、国家崛起同样需要外部的安全环境。一国能否实现崛起与外部环境有一定关系。崛起虽是一国内部的愿望，但是也要看邻国接不接受，答不答应，国际社会是否愿意是否认可。如果崛起国的战略目标能够被邻国接受，能够得到已有大国的认可，或者守成大国认为其崛起对其是有益的、至少不挑战现已构成的结构秩序。但是崛起的国家、新兴国家对现行国际秩序是否愿意接受这也是一方面。崛起国与守成国相互间处理好关系，或者达到一定的平衡状态，和平崛起才能实现。崛起国在其崛起过程中多大程度保持与外界国家之间的良好关系是需要长期考虑的问题。避免修昔底德陷阱的出现需要智慧和时间。当今国际社会那种弱肉强食的丛林法则并未改变。崛起国既要保持着大量的军事力量存在，还要学会与狼共舞，在崛起进程中保障国家安全是非常艰巨的，但无论如何都必须去面对。

实现崛起，需要运筹帷幄，需要合作；崛起需要安外。

二、国家安全保障力

维护国家安全需要集结各种物质力量和非物质力量，这就形成了与国家安全保障相关联的力量、制度、体系和机制。在讨论这些问题之前首先要明白的是什么是国家安全保障力。

（一）国家安全保障力涵义特点及其类型

有安全问题，相应地就会产生安全保障和维护持续安全的力量问题。安全保障力简要地说就是维护和保障安全的能力。汉语语言的发展过程中涉及安全保障的词语有很多，比如有“未雨绸缪”“亡羊补牢”“居安思危”等。这里潜在地隐藏着这样的一个问题，那就是如何“绸缪”？如何“补牢”？如何“思危”才能居得更安？这就涉及“安全保障能力”的获得问题。安全保障力获得的基本前提是安全问题客观存在，同时还有安全主体对安全状态的基本心理诉求以及对安全态追求所采取的各种方式、方法、途径。

我们给安全保障力的定义是安全行为主体为了获得安全利益，通过各种途径、方式、手段而获得的消除内外威胁的物质与精神力量总和。安全保障力不单是物质力量，也包括精神力量，它是一种综合的维护安全的能力。它是随着时代发展、生产力的发展和安全主体意识变化而不断发展变化的。不同的安全主体维护安全的能力也是不一样，即便是同一个安全主体在不同时期、不同年代、不同威胁的背景下它的安全保障能力也是不同的。比如，就个体“人”来说，在儿童时期他的体力、眼界、判断意识不如他成年时的维护安全能力强。一个政权在其建立政权初期所获得的维护安全能力与政权经过长期巩固后获得的力量也是不同的。太平天国运动当初发展比较迅速，后来没有支撑多久就被打败了。太平天国运动失败有内外多种原因，其中之一与新政权成立之初获得的维护政权安全能力不足有很大关系。再比如，俄国爆发十月革命以后，建立苏维埃俄国。新生的苏维埃俄国受到内外多种反革命势力反扑，列宁通过实施“战时共产主义政策”保住了新生的无产阶级革命政权，最终打败了内外反革命势力的威胁。苏联之所以又解体了，从国家安全角度来看，戈尔巴乔夫改革的失败没有获取有效的维护国家安全能力，上层政权腐败，举国国家安全意识严重不足，尽管有核武器在，最终还是在敌人的和平演变中分崩离析。总之，政权的维护在任何时候都要加强安全意识和安全能力建设，这才是国家长治久安的根本。

安全保障力是一种依附于安全行为的衍生力量。只要安全问题存在，就有维护安全问题的方法、措施和途径。安全主体的存在和发展都会伴随着安全保障力的生成、获得、减弱或失去等运动形态。安全主体应该顺应内外安全环境的变化适当做出判断和决策，来确定是否需要这种力量、如何获得这种力量、获得多少这种力量等问题。

安全保障力是历史的是变化的。安全保障力并不是一成不变的，它是随着历史的变化而变化，随着人类社会的生产和发展的变化而变化，随着安全个体不同的变化而变化。对于一个安全主体来说，既要能够看到自身安全力量的发展变化，也要能够看到别的安全主体的安全保障力的发展变化，尤其是敌对安全主体，也就是常说的敌人或竞争对手的安全保障力量变化。俗话说“知己知彼，百战不殆”就是要不断了解敌我双方，内外之间的安全力量变化，及时做出决策应对，以此维护自身安全。以此来看，台湾大量购买美国的武器，在两岸敌对状态尚未消除的情况下，这种行为就是增加台湾方的安全保障力，对大陆来说就是增加了威胁。同样的，2017 年美国特朗普政府要求增加国防预算，也是增加安全保障力的一种形式，这对于全世界维护和平力量的对比来说，威胁进一步加大了。

安全保障力具有相对性。安全保障力的相对性体现在它的使用条件、使用对象和使用的环境。安全保障力是维护安全主体自身安全的综合能力，如果这种能力的作用发生改变，比如武器是用来防身的，如果用来杀人就成为了凶器。对于国家来说，所获得的安全保障力只能用于保障国家安全而不可以随意用来危害侵犯别的国家的安全，否则安全保障力就成了对外侵略的武力，安全保障力的性质也就发生了变化。

安全保障力的类型。根据事物的不同类型，安全保障力也有不同的划分类别。根据安全主体的不同类别，安全保障力可以分为个人安全保障力、家庭安全保障力、社会安全保障力、国家安全保障力、区域安全保障力、国家集团安全保障力和全球安全保障力。根据安全保障的构成要素划分有经济保障力、军事保障力、科技保障力、文化教育保障力、制度保障力、外交保障力等。根据安全保障力的存在形态，还可以将其分为物质保障力和精神保障力。对于安全的获得，人们经常关注物质层面的构成要素较多，而对于精神层面的要素人们往往关注不够。对于国家层面的安全主体来说，我们更多关注的是国家安全保障力和国民的国家安全意识如何获得问题。

在安全主体的所有类别中，国家安全主体是一种基于国家层面的安全主体。它与一般安全主体一样也有维护自身安全的使命，也要不断地获得稳定的安全保障力量，这就形成了国家安全保障力。所谓国家安全保障力就是国家安全主体为维护本国及其相关的其他安全主体的安全利益免受内外部各种威胁，通过各种途径手段方式方法，而获得的维护国家安全的物质力量与精神力量的综合能力。从定义来看，国家安全保障力与国家的综合国力、经济实力、军事实力等概念具有一定的关联，但国家安全保障力与综合国力、经济实力和军事实力又有一定区别，它们的主体、性质和目的是各不相同的。

（二）国家安全保障力与其他相关力量

1. 国家安全保障力与综合国力

国家安全保障力与综合国力两者既有区别也有一定的联系，两者相互影响，相互促进，又相互制约。

第一、两者具有一致性和共同性。从二者的主体来看是一样的，他们的主体都是国家，都跟国家有关，都是国家发展进程中衡量国力发展状况的重要指标。都是关于国家发展过程中的力量积累的总和。它们与生产力发展、科学技术状况、国家战略、国民素质有一定的关系，也受到精神因素的影响。从二者相互之间的量的互动性来看，综合国力是国家安全保障力的前提和基础，在一定条件下，安全保障力会随着综合国力的提高而提高，也就是水涨船高的道理。反过来看，安全保障力强了，维护国家安全发展的环境就会好起来，外部世界的和平，内部社会的安定利于促进国民经济的发展和提高，所以二者具有高度的契合性。

第二、国家安全保障力与综合国力又具有一定区别。首先，从功能上看，前者是衡量维护国家安全力量大小的指标，后者是整个国家的全部力量。其次，从量的变化上来看，在一国的国家内部力量范围内，综合国力（Comprehensive National Strength，简称 CNS）在一般情况下总是大于国家安全保障力（National Security Strength，简称 NSS）的，因为国家综合实力要有一部分资源用到国民生存和国家发展上，不可能全部用于国家安全的维持和保障的，那么就出现了 CNS>NSS 的情况。但是在特定的情况下，如果一个国家面对的敌人过于强大，自身的国家安全保障力又太小，就会出现与其他国家结成联盟的现象，这时它的对敌防御力量或战争力量就出现大于本国综合国力的情况，所以在特定情况下CNS<NSS的可能性也是有的。比如，新中国成立后加入以苏联为首的社会主义阵营，这个时期中国所获得的国家安全保障力比自身的综合国力要大得多。当前的韩国、新加坡、中国台湾，甚至是日本与美国结成了战略联盟，它们的联合防御能力已超出了自身的综合国力。最后，从二者的转化来看也是有区别的。当国家处在外部没有威胁忧患，内部国泰民安时，综合国力转化为安全保障力的数量就会减少。如果决策者主观上认为内外部不存在威胁，这时用于转化为安全保障力的综合国力就会变小。总之，二者的互动转化没有一定的必然性，决策者应根据国家安全面临环境的发展变化和国家发展的战略及时调整二者之间的量的比例，使其适应国家安全态势的要求。

第三、二者的测量计算与力量的获得。综合国力在国际政治中常称为国家实力，国家实力是由国际行为主体所拥有的维系其生存和发展的物质力量和非物质力量综合。关于现代国家实力的构成，国际上有不同的计算方法。比较著名的就是克莱因提出的所谓“克莱因方程”：

$$Pp=(C+E+M)*(S+W)$$

即被确认的权利等于人口加领土（critical mass）、经济实力（economic capabilities）、军事实力（military capabilities）、战略意图（strategy）以及贯彻国家的战略意志（will）等诸要素。[1]克莱因方程的方法是可取的，不过它具有一定的局限性比如忽视科学技术力量和采取静态分析方式。中国学者黄硕风提出综合国力动态方程，即把综合国力看作是动态系统、一个开放系统、非线性系统。

国家安全保障力也是由物质和非物质两种因素构成：

$$Ps=(C+E+M+T)*(St+Ws)$$

1　宋新宁、陈岳著：《国际政治概论》，人民大学出版社，1999年版，第104页。

这里物质力量中增加了科学技术的力量（Technology）,W 与综合国力中的意志（will）也是不同的，它是指国家安全意识 the will of national security。从公式中我们看到，作为决策者来说，必须从物质因素和非物质因素两方面共同提高他们的有效力量，国家安全的保障力量才能提高。仅仅发展物质力量，忽视非物质力量、忽视精神要素、忽视国家安全意识都会增加国家的风险。特定情况下，即使物质要素不强，如果国民的精神要素、国民素质、国家认同、国家危机意识安全意识较高，也是可以抵挡外来风险的。

国家安全力量的而非物质要素构成中安全战略（strategy）和安全意识（the will of national security）都必须得到科学的一致提高，决策者应使这两种非物质因素形成一股合力，获得的安全保障力总和的效果才会达到最佳的理想状态。当然，这种状态只能是理想状态，只能是动态的状态，不可能是一直不变的。在国际关系史上和当今的国际社会中，国家战略意识和国民安全意识不一致的情况有很多，个别时候 St 或 Ws 甚至是出现到趋于 0 数值状态。在这样情况下国家安全保障力量就可能会出现四种情况：

Ps1=C+E+M+T，国家层面无安全战略，国民层面无安全意识，安全保障力仅仅是物质力量的简单相加。这种情况在历史上是不多见的。

Ps2=（C+E+M+T）*St, 国家安全战略融入各物质因素中，国民无安全意识。

Ps3=（C+E+M+T）*Ws，国家安全没有战略规划，仅仅是国民安全意识与物质力量发生作用；

Ps4=（C+E+M+T）*（St+Ws），国家安全战略和安全意识与所有物质要素相结合，产生最大国家安全保障力；为了表示人的因素是生产力发展第一要素，公式中“国家安全战略和安全意识”放在前面，假设在战略和意识因素不变的情况下，这些物质要素是可以不断增加扩大的，或者说人们可以不断想方设法增加物质要素的总量和物质要素的技术含量，这样两部分的乘积便是最大了。在这个过程中，国家或政府的行为就是要围绕着这些因素开展与安全相关的立法、行政、教育、发展经济、创新科技与改革军事。这样国家才能长久地获得安全的状态。

Ps5=（St+Ws）（C+E+M+T）

特定情况下，如果国土面积较小，人口不多，经济力量弱，而公民的国家安全意识强，国家安全战略科学谋划，外交能力强，国家安全保障力也是很强的。如果此时小国借助外部力量或与域外大国结成战略联盟，它的安全保障力量就不会太低了。比如，韩国、日本、新加坡和欧洲的一些小国，可以借助其他国家的力量来保障自己国家的安全。这就是说，"在构成实力的诸要素中，不能过分强调某一要素的绝对地位，而忽视其他要素的对综合国力的重要贡献。"[1] 也防止过度重视某一个因素而忽视其他因素的情况出现。

上述国家安全保障力的分析仅仅是作为一种理论的分析，在现代国际关系中，每个国家用于保障国家安全的要素都有物质要素和精神要素，只不过是大小多少的问题，不存在二者之一为"0"的情况发生。

表 5　国家综合实力与国家安全保障力对比表

力量类型	主体	力量构成要素		计算公式
		物质力量	非物质力量	
综合国力	国家	国土、人口、经济、军事、科技	发展战略、国民素质、教育、管理能力	Pp=（C+E+M）*（S+W）
安全保障力	国家或盟国	国土、人口、经济、军事、科技	安全战略、安全意识、安全管理能力	Ps=（St+Ws）*（C+E+M+T）

1　胡宗山著：《国际政治学基础》，华中师范大学出版社，2005 年版，第 217~218 页。

2. 国家安全保障力与经济实力

经济与安全本身就是一对相互影响、相互促进和相互制约的关系。美国著名学者保罗·肯尼迪认为“经济力量的转移预示着新大国的崛起”[1]。经济安全既可以成为国家安全保障的重要内容，经济实力也可以转化成保障国家安全的力量，所以在国家安全保障力中必须重视经济因素、发挥经济实力的作用。在一定程度上，二者可以互为目标也可以互为手段，相互促进协调发展。经典现实主义大师汉斯·摩根索认为单单资源优势还不足以成为“超级大国”，还要拥有成为超级大国的工业生产力，他认为“现代战争的交通和通讯技术已使得重工业的全面发展成为国家实力所不可或缺的元素”，“…… 国家间的实力竞争很大程度地转变为生产更大、更好、更多的战争设备的竞争”[2]。所以经济实力因素在任何时候都不能忽略。

在国际政治中，经济因素的作用往往得到普遍的重视。从国家安全意义上看，国家为了维护安全而消除冲突，从根本上说是为了发展经济。李少军教授认为“国家所维护的价值，无疑具有核心地位。就这一点而言，经济安全应该是人类社会所追求的首要安全”[3]。在这里他把经济安全看成了国家安全的首要安全。在国家安全保障力诸要素中，经济因素是物质因素重要的方面，它起到基础性保障作用，在一定条件下经济要素甚至可以用作应对别国的“重要武器”。

第一、经济因素可以充当维护国家安全的特殊而重要的武器。

首先，经济制裁是国际社会中常见的利用经济手段来充当“武器”的一种方式。“纵观经济制裁的使用历史可以发现，经济制裁从出现到大规模使用都与社会生产力的发展水平相关，这也符合马克思主义关于经济

1 ［美］保罗·肯尼迪著:《大国的兴衰》，陈景彪等译，国际文化出版公司 2006 年版，第 14 页。
2 ［美］汉斯·摩根索著:《国家间政治》（第 6 版），李晖译，海南出版社，2008 年版，第 150 页。
3 李少军著：《国际政治学概论》（第四版），上海人民出版社，2014 年版，第 261 页。

基础决定上层建筑的论断。”[4]经济制裁有合法的也有非法的。制裁发起国可能是一国也可能是多国，制裁承受国可能是一个国家也可能是多个国家。制裁发起方可能是国际组织、国家或者是国家集团。制裁的对象主要是国家，也可以是某国家中的组织，甚至是个人。2015 年的乌克兰危机中整个西方国家对俄罗斯一国实施了经济制裁，俄国经济受到极大影响。“西方国家以俄罗斯支持乌克兰东部民间武装为由对其实施经济制裁后，俄罗斯经济遭到严重打击。2015 年，俄罗斯国内生产总值下降 3.8%，工业生产总值下降 3.3%，通货膨胀水平上升 12.7%。与此同时，国际原油价格持续低迷，令严重依赖原油出口的俄罗斯经济雪上加霜。”[5]2014 年 12 月 2 日，《华盛顿邮报》报道了俄罗斯受到世界原油价格下跌影响的情况：

Nine months into the worst relations between the West and Russia since the Cold War, the plunging price of oil is causing deeper and swifter pain than the Western sanctions that have targeted key areas of Russia's economy. Russian leaders said Tuesday for the first time that their economy will head into recession next year. In a nation where oil and gas exports largely determine the bottom line, lawmakers are slashing spending promises. And the ruble is hitting historic lows every day.[6]

从国家安全角度看，受到制裁当然是不安全的，但是这种“扼杀经济战略”从长远看是不会起到根本作用的，它在短时间内可以奏效，而且发

4　邵亚楼：国际经济制裁：历史演进与理论探析 [D]，上海社会科学院，博士论文，2008-05-01。

5　新浪新闻：国际新闻：西方国家对俄实施制裁　普京：伤我最深是油价（2016-01-12），http://news.sina.com.cn/w/zx/2016-01-12/doc-ifxnkkuv4467794.shtml. [2017-04-03]。

6　The Washington post: Falling oil prices hit Russia much harder than Western sanctions, (Dec. 2, 2014) [2017-04-03]. https://www.washingtonpost.com/world/europe/falling-oil-prices-hit-russia-much-harder-than-western-sanctions/2014/12/02/91a5a5c4-79b3-11e4-8241-8cc0a3670239_story.html?utm_term=.418631b6eb39.

起国的经济也必然受到伤害。在朝核危机中，中美利用联合国机制发起对朝鲜的经济制裁，起到的效果并不明显。中国在制裁朝鲜的过程中所投的赞成票没有得到朝鲜的理解，反而影响了中朝之间的关系。经济制裁的两面性就体现了出来。

其次，金融、资本早已成为西方国家用来敛取发展中国家财富、投机取巧以及危害世界经济的一种“利器”。1998 年的亚洲金融危机和 2008 年爆发的世界金融危机让全世界人们认识到了资本的威力。资本具有“嗜血”的特性。卡尔·马克思在其《资本论》中早已定论：“资本来到世间，从头到脚，每个毛孔都滴着血和肮脏的东西。”资本可以使个人狂欢，也可以让国家财富流失，危及国家经济安全和政权安全。美国 1933 年大萧条使华尔街无数银行破产。新中国成立时国民党也给新中国制造了不少经济问题。

再次，在经济全球化背景下其他因素也会影响到国家的经济安全。比如，2015 年乌克兰危机事件中，克里米亚投入俄罗斯怀抱，因此，俄罗斯受到了西方国家的经济制裁（石油价格大跌），使俄罗斯经济受到影响。2016 年以来，因韩国同意美国在其领土上部署萨德导弹系统，危及包括中俄在内的东北亚地区安全，这一行为引起中国很多游客不愿到韩国旅游，不愿购买韩国产品，甚至是要求关闭国内乐天玛特超市。中国民众自发的对韩国经济制裁行为，让韩国感受到了经济的力量。

第二、经济行为和经济资源也可以成为改变安全环境优化安全环境的手段。二战结束后美国对西欧国家实施的“马歇尔计划”就是为了弥补政治真空。“马歇尔计划”既是美国为了兜售“剩余”的商品和资本抢占欧洲市场外，更主要的目的是为了遏制苏联的力量，离间苏联与东欧国家的关系，确保战后的欧洲安全。马歇尔计划带来的安全影响是多方面的。从经济上看，为美国控制西欧铺平了道路。从政治上看，抑制了西欧各国人民的革命意志，削弱了法国和意大利的共产党在国内的影响。

从战略上看，促进了西欧与美国之间的接近，增强了遏制苏联的力量，进而为结成军事同盟奠定基础。[1] 新中国成立以来的对外经济援助，促进了中国与援助国之间的友好往来，为世界和平力量发展贡献了力量。中国的经济援助成为了增进国际友谊和促进国家间友好关系的纽带。2013年9月，中国政府又提出“一带一路”（One Belt and One Road）倡议，随后成立了亚投行金融组织。目前已有70多个国家和地区加入到该组织中来。“一带一路”倡议的实施不仅给中国、亚非欧国家，乃至全世界的经济发展带来机遇，也促进沿线各国的经济发展，增进沿线各国人民的福祉，这必将对非洲国家和中东各国消除贫困、减少动乱带来帮助。也促使沿线各国加强安全合作，加强彼此往来与联系，增进相互了解和信任，为国家间和平交往带来机遇。中国未来应着手打造一带一路命运共同体，“这将有助于维护中国包括安全在内的国家利益，树立中国负责任大国的形象，增强中国的软实力，为中国现代化建设营造有利的国际环境。”[2]

第三、经济实力要根据国家安全态势变化适度合理地转化为国家安全保障力。我们有了一定的经济实力并不等于就有了国家安全的保障能力。北宋时期的经济实力与国家安全之间的矛盾在这一点上表现得较为突出。北宋时期政治、经济、文化实力算是世界性实力强国，但是繁荣的经济没能与国家危机意识结合起来，没有把繁荣的经济力量转化为安全保障力，在如狼似虎的外敌面前即使有岳飞这样的名将，也避免不了灭亡的命运。经济实力没能有效转化为国家安全保障实力的另一个例子就是迦太基。迦太基曾经盛极一时，成为西地中海贸易中心，强大的海军称霸西地中海。然而，迦太基的国民精神出了问题，迦太基的国民

1　关于“马歇尔计划”可参考方连庆等主编《战后国际关系史》，北京大学出版社，1999年版，第59～62页。

2　刘海泉：“一带一路”战略的安全挑战与中国的选择，《太平洋学报》，2015年，第2期。

精神出现了滑坡 —— 国民意志薄弱。再加上迦太基商人势力强大，一切从经济利益出发，国家安全缺少前瞻性。古罗马虽然经济实力不如迦太基，但是罗马的国民意志坚决，战斗力强大，经过三次布匿战争，迦太基灭亡。所以，国家经济实力的强大并不意味着国家安全的获得。只要外部安全困境没有解除，抵御外敌的精神和物质力量都要保留和维护着。决策者要根据国家安全形势的发展变化，适度发展成安全保障力，并把经济实力适度转化为国家安全保障力。

3. 国家安全保障力与军事实力

在传统安全理论中，国家安全与军事安全和政治安全几乎是同一概念，国家在维护安全的措施上主要依靠军事力量或军事手段来实现。在世界整体和平和经济全球化背景下国家安全的军事依赖程度有所降低。但是国家安全并没有完全摆脱对军事力量的依赖。对于像中国这样的正处于崛起进程中的新兴国家来说，军事力量的作用不但没有削弱，相反，军事力量在国家经济建设、维护世界和平、反对恐怖主义、维护领土安全等国内外诸多方面起到的作用越来越突出。尤其是从冷战以来的几场现代战争来看，国家安全保障的军事力量依然起到了重要作用。对于一些新兴国家或者广大发展中国家来说，拥有一定的防御性军事力量是十分必要的，而且在特定领域或者特殊时刻能够拿出“杀手锏”，给来犯之敌予以必要还击。对中国来说，实现富强民主文明美丽的中国梦，必须发展与其国际地位相称的军事力量。再从当前国家面临的安全态势来看，军事力量不但不应削弱，而且要适度增强，适度发展。

“胜者之战民也，若决积水于千仞之溪者，形也。”[1] 一定军事实力的存在是国家安全保障的重要组成部分。在国际政治丛林法则没有改变的条件下一国的适量军事实力的存在构成了国家安全的重要组成部分。汉斯

---

1 孙武著：《孙子兵法・形篇》。

摩根索对军事力量在国家权力要素地位是这样看待的，他认为“军事准备使得地理、自然资源和工业能力等因素赋予一国权力实际的重要意义。”[2]就是说，各国的资源、人才、工业实力只有现实地与军事军备相结合，它的地理、资源一切要素才变得有意义。摩根索认为军事准备中最有影响的三个因素是技术创新、领导才能和武装力量的数量和质量。对于三个因素的顺序技术创新虽然具有重要作用，但是战争的关键因素还是人的因素，领导的才能才是起到决定战争胜利的关键因素。从这三个因素来衡量中国当前的军事实力还是具有很大的发展空间的。

三、国家崛起与国家安全保障力

（一）国家崛起在整体上可以促进国家安全保障力的提高

国家崛起与国家安全保障力之间的关系是相辅相成的也是对立统一的。一方面，国家崛起在整体上有促进国家安全保障力的作用。根据马克思主义观点，生产力是具有劳动能力的人和生产资料相结合而形成的改造自然的能力。[3]随着人类社会的整体进步，具有劳动能力的人的素养技能不断提高，劳动生产力也是不断提高的。科学技术的发展使人类在以加速度方式向前行进。科学技术尤其是大数据、信息技术和互联网技术在国防、军工、情报和国家安全领域中的运用，这为国家安全的保护加盖了一层防护罩，完全可以说科学技术是国家安全保障的战略力量。中央党校钱俊生教授认为“当代科学技术的发展具有强烈的带动性、渗透性和扩散性，它不仅以前所未有的速度和力度改造着所有的社会单元，极大地增进着人类的福利，而且也在深刻地影响着国家经济社会的发展和

2 ［美］汉斯·摩根索著：《国家间政治——寻求权力与和平的斗争》，中国人民大学出版社，1990 年版，第 166 页。

3 中共中央马克思恩格斯列宁斯大林著作编译局：《马克思恩格斯全集》，人民出版社，2008(5)。

国际政治经济的格局，改变着国家与国家之间的竞争乃至战争的方式，从而改变了传统的国家安全概念，在国家安全问题的领域中产生了深远的影响"[1]。所以，从一般的角度来说，科学技术的发展会促进国家安全保障技术的提高，科学技术的发展为国家安全保障奠定了物质与科技的基础。对于决策者来说，要在国家安全上加大使用科技的力度，努力提高国家安全保障力的水平。

但是，从另一方面来说，每一次科学技术的重大发明创造给人类生存所带来的伤害都是不可预测的。新技术新发明新创造用于战争也促进了战争形态的转型升级，新技术给人类带来的灾难令人刻骨铭心。已知的技术性危害比如核裂变、核聚变技术用于制造原子弹，飞机的发明首先用于军事目的，然后才用于民用。未知的危害比如转基因技术、克隆技术、纳米技术、人工智能等，这些技术未来对人类的潜在威胁实在难以预料。这些技术如果用于军事目的或者为了本国安全而施加于其他国家人民身上，那给人类制造的灾难是无法挽回的。"科学技术是把双刃剑，这句话足以让人听得耳朵起茧，遗憾的是，在科学技术发展的历史上，'发明 —— 发现危害 —— 使用新的发明来消除危害 —— 发现新的危害'这个死循环总在不断上演。人类需要正视的问题是，技术发展的速度越来越快，而留给我们弥补错误的时间却越来越少。"[2]科学技术用在国家安全领域也是如此。大量使用科技因素而不考虑它的负面效应，最终损害的可能是人类自身。

总之，对国家安全保障而言，崛起进程中的科学技术发展好的一面尽量留给自己，坏的一面尽量避免、防护或是留给对手和潜在敌人。

1　钱俊生：现代科学技术的发展与国家安全，《辽东学院学报》（社会科学版），2006(5)：17-20。

2　"人类黄昏"，https://www.zybang.com/question/60085c7c11a3b7a7eb32e63eeae43821.html.

(二) 国家安全保障力总是滞后于生产力

国家安全保障力的发展有质量和速度问题。这种质量和速度整体上取决于生产力发展的质量和速度。就发展速度来看，国家安全保障力发展速度总是持平或滞后于总体生产力，除非一切发明创造一生产出来就全部用于安全保障需要。日本最先进技术率先使用于国家安全的做法比较值得关注借鉴。日本公司所生产的最好的产品首先是用于装备自卫队武器装备，其次稍微好的产品出口到欧美等国家，再次的产品销售到中国等第三世界国家。日本这样的做法使其国家的安全保障技术与该国的生产力发展技术几乎同步。

国家安全保障力的质量问题就是用于保障国家安全各种力量的效益、功能和效率的问题。国家安全保障力的质量内部取决于人的精神、道德、素养和一国内科技力量可转化为安全保障力的部分；外部取决于国家面临的安全紧张状态。恩格斯说："一旦技术上的进步可以用于军事目的并且已经用于军事目的，它们便立刻几乎强制地，而且往往是违反指挥官的意志而引起作战方式的改变甚至变革。"这句话揭示了一条军事规律:新技术、新兵器迫使人们产生和创造出新思想。[3]科技因素运用到国家安全上同样产生出新思想和新创造。在国际安全形态复杂、地区安全形势复杂、周边安全局势复杂的条件下，国家的科技力量以适度方式向特定领域转化成安全保障力量。

国家安全保障力应适度发展，不可刻意追求或者过度滥用，不以物质力量追求绝对的国家安全，否则可能会出现民不聊生或穷兵黩武的极端情况。在国与国之间防卫力量相等时或者内外部安全压力不是十分紧迫情况下，国家应保持适度的安全保障能力。如果在长久和平状态

3　金一南：军事创新思维断想，《解放军报》，2006 年 7 月 13 日，第 6 版。

下，国家安全保障力量要能够向生产力转移，就军事军工上来说，做到“军”“民”互用，“军”“民”融合，所谓的化剑为犁，也就是“军为民用”或是“军转民”。

(三) 国家安全保障力的两种运用模式

国家安全保障力既具有自然属性也具有社会属性，其力量构成的要素种类多样，使用的主体也多种多样，这就有可能造成一个国家在运用国家安全保障力的时候可能会出现正反两方面的情况。一种是运用保障力量对国家安全自身的促进、保障和维护作用，另一种是对自身、对他国的国家安全的阻碍和破坏作用。

1. 国家安全保障力的积极作用。国家安全保障力的正面的、积极的作用反映在各种力量用于维护国家安全的实施上。经济力量可用于维护国家的生存与发展，环境资源可为国家提供可持续物质资料，军事力量可用于保家卫国、抵御外敌和国家和平建设，互联联网技术力量为国民提供各类资源以及便捷的生活、娱乐、学习和人际交流服务。国民素养、民族的精神可以使国家发展成倍增长。

2. 国家安全保障力的消极作用。维护国家安全的力量好比是一把刀，它既可以防身，也可以杀敌。当你不小心的时候，刀有可能伤着自己或者是滥杀无辜。国家安全保障力的使用在于适度、适中和适时，过度使用，不当使用就会走到事物的对立面，这同样会给国家带来危险、威胁甚至是灾难。大秦帝国崛起进程中过度使用武力，达到了穷兵黩武的地步，这就是“国虽大，好战必亡”的道理。

(四) 国家安全保障力建设要与国家崛起同步进行

1. 适度维持国家安全保障力的必要性。在国际政治中，结构现实主义认为，国际政治结构决定着单元，单元影响着结构变化。结构的状态影响着单元之间和内部的互动。一个国家所面临的国际安全态势、地区安全状况和邻国的安全状况、邻国的数量、邻国的政治体制、邻国的经济发展状况、邻国的宗教因素等诸多因素形成了国际政治的安全场域，安全场域越是复杂，国家面临的安全问题也会越多。安全场域决定了国家安全态势的复杂程度。

2. 国家安全保障力要与生产力发展同步进行。根据上述国家安全保障力理论分析，国家安全保障力与生产力在量上常受到后者的影响，但是两者发展的速度和作用上还是有所差异的。从速度上看，情况一：如果在国家内部稳定、外部安全的情况下国家安全保障力发展速度要小于生产力发展的速度。情况二：国家在特定安全状态下，比如面临大规模外敌入侵，国家就要制造出更加先进的武器，以满足战争需要。比如二战时期，德国秘密研制核武器。不过美国的研制速度超过了德国，否则人类历史的发展轨迹又将改写。国家在一般的安全状态下，就是内外压力并不是十分紧张，尤其是外部压力无法完全消除的情况下，国家安全保障力的建设和发展应与生产力的发展保持适度同步。

3. 如果国家真正实现永久和平，国家安全保障力应适度减小、减少或全部转化为生产力。在这一点上，毛泽东在建国初期的著作《论十大关系》一文中的“经济建设与国防建设”关系，给我们留下了非常智慧的启示。国家安全保障力是用来保障国家安全的，随着国际社会的发展，未来人类必将获得彻底解放。当国家面对的外部敌人彻底消失时，人类共同面对的只是自然界给人类带来的危机和灾难，国家安全保障的力量已经不再是针对某个国家或地区，国家安全保障的力量如一切武器 —— 军用飞机、大炮、军舰、所有国防力量、各类核武器生化武器都将转化为促进人类社会发展的力量。总之一切用来杀人的“器”消失了。

第三节　和平崛起与国家安全之间的关系

一、国家衰落或崛起与安全之间矛盾的两个案例

国家的兴衰关系到每一个国民的生死存亡。国家无论在何种发展状态下，维护国家安全必须是全时空、全方位、综合地、整体性地开展保障工作。在政治安全、经济安全、文化安全等等诸多安全领域中，唯有国民的安全首先得到了保障，国民的综合素质得到不断提高、国民的维护国家安全意识一直存在、国民维护自身和国家安全的能力不断提升，其他方面的安全才能得到更好的保障。国民自身安全素养和维护自身安全的能力是其他一切安全的根本。无论在何种安全状态下 —— 即使国际社会是和平的，国内社会是平安的 —— 国家依然要教育国民时时刻刻增强国家安全意识，努力提高维护自身安全和保障国家安全的能力。

下面我们先以两个血的历史案例来说明，公民无论是在国家衰败时还是国家崛起时提高自身安全意识和获得维护安全能力是何等重要。

（一）Case1（案例一）：战争状态下的公民维护自身安全能力

抗日战争是人类战争史上最惨烈的战争之一。在这场战争中，中国人民所遭受的战争苦难，平民百姓所遭受的屠杀、蹂躏和耻辱是人类历史上所没有过的。

日本记者本多胜一在其著作《南京大屠杀始末采访录》一书中写到：

> 日本在南京城内外进行了有组织的大屠杀。其集体屠杀的规模，小则数人、十数人、数十人；大则以数百人到数千人为单位，各式各样的情况不等。[1]

1　[日]本多胜一著，刘春明等译校：南京大屠杀始末采访录，北岳文艺出版社，2001年9月，第300～307页。

作为小规模屠杀的例子：在七八个中国人周围，就有六七个日本兵，其中一人拿着枪，一人拿着斧头，后面的还带有刺刀。被带进院子里的那七八个人，面朝西跪成一排。其他日本士兵跑到外面找马去了，院子里这时只剩下两个日本兵了，跪成一排的（青壮年）男人有六七个。拿斧头的士兵站在门口，拿枪的士兵上了刺刀，突然从南端开始刺杀。

作为一百多人屠杀的例子：许巷村大约有两百多户人家。日本兵进村前该村人举起若干“欢迎大日本”旗帜。日本兵把旗帜夺下来插在草垛上，然后把男人排成队，进行各种检查。结果，把认为符合兵役年龄的年轻人全部调了出来，大约有一百多人。日军把一百多人带到了离路边不远的庄稼地里，命令面对面跪下，排成两行。这时日军从四面包围起来，用刺刀一起刺杀，一次刺不死的，连刺几次。在这次集体屠杀当中，没有受伤幸存下来的只有一人。

作为有组织地进行两千人屠杀的例子……[2]

作为有组织地进行三四千人屠杀的例子……[3]

这个在南京大屠杀过程中令人发指的行为说明了什么？说明国家孱弱吗？说明政府无能吗？说明中国士兵不勇敢吗？说明日本军国主义残暴吗？还有一个问题就是：他们为什么不反抗？他们想反抗了吗？他们有反抗的意识吗？有反抗的能力、手段和机会吗？未来战争中是否还会出现这样令人难以想像的画面？这段历史是否会再次上演？从执政者到每一个国民如果不去思考这些问题，一切或许还会重演。

当没有国家保护行为措施（军事抵抗）情况下，国民拥有的安全防护能力是何等的缺失，又是何等的可怜与悲哀。在国家战争状态下，在失去了一层层外在安全保护的情况下，公民自身维护安全能力有没有、

2　同上，第 322 页～332 页。
3　同上，第 333 页～341 页。

有多少是决定一个人能否生存下去的关键。如果剩下的仅仅是讨好敌人的愚昧意识，注定是要国破家亡的。而对穷苦百姓来说逃跑也已经成为了一种奢侈。

在这个案例中，我们分析一下国家安全与公民个人安全之间的关系。一般说来，当国家处于相对安全的时候，国民一般说来是安全的[1]，也是有保障的。当国家处于非安全状态下或者战争状态下，国民是绝对不安全的。在现代国际社会，尽管有国际法禁止对平民杀戮伤害，但是在混乱的、战争状态下的国家，例如西方国家以所谓“有大规模杀伤性武器存在”和反恐的名义，发动对伊拉克、阿富汗、利比亚、叙利亚的战争，平民和无辜人员伤亡无数，谁来保护那些普通国民不受侵害呢？

反过来看，当一国国民处于安全状态时，国民安全意识和安全素质高，觉悟高，安全维护能力强时，保家卫国能力提升，那么国家安全的程度也会大大提高。“天下兴亡匹夫有责”“苟利国家生死以，岂因福祸避趋之”“青山处处埋忠骨，何须马革裹尸还”“醉里挑灯看剑”，如果多数公民都具上述诗句所描述的气概和能力，维护国家安全就完全不是问题了。战国时期的秦国，为何是秦国统一中国，而不是齐国、楚国？从个体上看，秦人尚武，老秦族经过战争的历练，个人维护安全能力强，在统治阶级的正确领导下，国家就会呈现出异乎寻常的维护国家安全能力。再如，北宋末年的岳家军，崇尚武艺，强身健体，具有良好的保家卫国意识，在统帅引领下就能够抵挡得住金兵的进攻。同样的，二战时期的日本，它的国民安全素养和维护安全国家安全的能力远远超过了当时中国国民的安全素质，两个国家的国民整体素质、国家安全意识、维护和保障自身及国家安全的能力差异较大，几乎不是同一个级别。从国

1 这里的国民安全是个人的生存安全，即不受到外国的侵略、屠杀或是迫害，不涵盖生活中的安全问题，比如交通死亡、旅游中事故死亡或者凶杀案件中的死亡等国内性的生活中的死亡事件。

家安全文化上看，或许一开始中国注定就要付出惨痛的代价。反过来看，公民不安全，维护自身生命及财产的安全能力不足或是缺失，那么国家不安全也是无法得到保障的。

（二）Case2（案例二）：和平状态下的公民维护自身安全能力

2014 年 3 月 1 日，云南昆明火车站发生暴力恐怖案。该案件发生在 3 月 1 日 21 时 20 分左右，在云南昆明火车站，一小撮以阿不都热依木·库尔班为首的新疆分裂势力精心组织策划了严重暴力恐怖事件。该团伙共有 8 人（6 男 2 女），现场被公安机关击毙 4 名、击伤抓获 1 名（女），其余 3 名落网。此案共造成 31 人死亡、141 人受伤。[2]

面对暴力恐怖袭击时，普通民众的表现是什么样的呢？在穷凶极恶的歹徒面前，懦弱的群众所能选择的就是逃跑、躲避、隐藏起来。在恐怖分子面前平民百姓遭到任意屠杀，毫无反抗意识，毫无反抗能力。国民的人身安全丝毫没有保障。

2014 年 3 月的“昆明暴恐案”是新中国成立以来影响较大的国内暴力恐怖主义事件。这是新疆三股势力第一次在新疆以外的地区实施暴力恐怖事件。暴力事件发生的时间是选在全国两会召开之际，地点选在了北京、上海、新疆之外防备意识较弱的、安全关注度不高的，而人员分布又高密度的地区 —— 云南的昆明火车站 —— 足以看出“疆独分子”的政治阴谋，企图最大限度地制造社会恐慌，实现他们所谓的影响力。暴力事件挑战的是国家主权和国家安全问题，挑战是社会的稳定和百姓

2　百度百科：http://baike.baidu.com/link?url=8k7ATRZ30p836W2oXK5Mhl7j_3FkqC4y1AYz1__oa_FRU-glhoJ7ApNR1-6iJsxd1gF1sPwuM3X9kgEoOzcG_68XG56WgeFL_g-UjcwzVb6M2Q_n38NbjawpJFoqC5ZZ3EbEUo_nFKIcuwzbgEZrH9Gn0Jr-4XZsDWZfulp8QjAgUDbPwwYz5RDFZImFsUlYYMcUn855Fqrx_bhJBF9eGB5R5dFz9cyKvemSX_if7JigO7VR5eZu7G0-76Qt-Lzw_JxpRNj3nN-J5yXLs8IFt8TKlfwWKjBgioHxC-ypCFwjzasPtuJFR55oR_fijMIpIncfXBNYUhfqb0Ufpsmu9a.

的幸福安宁生活，挑战的是人类文明的底线，恐怖势力成为了全社会的公敌，它已不再是民族和宗教问题了。

暴力事件发生后，无论是在国际社会还是国内社会都产生了强烈的反响。联合国、俄国、法国、美国、日本等国家纷纷发表声明，共同谴责针对平民的暴力事件发生。国内社会，虽然暴恐事件已经过去了若干年了，人们对暴恐事件的发生还在不断讨论、议论、探讨和研究。接连不断的恐怖暴力事件的发生，让人们联想到了当年清军南下攻打扬州时的“扬州十日”。今天，新中国成立已这么多年，这样的暴力屠杀普通国民事件居然还在发生。党和政府以及我们的人民都要认真反省这个问题，我们到底该实施什么样的民族政策？制定什么样的治安管理制度？普通百姓该如何应对暴力恐怖事件？如果少数民族可以随身携带刀具，据说是为了尊重他们的民族习惯，汉族随身带刀就违反了治安管理条例，就构成了对他人的威胁，刀具就要没收管制，这样的安全管理制度有没有问题和漏洞？这都是应该思考的问题。

“昆明暴恐案”的教训值得我们深刻反思和总结。当暴力恐怖事件发生时，普通公民、单位和社会组织应该如何去应对？这是一个十分迫切而又值得研究和关注的事情。一般说来，暴恐事件的制造者都是有准备有预谋的。他们随身携带了传统刀具甚至是杀伤性武器，而普通民众是无准备的。2008 年，中国举办夏季奥运会，为了防止和应对恐怖分子袭击，公安部印发了《公民防范恐怖袭击手册》。手册对防范和应对恐怖袭击起到了一定作用，但是奥运会过后还有谁会想到再去学习使用这个手册呢。

昆明恐怖事件发生后，网上出现了大量的所谓防范恐怖袭击时的“方法”“手段”“措施”。有的兜售器具防身，有的教授维吾尔族语言，有的甚至在网上搜索维语“朋友，住手，自己人”怎么说。这些方法在面对恐怖分子时也许是管用的，但现实的情况是国民应对暴力恐怖事件时没有抵抗的勇气，没有反击的意识，也没有反击的手段能力。公民个体的反恐意识、反恐能力、反恐手段远远不能满足维护自身安全的需要和全球化时代安全发展的迫切要求。

昆明火车站的暴恐事件属于非传统安全问题。在今天国内看似整体平安状态下，非传统安全问题给国家造成的危害灾难绝不亚于战争。恐怖主义事件再一次说明了，国家即使是在和平稳定的状态下，国民也应该具备维护自身生命安全、财产安全和保障国家安全的能力，以适应时代安全发展的需要。

从上述两个例子来看，国家在危难时公民的不安全是绝对的；国家在崛起时公民的生命财产安全依然存在着严重威胁。

二、国家崛起与保持安全在矛盾中发展

从国家发展与演变的历史来看，崛起与国家安全始终是相偎相依又相互矛盾的统一体。国家的崛起与国家安全总是在彼此矛盾中向前发展。

一方面，当生产力快速发展时，国家安全保障力根据外部安全状态可以有强弱两种情况，生产力发展并不必然导致国家安全保障力增长，国家安全保障力的增减取决于决策者的意愿、国家安全战略和外部的安全态势。但是生产力发展为保障力的获得提供了基础和准备。当外部安全局势紧张时，生产力要能够及时转化为安全保障力。当外部安全局势缓和时，生产力要广泛用于国民生产各个领域。这个时候国家崛起才有意义，崛起才有可能。比如日本，日本在二战后根据国际法和国际条约要建立一个“和平国家”，二战以来日本的国家安全主要依赖美日同盟框架得以实现。特别是在冷战结束后，日本经济实力飞速增长，在美国的安全保护伞下，日本国家安全保障力量在本世纪初没有太大的实质性增长。随着中国的崛起，日本对中国的崛起看成了“威胁”，就在国际社会上谋求国家的实力。日本右翼势力上台后在国内不断突破和平宪法底

线，向海外增兵，与盟国搞联合军演，美、日、印、澳联合搞“印太战略”。国内极右翼势力不断增强，国家安全保障力在不断增强。

另一方面，当生产力发展缓慢或停滞不前时，国家安全保障力也同样分为强弱两种情况。国家安全保障力由物质力量和精神力量方面组成。物质和精神两个要素是可以转化的。在保障国家安全方面，如果一个国家的生产力发展不够充分，落后于国际社会平均生产力，导致物质力量不足，那么这个国家的安全保障的绝对力量是弱的。但是，如果一个国家国民素质高，国家观念强，精神力量足，信心足，精神饱满，意志坚定，上下一心，也会战胜一切来犯之敌。

国家崛起时国家安全最理想的状态是生产力高质量的发展与国家安全保障力发展保持同步进行，国民的精神、意志、素养良好，这个国家无论遇到什么困难将战无不胜。国家崛起进程中生产力发展与国家安全保障力互动关系是比较复杂的，生产力发展与国家是否安全要具体情况具体分析。生产力发展与国家安全关系见表 6。

表 6　生产力发展与国家安全状态关系表

<table>
<tr><th>生产力状态</th><th>国家安全保障力状态</th><th>内外部安全环境</th><th>国家安全结果</th></tr>
<tr><td rowspan="4">生产力高速发展</td><td rowspan="2">国家安全保障力强</td><td>外部安全</td><td>国家安全</td></tr>
<tr><td>外部不安全</td><td>国家安全</td></tr>
<tr><td rowspan="2">国家安全保障力弱</td><td>外部安全</td><td>国家安全</td></tr>
<tr><td>外部不安全</td><td>国家不安全</td></tr>
<tr><td rowspan="3">生产力缓慢发展</td><td>国家安全保障力弱（物质力量不足，精神力量强大）</td><td>外部不安全</td><td>国家安全</td></tr>
<tr><td>国家安全保障力弱（物质力量不足，精神力量萎靡）</td><td>外部不安全</td><td>国家不安全</td></tr>
<tr><td>国家安全保障力弱（物质力量不足，精神力量萎靡）</td><td>内部不安全</td><td>国家不安全</td></tr>
</table>

三、和平崛起与国家安全之间的关系及影响

和平崛起与国家安全关系是一个国家在自身历史发展进程中时刻相互影响、相互促进并相互制约的一对关系。二者既具有内在的一致性，同时也具有矛盾性。从国家发展的角度来说，国家安全是目标、是价值、是利益。国家安全是国家存在的永恒主题，永久利益。统治者要通过各种方式获得国家安全。和平崛起是方式、是措施、是手段。和平崛起通常是作为国家安全的一种方式，强调使用和平的、非战争的方式实现国家快速发展。反过来看，当一个国家在崛起过程中如果对外战略不明朗，或者说国家的发展或崛起是为了复仇，为了争夺领土、资源，这样的崛起必然会给国家安全带来危险。比如，一战后的法德之间关系，从崛起与国家安全之间的关系看，德国的崛起是带着复仇与民族情绪在内的，而不是真正通过和平发展的方式实现与法国之间的和解，最终导致二战爆发。

在特定情况下和平崛起也可成为一个国家发展的目标。周恩来在年少时曾立志为实现中华民族的“崛起”而读书。近代以来很多仁人志士为中华民族的崛起而不断探索，奋勇向前。所以“国家安全”和“和平崛起”都可以成为国家发展的目标。此外，二者可以成为对方实现的条件。

总之，一方面和平崛起依赖于国家安全所提供的内外环境，同时在外部某种条件作用下国家崛起也会对国家安全带来威胁。另一方面，和平崛起使国力增强，国力的增强转化成国家安全保障力，从而最终可促使国家安全的实现。

第二章

和平崛起进程中的国家安全问题

新兴大国的成长，犹如地上冒出的春笋必然要掀翻压在身上的石块或几块泥土，这是自然界的规律。以正义目的崛起的国家是任何人、任何组织、任何国家都阻挡不了的。

1978年是中国改革开放的元年，世界影响了中国，中国正在改变着世界。中国崛起对世界最大的影响就是造成了世界权力中心的转移。我们从国际格局大的背景看，中国的改革开放促使中国成了“世界工厂”，成了世界经济的加速器，成了解决世界问题的方案提供者。中国的发展不仅改变了中国自身，也改变了亚洲和世界的格局。中国成为了影响世界的新起点、新力量和新格局。“中国的崛起将使东亚地区对世界的影响力超越欧洲。”[1] 再从国家发展的过程来看，改革开放是国家富强、民族振兴、人民幸福的原动力，也是国家维护自身安全，维护世界和平的根本保障力量。但是我们必须看到，随着中国体量的增大，也就是通常所说的综合国力的提高，2010年之后中国成为了世界第二大经济体，从每个公民，到家庭、社会，再到整个国家，似乎每一个级别的安全行为主体[2] 都没有感觉到更安全。反而让人觉得无论是公民个体还是国家行为体面临的威胁越来越多。国家发展了国民失去了安全感，中国实力强大了世界却认为中国成了威胁，发展问题产生了安

1 阎学通著：《世界权力的转移》，北京大学出版社，2015年，第70页。
2 安全行为主体等级：按照安全行为主体的大小和行为能力可以将安全行为主体分为个人安全行为主体、家庭安全行为主体、组织单位安全行为主体、国家安全行为主体和国际安全行为主体。

全悖论。

人们在享受着国家发展的同时也在困惑，为什么中国变得强大了，我们并没有感觉到更安全呢？这里就涉及国家经济总量与国家安全之间的关系问题。从历史上来看，并不是国家综合国力或者GDP总量大国家就安全。清政府就是一个典型的例子，鸦片战争之前中国的GDP总量世界第一，但是鸦片战争之后到新中国成立这百年时间内它所受到过的战争、凌辱、割地、赔款在世界上没有哪一个国家经历过这样的屈辱。可见，国家安全与国家经济发展之间有联系，有互动，但它们之间不是成正比关系，所以人们在观念上不能认为国家强大了，国家就安全了。这种思想还必须教育国家的民众，如果国际社会的格局、力量结构或者国际政治经济秩序没有改变，强大不仅不会让国家变得安全，反而会让国家面临更大危险、更多威胁。

对于中国今天所面临的安全状况，不同人由于感触世界的方式方法途径不同，对当今中国所面临的安全、威胁、困难和问题的看法也就完全不同了。即使是那些专门研究世界问题的专家也是观点各异。对于当今中国的国情、世情，（我们暂时不议党情）有的人认为是盛世太平，有的人认为是四面楚歌，有的人认为“中华民族到了最危险的时候”，不管这些认识是否准确，或者距离真相是近是远，我们都不能凭着主观上的认识去判断，而要冷静思考，认真分析，在全球时空范围内做出准确研判，这才是认清现实中国的根本。要认清中国所面临的安全和发展环境，我们必须把它放在中华民族的整个历史进程中，至少是社会主义建设初级阶段的时间内，要多维度、多层次、全方位地来认识和看待中国崛起面临的安全困境。“在国际政治中，国家追求安全总是相对他国或一个国际体系而言，会涉及双边关系或多边关系，因此不可避免地会与他国、国际组织乃至与整个国际社会构成一定的安全关系。这种关系的互动性与国际性，决定任何主权国家在谋求安全时都不能离开国际大背景。”[1]

第一节 中国崛起面临的国际安全环境

中国和平崛起不仅仅是国家发展选择的一种手段，也是在崛起过程中对外界的一种承诺，对外界环境的一种诉求。和平崛起是中国借鉴自身历史、借鉴其他国家发展方式而选择的一种发展模式。这种模式通过内部改革开放，不断创新锐意进取，大力发展生产力，实现国家跨越式发展。在改革开放四十年里，外部环境基本上是稳定的。在未来的发展过程中，中国依然需要和平稳定的国际秩序和国际环境，同时通过自身的发展不断增强维护和平的力量，在国际社会中伸张正义，维护广大发展中国家的合法利益，适时介入国际事务，抑制战争的发生。

然而国际局势的发展是不以某一个国家的意志为转移的，国际安全局势发展有其自身的特点和规律。中国的崛起要顺应时代潮流，认清世界大势，方可一往无前。

一、世界变得越来越不安全

冷战结束后，世界并没有因为苏联的解体变得更加和平。新世纪以来，国际形势继续呈现出新旧秩序交织更替的特征。不确定性突出，风险增大。习近平在十九大报告中描述了世界的整体态势和安全形势，“世界处于大发展大变革大调整时期”，“地区热点问题此起彼伏，恐怖主义、网络安全、重大传染性疾病、气候变化等非传统安全威胁持续蔓

---

1 李少军：国际安全模式与国家的安全战略选择，《世界经济与政治》，1999 年，第 6 期，第 4 页。

延，人类面临许多共同挑战”。[2] 中国和平崛起面临着各种外部压力。崛起国与守成国之间的博弈将长期存在。任何一个守成国都不可能心甘情愿地把世界霸主的地位拱手相让的，除非它江河日下，失去了维持世界霸主地位的能力了。

冷战结束之后，尽管苏联解体，美国成为了世界上唯一的超级大国，但是美国想要的“再统治世界五百年”几乎是不可能了。美国霸权的衰落，已是事实，只不过是“尚未死去”。一个新兴大国正在世界的东方如一轮红日冉冉升起。几片乌云遮挡不住太阳的万丈光芒的。遏制、围堵、阻挠、搅局、浑水摸鱼、恐吓等等手段无所不用其极，这往往是一个帝国走向衰落的回光返照。

第一、地区热点高烧不退。首先东亚地区，这里是全球热点问题最多的地区。朝核问题、南海问题、钓鱼岛问题、恐怖主义、海盗问题等等。美、日、澳、印又积极构筑“印太战略”，在印度洋与太平洋之间构筑围堵中国的铁链。其次美军增兵中亚，美俄持续在叙利亚角力。再次是美国在阿拉伯世界内部不断制造矛盾，在巴以之间制造冲突，中东地区实现和平道路依然困难重重。

第二、大国关系摩擦不断。以美国为首的西方国家在经济上联合制裁俄罗斯。北约军事集团势力东扩直逼俄罗斯家门。美国在 2017 年 12 月宣布向乌克兰出售杀伤性武器，俄国宣称美国的行为“越过红线”。英国脱欧已成定局。中美两国围绕贸易问题、货币问题、台湾问题摩擦不断。中日关系虽略有缓和迹象，但历史问题和钓鱼岛问题没有根本的解决措施。

第三、中国始终受到“中国威胁论”的威胁。以美国为首的西方国家以中国崛起带来威胁为理由，对中国采取长时间、多领域、多种方式

2　习近平·中国共产党第十九次全国代表大会报告，《中国共产党第十九次全国代表大会文件汇编》，人民出版社，2017 年 10 月，第 47 页。

干涉阻挠，其目的就是要阻断中国崛起进程，或者尽可能地延缓中国的崛起。近些年来美国主动挑起的很多事端。有政治上的、经济上的、体育上的、宗教上的。[1] 美国的一切干扰 —— 有人说是阴谋，有人说是阳谋 —— 其矛头直指中国。一句话，美国才是世界的最大威胁。美国特朗普政府在《美国国家安全战略报告》中将中俄列为战略竞争对手，认为中国挑战美国的权力、影响和利益。这是赤裸的霸权者的思维看待中国的崛起。

China and Russia challenge American power, influence, and interests, attempting to erode American security and prosperity. They are determined to make economies less free and less fair, to grow their militaries, and to control information and data to repress their societies and expand their influence. [2]

世界发展进入了越来越不安全的时代，风险国际社会正在形成。

二、非传统安全问题越来越突出

非传统安全简单地说就是指除了国家主权、政治、军事安全以外的

1 美国在诸多领域对中国进行干扰、破坏和遏制，比如：体育上，对 2000 年奥运会举办权投票，拉拢西方国家把票投给了澳大利亚，中国以一票之差落选。后因中美关系稍作改善，再加上中国准备充分，实力强大，终于取得了 2008 年奥运会举办权。当年申办奥运的失败对中国人民来说内心憋着一股强大的力量，最终终于成功，一雪东亚病夫之耻。宗教文化上，美国政要不顾中国的反对，多次接见达赖喇嘛，严重伤害了中国人民的感情。军事武器和高尖端技术上，一方面不断向台湾出口武器，另一方面对大陆的高科技或是敏感技术严禁出口禁运政策。军事战略上，增兵亚太，在韩国部署萨德导弹系统。经济上，建立以美国、日本、澳大利亚等为主导的跨太平洋战略经济伙伴关系协定（TPP），来冲抵一带一路带来的冲击。战略上，重返亚太，实施亚洲再平衡战略，在中国周边构筑 C 型包围圈，意在遏制中国。政治上，一贯以人权卫士自居，对中国人权状况指手画脚，横加干涉。在网络虚拟空间里，监视和窃取并行，利用自身互联网技术优势对中国及其他国家进行侵犯。

2 National Security Strategy of the United States of America, http://www.sohu.com/a/213628403_120790.

安全问题。英文是 Non-traditional Security（Threats）简称 NST，它与传统安全威胁（TST）相对应。非传统安全的内容涉及经济问题、环境问题、金融问题、信息安全问题、资源问题、恐怖主义和世界性疾病的传播蔓延等等。非传统安全问题在历史上无论是东方还是西方都出现得比较早，只是到了当代由于科技和通讯工具的飞速发展，它才引起了人们的广泛重视。非传统安全问题的出现是由于人类社会飞速发展、科技不断进步与人类社会发展理念产生矛盾而衍生出的安全威胁问题。非传统安全威胁涉及的时空领域广泛，人员较多，破坏性更强，威力也更大。“非传统安全威胁使国际安全国内化，国内安全国际化，要求各国应当从人类整体上来反思与构建新时期的安全方略。”[3] 非传统安全问题的解决不是哪一个安全行为主体可以解决或承担得了的，有些问题需要全人类共同努力才能解决。

对于中国来说，凡是其他国家地区存在非传统安全问题的我们也同样存在，这反映出非传统安全的跨国性。[4] 对中国来说比较突出的非传统安全问题有经济安全、金融安全、信息安全、气候安全、恐怖主义、资源环境问题等。

就经济安全来说，国家经济安全整体上受到经济转型升级、结构调整和创新能力不足的制约。在全球化尚未快速发展之前，各国对经济安全的重视程度不够，而随着经济全球化的飞速发展，整个世界形成了你中有我我中有你的地球村，各国各地区相互依赖程度加深，这给维护经济安全带来了隐患。经济全球化的最直观影响就是“一荣俱荣，一损俱损”。在经济安全中最重要的安全是金融安全。2008 年的全球性金融危

3　余潇枫：共享安全：非传统安全研究的中国视域，《国际安全研究》，2014 年第 1 期。

4　非传统安全还有其他特性，比如不确定性、突发性、转化性、动态性、主权性和协作性。关于非传统安全威胁相关信息可参考余潇枫等著的《非传统安全概论（第二版）》，北京大学出版社，2015 版。

机让包括中国在内每一个国家都损失惨重。另外，中国的经济状况从整体上看，结构还需要进一步优化，企业的自主创新能力不强，关键领域的核心技术掌握在外国人手中，自己掌握的核心技术领域不多。在农业领域，农业生产受到环境和水资源的制约明显，虽然官方每年都声称“今年粮食丰收”，但是要看到中国粮食生产成本、土地成本、耕地减少和消费人群不断增多等不利因素，农业生产极不安全。另外，转基因食品危害到底会是如何至今也没有权威专家或政府部门给予一个科学的解释。生产领域中的稀有资源，如水、石油、稀有金属、稀土等战略物品需求增加，储备不足，也在制约着中国经济发展。

此外，国家经济安全受到国际上不平等经济制度制约。自中国加入 WTO 后，作为其中一员本该真正享受到 WTO 的各项条约，中国在部分领域确实享受到了加入该组织的好处，但是当中国的产品走向世界时却受到很多无端指责和限制。2016 年 5 月 12 日，欧洲议会以压倒性票数，通过一项非立法性决议，反对承认中国市场经济地位。决议称，中国仍没有资格获得这一地位，而且没有理由放松针对中国的反倾销规则。按照这些规则，欧盟可对低于“市场价格”的中国产品开征报复性关税。这一决议得到 546 名欧洲议员赞成，只有 28 票反对，77 票弃权。[1] 对于这种情况，原外经贸部部长、世贸首席谈判专家龙永图认为“欧盟议会突然提出不承认中国的市场经济地位，这也是反全球化的。他们完全是从欧洲的国家利益出发做出这个决议。但是，他们找到的是一个错误的题目和错误的目标，他们可以在欧洲内部推行保护主义，但不能把中国当成一个靶子”。另一种观点认为，认定一个国家是不是市场经济更多的是一种政治问题，是双方讨价还价和利益权衡的结果，因为没有任何一个国家

1 搜狐公众平台：欧洲不认可中国市场经济地位，http://mt.sohu.com/20160516/n449701354.shtml.

是符合市场经济的理论模型的。[2] 从这可以看出，为了自身的利益西方国家可以任意丢弃自身所倡导的“贸易自由”理念，对别国利益可以恣意妄为地抛弃。

西方国家对出口到中国的高科技严格限制。高科技出口限制与军事有关的科学技术出口非常严格，对于中国这样正在崛起的国家严格限制技术出口、转让，甚至是学术交流，这完全是一种不平等不公正对外贸易经济合作。从另一个角度来说，中国只有加强自主创新才是生存之道。

国家经济安全受到威胁的第三种表现是海外经济利益、海外项目、海外人员的生命财产保护等问题，这也成了维护国家经济安全的重要议题。

三、中国崛起引发的安全困境

每个国家在发展进程中都希望有一个和平的外部环境，或者是保持基本稳定地向前发展。中国的崛起历史上错过了许多次机会。自从中国共产党诞生后，她领导中国人民由嘉兴南湖的一条小船，发展到现在成为一只在大海中远航的巨轮。其间经历过血腥风雨，筚路蓝缕一路走来。改革开放后，锐意进取，大胆尝试，中国离既定的目标越来越近。四十年的改革取得了骄人的成绩，也产生了不少问题。就中国发展所选择的方式来说欲通过和平发展，不断积累能量，并突破传统国家用对外战争崛起的模式，实现崛起。尽管这种方式在表述上官方通常使用“和平发展”一词，但对于国际社会来说他们看到的是“中国力量的快速增长”。快速发展的结果既让中国周边的一些国家感到不适，更是让西方国家拿出了各种版本的“中国威胁论”。其实中国选择“和平崛起”发展模式仅仅是发展的一种模式，中国已反复强调不会通过战争方式对外强取

2　赵灵敏：欧盟为何不承认“中国市场经济地位”，《新京报》，2016 年 05 月 20 日。

豪夺，给世界各国带来灾难。尽管中国再三强调中国崛起后不称霸，不挑战现有国际秩序，但西方国家总是带着霸权和冷战思维对中国进行遏制、干扰、阻挠。中国在崛起过程中，在实现中华民族伟大复兴的进程中，甚至是在社会主义初级阶段，都将面临着“安全困境”的出现。

总之，现实世界表面看似风平浪静，实则暗流涌动，有时又惊涛骇浪。和平与发展成为时代主题并不意味着世界就是安全的、国家就是安全的、社会就是安全的、个人就是安全的。

四、国家崛起进程中外部威胁的演变

中国崛起是在全球化快速发展的背景下进行的，中国崛起必然受到经济全球化影响。全球化是外部威胁中影响国家安全的最直观因素。关于全球化发展对国家安全的影响，诸多学者和国际政要都有着独到的见解和分析。北京大学王逸舟教授认为“全球化与安全”是当今世界政治经济研究中的一个十分重要的课题。全球化是一个过程而非终点；全球化具有复杂性和多维性，这对于民族国来说影响也是复杂的。[1]对于全球化对世界的影响趋势是全球化使传统意义上的安全即军事安全的地位下降，而经济安全的地位上升，生态安全变得更加严峻。[2]对于这个问题，中国人民大学王义桅教授认为，在全球化背景下“国内安全与国际安全难以区分。金融、信息等领域的安全问题，既是国内问题，这也是国际问题。新疆等地的暴力恐怖事件，也非单纯的国内安全问题。一句话，经济全球化带来了安全全球化挑战”[3]。全球化已成为不可阻挡的历史潮流，在这个过程中，每一个国际行为主体都要受到全球化所带来的冲击和挑战。

1 王逸舟主编：全球化时代的国际安全，上海人民出版社，1999 年版，第 1 页～第 5 页。
2 同上，第 18 页。
3 王义桅：全球化时代的大国安全观 — 中国的安全文明及其对西方的超越，《人民论坛 · 学术前沿》，2014 年 08 月 29 日。

对国家安全来说，全球化使国家安全问题变得更加复杂，使国家变得更不“安全”。

全球化发展对国家安全的影响存在以下方面：

第一、全球化发展并没有降低军事因素的重要性，在特定情况下，军事因素的作用还在上升。战乱和动荡地区依然需要依靠和平军事力量维持秩序。在中国这样正在崛起的新兴国家要实现“和平崛起”的目标，在外部安全场域环境极其复杂的背景下，军事安全不仅不需要削弱，反而要强化军事力量。

第二，只要人们对人类共同安全尚未形成共同的安全价值，也就是说“命运共同体意识”没有被人们广泛接受，经济发展差异、地区发展差异、意识形态的差异依然存在的话，全球化发展程度越深，对国家安全的危害性就越强，危害的范围也越广泛。

第三，全球化发展给国家之间安全合作带来了契机。很明显，全球化使地球人之间的交往大大增多了。为了应对各种风险挑战，国家之间需要安全合作，争取实现合作安全。合作安全是实现安全的一种方式途径，它是通过协商共治来实现安全。合作安全的提出本原是为了解决亚洲和北太平洋国家之间的安全问题而开展的安全合作对话，“合作安全表明的是磋商而非对抗，确保而非威慑，透明而非秘密，预防而非纠正，相互依存而非单边主义。”[4] 合作安全思想提出以来得到了快速响应。合作安全在亚太地区最富有意义的实践便是东盟论坛。其次，2014 年 5 月，在第四届亚信会议上习近平提出了要积极倡导“共同安全、综合安全、合作安全、可持续安全的亚洲安全观”。合作安全为安全的确立提供了另一种可以尝试的视角。

4　任晓：从集体安全到合作安全，《世界经济与政治》，1998 年，第 4 期。

第二节　中国周边安全环境复杂多变

一、传统安全问题依然威胁国家安全

对于一个国家来说，经济的发展并不意味着安全问题的解决。中国的崛起使原来的传统安全问题变得更加复杂。从国家发展和安全理论上说，国家形态是不断变化的，威胁国家存在的危险因素也是不断变化的。根据对国家威胁的内容与方式的不同，国家安全威胁分为传统安全威胁和非传统安全威胁。传统安全威胁（TST）是指国家的领土主权、政权和军事受到了威胁。关于维护国家的领土主权、政治安全和军事安全的措施、方法、观点、理论等等，就形成了传统安全观。“传统安全观是一种国家安全至上、政治与军事安全为主、以武力或战争方式解决国家间矛盾和冲突的安全观念。”[1] 只要有国家存在、只要国家之间的阶级差别存在、只要国际社会存在无政府状态或是没有形成国际的共同价值观存在，传统的国家安全问题、传统安全观也就必然存在。

冷战结束后，在全球背景下的国际安全相对平稳，大国之间关系相对缓和，大国之间尽管有冲突，但国际危机管理还是可控的，大国之间存在着“斗而不破”的状态。大国之间的矛盾也在努力寻求和平协商方式加以解决。局部地区的热点问题和国家之间围绕着领土和海洋的权益争端却持续不断。围绕着领土和海洋权益的争端并没有因为冷战的结束而趋于缓和，相反，这种传统问题还在酝酿着冲突、对抗和争夺，在某种程度上还有加剧的趋势。下面简要地分析中国周边所存在的海洋争端状况。

围绕海洋领土的争端以南海问题、东海（钓鱼岛问题）、琉球群岛和

1　新东方网：传统安全与非传统安全：http://bj.xdf.cn/publish/portal24/tab16994/info869289.htm，（2016-01-22），［2017-10-20］.

黄海的领土及岛屿争端最为瞩目。南海主权在近代之前都属于中国是完全没有任何疑义的，中国对南海诸岛的最早发现可以追溯到汉朝。东汉杨孚《异物志》有“涨海崎头，水浅而多磁石”的记载。唐宋时期已开始对南海诸岛开展命名，以“石塘”和“长沙”记名较多。[2]元、明、清各朝都有翔实的历史管辖记载。中国科学院地理科学与资源研究所葛全胜所长认为，“鸦片战争失败后，……，南海沿岸政治地图发生了根本变化，中国不再是南海沿岸诸国的宗主国和强大国家，反而成为西方殖民主义国家企图瓜分的对象。在这样的背景下，西方列强图谋夺取中国南海诸岛，由此带来了中国南海诸岛及其海域主权归属的争端。”[3]二战以后，日本把在南海全部非法侵占的岛屿交还给了中国。

由于历史和现实的各种原因，曾经参与南海地区国家殖民侵略的域外大国法、英、日的历史渊源与当今的世界超级大国的霸权主义，再加上南海声索国的无理要求，最终导致今天南海地区波涛汹涌。南海问题实质已成为中国和南海声索国背后国家间博弈与较量。南海问题并没有脱离现实主义主导下国际关系中霸权主义强权政治的本质，也是传统安全问题、意识形态问题、东西方问题在海洋上空的另一种表演而已。

南海问题之所以长期成为地区热点问题，主要原因是域外大国，尤其是美国支持相关国家插手南海问题。有学者认为“南海问题本质上属于中国与东南亚各声索国之间的双边问题，并不直接涉及中美两个大国之间的关系”[4]。事实上长期以来，美国对南海问题的态度是不断变化的。从1974年中越南沙之战到1994年11月16日《联合国海洋法公约》生效

2　百度词条：南沙争端，https://baike.baidu.com/item/%E5%8D%97%E6%B5%B7%E4%BA%89%E7%AB%AF/1622505?fr=aladdin#reference-[5]-1522724-wrap[2017-08-22].

3　葛全胜、何凡能：中国南海诸岛主权归属的历史与现状，中国科学网，http://news.sciencenet.cn/htmlnews/2016/7/351063.shtm，（2016-07-13），[2017-05-31].

4　王传剑：南海问题与中美关系，《当代亚太》，2014年第2期，第4～26页。

时，美国对南海的态度是“不介入”。之后由“不介入”变为“介入不陷入”。奥巴马政府执政后，随着其提出的“亚太再平衡战略”之后，因在战略上遏制中国，美国开始强势介入南海问题。在军事上表现为南海地区军事巡逻常态化，并经常派出战机对中国南海领空开展窥视。2001年“南海撞机事件”是中美两国冲突在南海领域的典型事件。

当前美国对南海领域的干扰频率不断提升，制造的麻烦不断升级。2016年，美国以“航行自由”为借口怂恿菲律宾、越南、日本、澳大利亚等国家积极干涉南海问题，大搞所谓“南海仲裁案”。中国对菲律宾南海仲裁案的态度是一贯的、明确的。2016年7月7日，外交部新闻发言人洪磊在记者会上说：“中国政府的立场是明确的、一贯的，即不接受、不承认应菲律宾单方面请求建立的仲裁庭作出的任何裁决。所谓‘裁决’不会影响中国在南海的领土主权和海洋权益。”[1] 菲律宾政权更迭后，杜特尔特总统调整大国关系，美菲关系逐渐走低，菲中关系不断改善，中菲两国交往有了新的发展，南海问题的热度因中菲之间关系改善有所降低。但是，美日等国并不希望南海风平浪静。2017年8月1日美日两国借口美国士兵南海丢失在南海搜寻。此情此景让广大中国网民想起了当年的“卢沟桥事变”。纷纷抗议“今天的南海再不是当年的卢沟桥”。对于美国在南海的“自由航行行动”，中国外交部的态度是“中方将向美方提出严正交涉。他同时还强调，‘美舰有关行为违反中国法律和国际法，严重损害中国主权和安全，严重危及双方一线人员生命安全。’”[2]。2017年8月以来，美国海军舰队频繁在南海区域巡航，撞击了往来商船，导致士兵或其他国家船员丢失，引起包括美国民众在内的世界其他国家的

1 外交部：所谓“裁决”不会影响中国在南海的领土主权和海洋权益，《中国日报网》，2016年7月7日。

2 2017年8月11日，外交部发言人耿爽答记者问。《中国日报网》，（2017-08-11）http://cn.chinadaily.com.cn/2017-08/11/content_30438021.htm[2017-08-22].

批评议论。美国在南海地区一切行动和西方国家在南海问题上罔顾历史事实抹黑中国的目的只有一个，那就是搅局南海，扰乱中国崛起。

钓鱼岛问题是以日本为主谋，美日同盟联合遏制中国的又一枚棋子。钓鱼岛自古以来属于中国固有领土是毫无疑问的。麻烦的制造者美国依然脱离不了干系。钓鱼岛问题不是中日之间关系的主要问题，但这并不意味着钓鱼岛问题就不重要了。“把钓鱼岛问题当成当前中日关系的重点和焦点问题，是战略误判。认为非重点问题就不会影响国家安全和改革开放进程，同样也是战略误判。”[3] 钓鱼岛问题不是中日关系的重点，但是它是影响中日关系的点火器。中日关系要跳出钓鱼岛争端的局限。中日关系要放在亚太乃至全球的范围内进行考虑。

长期以来，由于日本自甲午战争以来加害于中国人身上的痛和伤疤一直存在着，加上中国人自身长期对日本认知的误导，造成了中国一些人认识日本总是带着强烈的民族情绪和愤怒心理，其实我们远未做到像日本人了解中国人那样了解日本人。1931 年，北京大学校长蒋梦麟到日本访问，回国后他说，六十年来，中国人对日本人的认识和心理，是“抗日”“师日”“亲日”“仇日”，但就是缺少“知日”。其实到现在，“知日”的问题仍然没有解决。[4] 对日本的认知从来没有认真理性地思考过。我们常说邻居无法选择，我们为什么不去思考日本为何对我们这样，我们对日本总是讲“好的方面”、总是向日本呼唤“和平”，当然，我们这样做并没有错。但是事实是我们越是这样，换来的就越是问题、麻烦和鄙视。日本民族性格中只敬畏征服者，从内心看不起被征服者。美国和俄罗斯对待日本的态度、方式和方法是值得我们学习的。

钓鱼岛争端是日本下得一举多得的好棋。对内，激起民族情绪，

3　刘亚洲：从钓鱼岛问题看中日关系，中国共产党新闻网，http://theory.people.com.cn/n/2015/1008/c136457-27672900.html(2015-10-08)，[2017-08-22].

4　同上。

让右翼势力可以变得更加狂热，然后名正言顺地修改和平宪法，并获得其想要获得的利益。对华，阻碍中国崛起，宣扬“中国威胁论”，与东南亚个别国家、澳大利亚和印度联手围堵中国。对美，恨之而又无可奈何，只能在美国的灯光下跳舞，时刻想跳出美国的牢笼，实现政治大国梦想。那么，对中国来说处理中日关系在一定程度上是处理与美国之间的关系，美国希望中日小范围内争斗，美国不希望中日“强强联合”，这符合美国的全球战略利益。美国需要日本抗衡中俄，也需要中国抗衡日本，美国以一个钓鱼岛钓到了好多鱼，美国的钓鱼岛战略真是具有前瞻性。[1]

二、历史问题给国家间安全造成威胁

历史，不是一个国家的历史，历史是属于全人类的。特别是在国际关系史中，国家之间的发展史对后来的国家关系再塑造具有一定影响。同一个国际关系史事件中，由于参与制造历史的各方发生的背景、初衷、造成的结果和国情的不同，对以后的历史再认识也会带来影响。国家之间的关系受到历史因素影响的例子很多，促进地区之间发展和增进友谊历史事件，比如古代丝绸之路的发展对今天“一带一路”倡议的建设，对沿线国家基础设施建设和人民生活水平的提高仍具有重要现实意义。而交恶的历史、战争的历史、产生不良影响的国家间历史对后来的国家之间影响有可能依然是负面的，这就会产生人们经常所说的“历史问题”。对历史问题的认识，不仅影响两国、多国之间的关系，对国家安全的影响也是具有潜在威胁。

中日之间是受历史问题影响比较大的国家。中日之间历史问题处

1　二战后美国行使了钓鱼岛的临时管辖权，1972 年美国把钓鱼岛管辖权交给了日本，从此为中日钓鱼岛争端埋下了隐患。

理不好，必然影响到两国关系的发展。日本右翼分子否定历史、歪曲历史、篡改史实伤害受害国民众的感情。日本修改和平宪法对中国和整个亚洲来说又是极为危险的信号。有一种观点认为，“应该既不忘记历史，也不停留于历史。最有压倒性意义的不是历史，而是维护当今至关紧要的国家利益和未来的国家安全与发展前景。可以主张大致地搁置历史问题，留到以后去真正解决，以便绕过障碍更连贯、更有效地实行国家大战略。”[2] 时殷弘教授“暂时搁置，实行国家大战略”的思想具有一定的可借鉴性，但是日本右翼势力对历史问题的不断挑衅，恐怕是包括中国人民在内的全亚洲人民都不可接受的。2016 年 8 月 3 日，日本首相安倍晋三实施了第三次内阁改组，其中新任防长稻田朋美公开否认存在南京大屠杀、不承认东京审判、认为慰安妇合法，并支持参拜靖国神社，这些公然否定历史的言行是极其危险的，这也是日本军国主义复活的危险信号。由于安倍政府在国内国际诸多问题解决不善，2017 年民众的支持率大幅降低，导致这位美女防卫大臣不得不辞职。

所以，亚洲人民有理由担心，不久的将来日本是否会再次发动战争，是否会对亚洲国家人民再次造成伤害，都是值得警惕和防范的。

三、陆地争端加剧国家之间的矛盾

陆地争端问题以中印边界争端最为典型。中印领土争端 20 世纪 60 年代曾发生过战争，但是战争的结果并没有把问题解决。战争期间曾经失去的领土也夺了回来，居然又归还回去。进入新世纪以来，中印之间为了解决领土争端问题进行过多轮谈判，但是问题始终没有实质性进展。2017 年 6 月开始的洞朗地区对峙事件与以前双方对峙相比具有明显区别。国防部新闻发言人吴谦大校多次声明，“洞朗地区是中国领土，中

2　时殷弘：历史问题与大战略权衡，《抗日战争研究》，2003 年，第 3 期。

方在自己领土上进行正常的修路活动，这是中国的主权行为，完全正当合法。印方公然派军队越过双方承认的边界线进入中国境内，其行为严重损害中国主权、严重违反了国际法基本准则。”[1] 外交部部长王毅，7 月 24 日在表态时强调“印军应老老实实地退出去！”对于印军非法越界，中国方面除了义正辞严的抗议外，始终没有采取激烈的反击措施。此次印军的非法越界事件在中国民间和国际社会产生了极大影响。印军看似“鲁莽”的行为，确实给中国的外交和军事出了难题。从更大的空间范围和战略上看，中印之间不会有大的战争爆发。中印之间爆发战争对中国来说是极为不利的，这也让印度抓住了中国当前的形势和中国忙着发展实现崛起的梦想，一旦发生战争，中华民族伟大复兴的梦想可能要被迫中断。几乎是在同一时间，东北亚又传来坏消息，2017 年 7 月 28 日晚，朝鲜方面在东北亚局势本来就很紧张的态势下公然再一次成功发射洲际导弹。韩、美、日三国立即做出反应。朝鲜在中国非常紧张的时候发射导弹无异于给东北亚局势火上浇油，使中国面临东北、西南两个方向上的安全压力，中国安全形势在那个时候非常艰难。

中国与其他周边国家的领土争端基本上处于可控范围内。在当前与邻国领土争端中，因受到域外大国的影响，与领土直接相关的国家已经超出了争端方双边范畴。领土争端的背后存在着其他干扰因素影响，比如实力对比因素、利益诉求、资源掠夺、联盟因素等诸多因素的影响，这就导致领土争端问题的解决更加复杂困难。

中国与周边国家山水相连，血脉相亲，在历史上形成了特殊的国家间关系。国家的边界没有得到严格划分。随着中国的崛起，这在一定程度上也引起了亚洲部分国家的不安和恐慌。他们在心理上对这个曾经在

1　环球网国际新闻：再发声！中国外交部长王毅：印军应老老实实地退出去！　http://world.huanqiu.com/exclusive/2017-07/11029717.html?qq-pf-to=pcqq.group（2017-07-25），[2017-07-30].

亚洲长久强盛的大国再次崛起产生不适。再加上外部势力的介入，围绕着领土和海洋权益的争端就越来越频繁。这对于正在崛起的中国来说是需要面对的问题。俗话说，邻居不可选择，但关键问题是怎样处理好与邻居之间的关系。

四、东北亚现实军事威胁依然存在

中国周边的直接军事威胁也是影响中国安全的重要因素。奥巴马总统上台后提出了"重返亚洲"的再平衡战略，从中国北部、东部和南部构筑对中国的"C 型包围圈"，意在遏制中国的崛起。东北亚地区，2016 年 7 月 8 日，韩美两国军在韩国首尔发表联合声明称，由于"朝鲜的核武器及导弹威胁"，韩美决定在驻韩美军基地部署末段高空区域防御系统，即"萨德"系统。"萨德"系统是美国全球导弹防御系统的一个子系统。该导弹系统由美国航空航天制造商洛克希德·马丁公司承担主要的研发和生产，是一种可车载机动部署的反导系统，具备在大气层内外拦截来袭的短程、中程和远程洲际弹道导弹的独特能力。[2] 从军事上来看，萨德系统的防御功能远远超出了朝鲜半岛，对中国和俄罗斯空间范围构成了严重威胁。在这样情况下，中国反应极为强烈，外交部长王毅说"我们要求美方不要把自己的安全建立在别国不安全基础上，更不能以所谓安全威胁为借口损害其他国家的正当安全利益"[3]。美韩不负责任的行为使地区军事风险增加，东北亚的安全态势降低。这一行为接下来必然导致中国或俄罗斯在军事上做出应对或者联合反应。

由此可见，传统安全问题不仅没有消除，而且在新形势下传统安全问

2　新华社：何为"萨德"系统？　http://news.xinhuanet.com/2016-07/08/c_129129732.htm，新华网，(2016.07.08)，[2017-10-20].

3　王毅外长科伦坡接受记者采访：http://world.huanqiu.com/hot/2016-07/9149426.html

题也有重新爆发的可能，中国周边地区的安全态势变得更加复杂多变了。

第三节 国家内部安全形势不容乐观

崛起进程中国内部同样面临多重安全威胁。当前中国正处在崛起的关键时期，国家面临着多种多样的威胁，形势也是比较复杂严峻的。习近平在 2014 年 4 月 15 日的第一次国家安全委员会会议上指出，“当前我国国家安全内涵和外延比历史上任何时候都要丰富，时空领域比历史上任何时候都要宽广，内外因素比历史上任何时候都要复杂，必须坚持总体国家安全观，以人民安全为宗旨，以政治安全为根本，以经济安全为基础，以军事、文化、社会安全为保障，以促进国际安全为依托，走出一条中国特色国家安全道路。”[1] 这里习近平着重从三个方面为我们展示国家安全所面临的复杂情况：

第一、国家安全内涵和外延比历史上任何时候都要丰富。国家安全的内涵比以前丰富了，以往的国家安全内涵是维护社会主义国家政治制度、政权的稳定，军事上保卫国家领土主权不受外敌侵略。现在的国家安全内涵除了政治、军事内容外还有经济安全、文化安全、信息安全、资源安全等等。国家安全的外延是不仅仅是中国一国的安全，而且是区域的安全，亚洲的安全，全世界的安全。安全问题不是哪一国的事情，任何一个国家在经济全球化背景下都不可能独善其身，不可能是远离尘嚣的桃花源。只有共同安全，确保别人安全才能确保自身安全。

第二、时空领域比历史上任何时候都要宽广。安全时空领域变得宽

---

1 中新网：习近平主持国安委首次会议 阐述国家安全观，http://www.chinanews.com/kong/2014/04-16/6069874.shtml.（2014-04-16），[2017-05-20].

广是多种原因引起的。首先是人类的交通工具变得方便快捷。二是国家的利益分布超出国家界限。哪里有国家利益，哪里就有国家安全。三是科技因素发展使安全空间超出国家地理疆界，延伸到太空和虚拟网络空间。影响安全的时间也不仅仅是对现在的人、现在的事、现在的国家，而且也是对未来的人、未来的事、未来的国家。比如转基因食品，它的危害估计要经过两三代的生息繁衍才能看得到结果。当今自然环境的破坏也会给子孙后代带来想不到的严重后果。安全问题超越时空绝不是夸大其词。

第三、内外因素比历史上任何时候都要复杂。安全问题本身就有复杂性、多样性、连贯性、转换性等特点。在安全的不同层次上有不同的安全主体、不同安全客体、安全防护能力和安全措施等各种问题。对于一个国家来说无论在什么年代，国家安全的内外部问题都是复杂多样相互影响的。对中国来说，她具有复杂的历史演变过程、具有漫长的国界线、具有形形色色的国家邻居，又处在中华民族崛起的历史紧要关头。对于能否顺利崛起，能否顺利实现"两个一百年"奋斗目标和中国梦，中国必须清醒地认识到安全问题的复杂性，认识到我们面临的既有传统安全又有非传统安全，两者也可能相互转化。在互联网快速发展的今天，内外安全因素出现了一体化发展趋势了。传统与非传统，内部与外部都是相对的，不能忽略任何一个因素。

国家安全涉及的领域和内涵的划分，国家在安全保障的实践上和安全的学术研究上略有不同。习近平在第一次国家安全委员会会议上提出"构建集政治安全、国土安全、军事安全、经济安全、文化安全、社会安全、科技安全、信息安全、生态安全、资源安全、核安全等于一体的国家安全体系"。该体系由 11 个主要安全内容构成。

国际关系学院刘跃进教授主编的《国家安全学》教材中罗列了关于国家安全 10 个主要方面的内容。在关于传统安全和非传统安全框架下，关于非传统安全的内容更是丰富，几乎成了无数个内容。对于国家安全的内容划分角度不同划分的内容也不相同，这反映出安全议题本身的复杂性，也给研究安全和安全实践提供了不同的认识视角。国家安全的内容无论是哪一种分类方法，强调国家安全中的精神、信仰、道德、观念重要性是不够，还应该加上国民的“精神安全”。虽然有“文化安全”但是文化的概念太抽象，涵盖的内容较多，不利于突出国民精神素养因素对国家安全的重要意义。改革开放四十年来，我们过多地重视物质生产，大力发展经济，而国民的思想道德、精神文化、理想信念的培植没有跟上。当前国民的思想道德素养下滑，信仰危机，国家民族认同感缺失，国家安全意识淡薄，保障国家安全的能力严重缺失。国家观念、民族精神、尚武文化的缺失使一个民族精神面貌不佳，动力不足。有些人麻木不仁、醉生梦死、歌舞升平，忧国忧民的少了，有维护国家安全的能力人更是不足。

本节根据安全内容等级的重要性和近年来中国安全发展态势，选取了政治（意识形态）、经济发展引起社会矛盾、文化、生态等几方面进行分析论述。

一、意识形态安全受到威胁

意识形态安全是政治安全的灵魂，正是由于意识形态工作的极端重要性，中共历来都把它作为极端重要的工作。它的极端重要性根本地反映在了国家安全，尤其是政治安全、政权安全的稳定性上。2013 年 8 月 19 日，在全国宣传思想工作会议上，习近平指出“能否做好意识形态工作，事关党的前途命运，事关国家长治久安，事关民族凝聚力和向心力”[1]。可见意识形态安全涉及党、国家、民族的生死安危。2016 年 12

---

1 习近平：意识形态工作是党的一项极端重要的工作，新华网，2013 年 08 月 20 日，http://www.xinhuanet.com/politics/2013-08/20/c_117021464.htm.

月，教育部长陈宝生在《紫光阁》杂志上发文称要切实加强中共对教育系统意识形态工作的领导，教育是特殊的政治表现，从一定意义上讲，教育就是政治。做好教育战线的意识形态工作，要从政治上去把握。[2] 在国际政治理论中，对于意识形态的重要性，经典现实主义代表人物汉斯·摩根索认为“意识形态，也像所有的思想理念一样，是可以提升国民士气和国家力量的武器，并在实际的行动中降低对手的士气。”[3] 意识形态的作用无论是正面的还是负面的，它是可以穿越时空的。意识形态威胁是外部威胁当中隐形的、长期的、危害性极大的威胁。当外部的意识形态、价值观念、思想潮流占据内部人员的头脑时，意识形态问题可能变成国内的问题，也可能演变为影响国家之间关系的问题。由于意识形态的特殊性和极端重要性，任何一个国家都必须高度重视意识形态安全问题。

资本主义与社会主义在意识形态领域的斗争是持续不断的。马克思主义及其政党历来高度重视意识形态的建设、发展和维护工作。从社会主义发展实践来看，忽视社会意识形态建设会对社会发展造成不可估量的损害。苏联的解体说明了忽略意识形态的发展所带来的致命危害。一个国家的主流价值观，或者说核心价值观如果得不到弘扬和发展，甚至是受到严重侵蚀了，那么这个国家或政权距离毁灭也就不远了。

意识形态威胁国家安全的主要表现在：威胁政治和政权安全、威胁国家军事安全、威胁国家的教育系统等等。它的形式和手段是和平演变、文化出版物、电影、宣扬历史虚无主义、对教育领域渗透、利用网络开展意识形态战等。以其中的教育系统为例来说，“意识形态工作是加强党对教育工作领导的核心工作。教育战线是我们党意识形态工作的重

2　陈宝生：切实加强党对教育新系统意识形态工作的领导，中华网，http://news.china.com/domesticgd/10000159/20161210/30073532.html. 2016-12-10.

3　汉斯·摩根索：《国家间政治》第六版，肯尼斯·汤普森改写，李晖、孙芳译，海南出版社，2008年9月，第115页。

要基础。”[1]“从社会情势来看，很多意识形态的错误的东西都出自教育战线。”[2]当前中国意识形态安全受到威胁主要有以下几方面原因：

第一、经济的全球化对国家意识形态构成冲击。经济全球化本质是资本的全球扩张，也是西方资本主义主导的全球性经济发展的结果。马克思对于资本主义的全球扩张发展指出，“资产阶级由于开拓了世界市场，使一切国家的生产和消费都成为世界性的了。…… 物质的生产是如此，精神的生产也是如此。各民族的精神产品成了公共的财产。民族的片面性和局限性日益成为不可能 …… 资产阶级使乡村屈服于城市的统治。它使未开化的和半开化的国家从属于文明的国家，使农民的民族从属于资产阶级的民族，使东方从属于西方。”[3]由此可见，经济全球化是一把双刃剑，它为每个国家带来机遇的同时也在文化和意识形态领域中带来挑战。西方国家利用其先进的产品、技术、文化等各种手段传播西方的价值观。美国长期通过互联网、电影、动漫、食品、软件等各类载体向世界各地传播西方的主流价值观。这对广大发展中国的社会思想、传统价值观念、核心价值观形成了冲击。在全球化的背景下，青年忘记了自己的根和民族的魂。

第二、科技、信息技术和通讯技术的飞速发展，外部的、西方的意识形态快速传播传入中国，对国家意识形态发展构成威胁。交通、通讯和互联网技术的突飞猛进使世界融合越来越快、越来越深入。先进的技术手段为意识形态的传播插上了翅膀。互联网在信息传播中具有很强的意识形态功能。互联网中的信息直接影响着人们的思想、价值观念和精

---

1 陈宝生：切实加强党对教育系统意识形态工作的领导，《紫光阁》，中华网，2016-12-10，http://news.china.com/domesticgd/10000159/20161210/30073532.html.

2 同上。

3 马克思、恩格斯：《共产党宣言》，《马克思恩格斯选集》，中共中央编译局，1972 年版，第 255 页。

神状态，成为意识形态战的主战场。

第三、经济增长和快速发展打破了地区的力量平衡，西方国家存在提防、戒备和怀疑心理。中国在四十年改革开放时间内一跃发展成为了世界第二大经济体，而且在不远的将来有可能会超越美国成为世界第一大经济体。综合国力的增长必然会引起地区实力对比的变化，在这样的实际情况下，尽管中国反复强调“中国永远不称霸”，但在西方人眼中，实力强大就是潜在的威胁。

第四、社会主义核心价值观在人们心中尚未牢固树立。社会主义在中国从革命到建设再到改革开放短短六十多年，人们对社会主义的认识、对什么是社会主义、社会主义的本质是什么还在不断探索中。社会主义核心价值观正在学校、在社区、在单位、在家庭中不断学习传播，目前它在人们的心中尚未形成牢固不破的社会主义价值观念。国家认同意识不强，中华民族整体意识不强，拜金主义、享乐主义、奢靡之风盛行，诚信缺失、道德滑坡等意识形态问题已对国家安全构成了无形的威胁。

“历史和现实告诉我们，一个政党要执政兴国，开拓前进，就必须牢牢掌握意识形态阵地，夯实共同奋斗的精神根基。而敌对势力要搞垮一个政党、颠覆一个政权、搞乱一个社会，也往往先从意识形态领域打开缺口，占领舆论阵地，思想防线一旦失守，其他防线就很难守住。”[4] 在全球化背景下，意识形态安全来自外部势力的渗透比以往任何时候来得都更加强烈。外来商品、价值观念、人权理念、西方的政治制度、书籍，甚至饮食文化都对中国的社会主义主流价值观念形成了极大的冲击。美国著名政治学者塞缪尔。亨廷顿在《变化社会中的政治秩序》说：“对一个传统社会的稳定来说，构成主要威胁的，并非来自外国军队的侵略，而是来自

4 陈鲁民：意识形态工作事关党的前途命运——八论学习习总书记 8.19 重要讲话精神，宣讲家网，http://www.71.cn/2013/1015/739313.shtml，[2016-12-04].

外国观念的侵入，印刷品和言论比军队和坦克推进得更快、更深入”。[1]

实际上意识形态安全问题面临着国内外的双重压力，时刻考验着中共的执政水平和执政能力。在习近平论述总体国家安全观思想时，虽然没有把“意识形态安全”列入国家安全的 11 大内容之一，但是它的实际重要性并不亚于其他 11 种安全内容。意识形态安全应该置于所有安全之首的位置，属于“道”之安全范畴，非“器”之安全范畴。

二、发展不平衡不充分引发的社会问题

中国改革开放的发展取得了一定成就，人们对物质和文化生活的需要基本满足。我们的发展不平衡不充分是客观存在的，地区发展不平衡比较明显，有的地方发展像欧洲（东部地区），有的地方发展像非洲（西部地区），贫富悬殊较大，新的社会矛盾开始出现。中国共产党十九大报告中描述了新时期中国社会的主要矛盾是“人民日益增长的美好生活需要和不平衡不充分的发展之间的矛盾”。矛盾的存在就是问题的存在，社会问题的存在就是安全隐患的存在。社会问题必须引起高度重视。

第一、腐败问题是百姓最不能容忍的。腐败问题是古今中外的难题。腐败问题任其恣意发展必然亡党亡国。古今中外的历史上因腐败而造成人亡政息的事例太多太多。任何领域的腐败最终引起后果都是难以想像的。百姓对腐败恨之入骨，难以容忍。“水能载舟亦能覆舟”的道理非常浅显，当百姓对政府的腐败和统治无能时常用“揭竿而起”的方式给予回应。

十八大之前，中国社会的腐败问题非常严重，百姓已愤愤不平，它严重影响了中共在人民心目中的威信和形象。腐败官员级别之高、范围

---

1 ［美］塞缪尔·亨廷顿著：王冠华、刘为等译：《变化社会中的政治秩序》，北京：三联书店，1989 年版，第 141 页。

之广、数量之多、程度之深在中外国家历史上是非常少见的。预防腐败的制度和监管存在漏洞，导致“前腐后继”。腐败问题直接导致了执政的合法性危机。十八大之后，随着反腐力度的不断加大，“打虎”“拍蝇”“猎狐”措施不断实施，腐败分子原形毕现，惩治腐败大快人心。

第二、重要领域的民生问题事关百姓的切身利益。民生问题事关百姓的切身利益，百姓利益无小事。当前民生问题一些重要领域的改革成效并不令人满意。住房问题是百姓意见最大的民生问题。房价居高不下，百姓把几乎一生的积蓄都投到了房子上，成了“房奴”，百姓心里是有意见的。高房价与我们国家的国情是不相称的。炒房客、投机商抬高了房价，百姓对房价不满，“大庇天下寒士俱欢颜”也只是一句空话。“房子是用来住的，不是用来炒的”这句话说得有点晚。医疗问题事关百姓的身心健康，医院的过分市场化、医疗资源的不足、医患关系的紧张是制约医疗卫生事业发展的根本问题。医疗根本问题的存在与政府对如何认识百姓的生命与健康问题有关。教育问题也是百姓关注的重要民生问题。保持教育起点公平才是解决社会不公平的根本。“住不起房、生不起病、上不起学”最终都会引发社会对政府的不满。

第三、分配不公和贫富悬殊引起社会的不满。社会主义国家发展不应该出现严重两极分化现象。近几年中国的基尼系数比较高，两极分化较重。当前中国绝对贫困人口尚未完全消除，中国正在打响消除绝对贫困攻坚战，争取在 2020 年全面摘除贫困帽子。实现这一目标将对人类发展史做出重要贡献。目前中国发展的两极分化现象并不是在于富人与上述所说的绝对贫困人口之间的两极分化，而是富人与一般百姓之间的两极分化。比如分配问题，三大产业的分配第一产业不如第二产业，第二产业不如第三产业。再从群体收入上来看，教师与科研人员的群体收入低于公务员收入，低于演艺圈人员的收入。央企高管和明星的收入更是令人羡慕。当然，有些高收入是合法的，但要防止过高收入导致的社会贫富悬殊差距的出现。有些富人、演艺人员的奢靡行为已让社会不能够容忍。“仇富”虽不应提倡，但富人麻木不仁也令人感到不适，底层群众的生活更值得专注。

第四、重大突发事件会引起严重不良社会后果。深层次改革必将触动一部分人的利益。苏州大学金太军教授认为“在多元化社会格局中，利益分化原本十分正常，但是由于缺乏公平的分配机制，我国社会利益格局趋于固化，以至于在社会分配中，有些群体总是受益，有些群体却总是受损。在利益固化、社会流动受阻的情况下，被剥夺感日益增强，社会认同感逐渐缺失，一旦有机会，这些底层群体往往会通过一定的方式来发泄他们对社会的怨愤。”[1] 在一些地区出现征地拆迁农民补偿不到位而上访、退伍军人安置不合理上访、教师因工资被克扣或不能及时发放而上访等等事件的发生，这些都是群众正当利益诉求的不满的表现。“很多群体性事件，本质上并非直接利益冲突，而是自我权益抗争，围观者‘感同身受’，会迅速站到弱者和受剥夺者一边，对立情绪也不断强化、扩散，最终以大规模骚乱方式宣示权利。”[2] 这些群众性事件政府如果处理不当，或者政府个别人员从中作梗，都有可能造成重大群体性事件的发生。广州的乌坎事件、江苏的启东事件、贵州的瓮安事件都值得深思。突发重大事件的发生对政府的治理能力提出了严峻的考验。

三、文化安全受到威胁

文化是民族的血脉，是人民的精神家园。中国对外来文化历来是开放包容，兼容并蓄的。在以往的传统社会中，由于受到交通工具和通讯技术的限制，人们之间的往来不多，文化交流相对较少。当今社会交通

1 金太军、赵军锋：国家政治安全与平安中国建设，《党政研究》，2015 年 1 月。
2 同上。

工具和通讯技术的高度发达，人员、物质、资金、信息之间的交流十分便捷。世界任何角落发生的事情在很短时间内都可以让全世界人知晓。与此同时，境外敌对势力利用互联网手段传播有害信息、错误思想、淫秽色情信息，思想文化阵地的争夺日益加剧。所以，科学技术的飞速发展使文化的传播速度更快、范围更广、信息量更大、影响更为广泛。

文化快速传播的同时，国外一些腐朽文化、消极文化、带有政治色彩、宗教色彩和颠覆社会主义国家政权的各种思想冲击着人们的思想和传统文化。尤其是今天的青年人，国家民族意识淡薄，政治觉悟不高，理想信念缺失，盲目地追随国外明星、国外的产品、影视剧，甚至是西方的节假日，圣诞节、情人节、愚人节等等文化消费品。对本民族的文化不屑一顾，缺乏信心，而对外国的产品，如苹果手机、麦当劳、肯德基，甚至是和外国的明星和马桶都趋之若鹜。长此以往必将丧失对本民族文化的传承和热爱，最终导致的后果就是迷失民族前进的方向，我们是谁？我们何以称为炎黄子孙？中华民族的文化基因正在突变，文化安全亟待重视。

四、生态与环境安全受到威胁

生态与环境安全关乎国家的可持续发展和全人类的命运。“生态环境的恶化对人类生存的威胁，如同战争威胁一样生死攸关。”[3] 气候与环境威胁是外部威胁中“最公平”也是最直观的威胁。气候与环境威胁内外已成为了一个整体，在某种意义下已不区分内部和外部了。所谓生态安全是指人类生存和发展所需的生态环境处于不受或少受破坏与威胁的状态[4]。还有一种“生态安全”它的定义是“指一个国家具有支撑国家生存发展的较

3　《总体国家安全观干部读本》编委会：《总体国家安全观干部读本》，人民出版社，2016 年 4 月版，第 158 页。

4　和讯网：http://www.howbuy.com/news/2015-11-19/3787242.html.

为完整、不受威胁的生态系统，以及应对内外重大生态问题的能力。”[1]这两个概念都有一定的偏颇，我们认为应该把上述两个概念结合起来才较为完整。生态安全是指人类生存和发展所需的生态环境处于不受或少受破坏与威胁的状态，以及全人类合作应对生态问题的能力。这个定义在范围上涵盖了全人类的生存环境，任何生存环境都是整体的一部分，环境问题单靠某一个国家是无法解决的。

当前生态安全受到的外部威胁有以下几种形式：

生态安全最严重的外部威胁就是资源供应国与发达国家或消费国对稀缺资源、石化能源、非再生能源的掠夺。随着资源的减少加剧了相关国家和地区局势的紧张。如海湾战争、伊拉克战争、叙利亚战乱对中国的石油资源需求构成了严重威胁。

其次是自然状态下的外部威胁，这种威胁主要是指由于空气、河流、海洋、土地与其他国家接壤、或是相连、或是本来就是一体而构成的对我们国家、国民、社会等直接的安全威胁。物质因流动性构成的威胁是需要多方合作治理的。

再次是发达国家对包括中国在内的广大发展中国家实施的环境制度性威胁，也称作“环境威胁输出”。环境威胁输出的做法是以自身的绿色环保标准要求高为借口，把污染严重的、有毒有害的夕阳产业、劳动密集型企业转移到发展中国家，实施生态侵略，从而以牺牲发展中国家的资源环境为代价，最终实现满足自身发展需求。

最后就是域外国家在全球共有区域活动，对全世界的生态安全构成威胁。比如巴西亚马逊热带雨林，尽管雨林主权是巴西的但是发挥的作用是全球的，焚烧或破坏该森林会对全球的气候构成一定威胁。在公海

1 《总体国家安全观干部读本》编委会：《总体国家安全观干部读本》，人民出版社，2016年4月版，第158页。

或属于全人类的共同区域内破坏活动，如日本在公海以科研为名大肆捕杀鲸鱼为例，其行为影响最为恶劣，这对全球物种多样性的影响最直接。

生态系统作为一个完整体系是人类获取生产生活来源并维持人类生存的公共空间。“但是对于国家安全来说，要获得充分的资源，不但取决于国内的生态安全，而且取决于国际和全球生态安全。”[2] 中国在和平崛起过程中不仅仅要注重国内生态安全，也要与国际社会一道共同解决外部环境问题，需要与其他国家，甚至是全世界人民共同行动以减缓环境变化带给国家的不利影响。然而，美国特朗普政府却在 2017 年 6 月 1 日宣布美国推出《巴黎协定》，特朗普政府的这一行为不仅受到国际社会的广泛批评，也受到了其前任总统奥巴马的批评。奥巴马批评特朗普政府说美国是“加入了少数拒绝未来的国家行列”。对于特朗普政府的决策，国际社会认为这会加剧全球碳排放总量导致气候进一步变暖。中国政府的态度是“无论其他国家的立场发生了什么样的变化，中国都将继续贯彻创新、协调、绿色、开放、共享的新发展理念，立足自身可持续发展的内在需求，采取切实措施，加强国内应对气候变化的行动，认真履行《巴黎协定》。”[3] 中国对于气候和环境安全的治理是负责任的，也说明环境与气候的治理是曲折艰难的。随后，俄罗斯、欧盟、印度、加拿大和英国宣布将继续履行《巴黎协定》的职责，国际社会应对全球性气候安全合作还是积极的。

五、网络与信息安全问题突出

网络与信息技术是一体两翼。网络技术给生产力的发展插上了翅膀。但从不利的一面看，也拓展了国家之间的冲突的领域。网络空间成

2　同上，第 161 页。

3　李艳洁：美国退出巴黎气候协定将带来哪些变化？新浪财经，http://finance.sina.com.cn/roll/2017-06-02/doc-ifyfuzym7742251.shtml（2017-06-02），[2017-07-11].

为了与陆地、海洋、太空同等重要的国家主权领域。“网络空间安全事关人类共同利益，事关世界和平与发展，事关各国国家安全”。[1]“伴随信息革命的飞速发展，互联网、通信网、计算机系统、自动化控制系统、数字设备及其承载的应用、服务和数据等组成的网络空间，正在全面改变人们的生产生活方式，深刻影响人类社会历史发展进程。”[2]随着我国互联网事业的发展，互联网与国家安全的关系愈来愈密切。国家领导层对互联网之于国家安全的重要性认识是非常深刻的。2014年2月27日，习近平主持召开的中央网络安全和信息化领导小组第一次会议时，强调了互联网对于国家安全的重要性，“网络安全和信息化是事关国家安全和国家发展、事关广大人民群众工作生活的重大战略问题，要从国际国内大势出发，总体布局，统筹各方，创新发展，努力把我国建设成为网络强国。”[3]再从国家安全和战略的角度来看，“今天，互联网已经发展成为世界发展的战略制高点，成为兵家必争之地，这让我们经常能够听到金戈铁马声。互联网上充斥着观念冲突、利益矛盾甚至血拼战争，像是一个战国时代。可以说互联网自诞生以来，就始终伴随着冲突、兼并与战争。”[4]从网络战争的角度看，“21世纪的网络战争，开启了一个新的战争时代，无论是专业军人还是普通民众，皆受到这场战争的无形威胁。”[5]网络战争是现实世界战争的网络延伸，但它比现实世界的战争来得更迅捷、更猛烈、更广泛、更彻底。网络威胁是由现实社会的国家之间的冲突、矛盾、利益纠纷、意识形态、价值观念、宗教信仰等引起的。

　　国家之间的网络战争是国家之间意识形态冲突的网络延伸，根本原

1　国家互联网信息办公室：《国家网络空间安全战略》，中国网信网，2016年12月27日。
2　同上。
3　中国共产党新闻网：习近平主持召开中央网络安全和信息化领导小组第一次会议，2014年02月27日。
4　东鸟著：《网络战争》序言，北京：九州出版社，2009年5月，第3页。
5　同上。

因还是在于基本制度的不同。早在1989年，这是一个特殊的年份，是世界社会主义发展出现波折动荡的年份。在这样背景下邓小平预言“可能是一个冷战结束了，另外两个冷战又开始了。一个是针对整个南方、第三世界的，另一个是针对社会主义的”[6]。邓小平的预言在今天互联网场域内“战争”早已开始。网络世界里的战争早已超出“黑”网站的层次，网络战已发展到摧毁敌人的作战系统、能源系统、交通通讯系统和金融等战略性力量。2008年俄罗斯对格鲁吉亚的第一次大规模网络战争让人们看到了网络战的威力。2013年，由美国国家安全局前雇员爱德华·斯诺登揭露的美国“棱镜计划（PRISM）”让全世界对美国的监听行为感到愤怒而震惊。在《美国是如何监视中国的》一书中，编者描述了美国是如何利用网络霸权对世界各国，包括其盟国在内的监控。

As a superpower, the United States takes advantage of its political, economic, military and technological hegemony to unscrupulously monitor other countries, including its allies. The United States' spying operations have gone far behind the legal rational of "anti-terrorism" and have exposed its ugly face of pursuing self-interest in complete disregard of moral integrity. Those operations have flagrantly breached International laws, seriously infringed upon the human rights and put global cyber security under threat. They deserve to be rejected and condemned by the whole world.[7]

有资料表明，美国利用先进的霸权技术对世界上其他国家监听的轻重程度不同，其中中国、印度、巴基斯坦、伊朗、俄罗斯、巴西成为美

6 邓小平著：《邓小平文选》第三卷，北京：人民出版社，1993年版，第433页。
7 互联网新闻研究中心编著：《美国是如何监视中国的》，人民出版社，2014年6月，第36页。

国重点监听监视的对象。

互联网对国家安全的威胁是综合性的、全方位的、复杂的。这表现在它会对包括政权、军事、经济、金融、文化、思想、教育、社会、生活等各个方面构成冲击。应对互联网安全必须从“现实世界”和“虚拟世界”两方面共同解决。互联网威胁的根源在于现实世界，因此在现实世界中要处理好国与国之间的关系，对于西方国家利用互联网宣扬“民主”“自由”“人权”等价值观念，应通过接触、对话、合作、交流方式促进理解达成共识。在网络虚拟空间内，应采取积极应对措施，给予适当反击，反对互联网霸权。另外，必须根据形势的需要组建网络部队、网络水军或“网络民兵”。各个社会组织或单位要培养维护国家利益的网络民兵，发现网络异常，及时上报并作出反应。只要西方国家（美国）发起针对中国的网络攻击，应立即予以惩罚性还击，并回到现实世界内给予反击甚至是制裁。互联网安全的维护必须实施“全员参与 +IT 精英冲锋”策略。

“网络空间的竞争，归根结底是人才竞争。”[1]2016 年 6 月，中央网络安全和信息化领导小组办公室、国家发展和改革委员会、教育部、科学技术部、工业和信息化部、人力资源和社会保障部六部委联合发文《关于加强网络安全学科建设和人才培养的意见》中网办文〔2016〕4 号，认识到培养网络安全人才的极端重要性，并对如何培养这方面人才作出了部署。这项关系到未来国家的生死存亡的工作关键之处就是如何落实好的问题。

在外部国家安全威胁中，除了上述提到的几种直观的外部安全外，还有恐怖主义威胁、海外利益威胁、海外华人华侨安全问题、全人类共同利益受到威胁等问题。这些问题也不是彼此孤单毫不相干的，而是相互影响，相互联系的。

1　中央网络安全和信息化领导小组办公室：关于加强网络安全学科建设和人才培养的意见，中网办发文〔2016〕4 号。

第三章

崛起进程中安全问题引起的挑战及其根源

山重水复疑无路，柳暗花明又一村。任何遏制威胁困境都吓不倒热爱和平的中国人民。

第一节　中国崛起打破了国际力量对比的平衡

一、全球化发展对国家安全的冲击

全球化的快速发展超出了人们的想像。网络与信息技术的发展加快了世界各国人民之间的相互依赖和相互联系。但是，经济的全球化发展也伴随着危险、威胁和不稳定因素的产生。充满危机和威胁的全球化给人类带来了“共担危机”的可能。德国社会学家乌尔里希・贝克的风险社会理论告诉人们，我们的社会正在变成了“风险社会”。在英国社会学家安东尼・吉斯登“现代高风险”语境中，人类正在经历着由“我饿”到“我怕”的社会历史转型。“无论是全球生态危机还是全球认同危机，直接产生于周遭世界的‘不对称威胁’越来越使人类深陷于‘生存性焦虑’与‘本体不安全’之中，‘危机常态化’似乎成了世界的生存现实。”[1] 全球化发展对国家安全来说，它的冲击是全方位的、多领域的、超时空的。

全球化发展催生新的安全观。国际政治中存在着旧的传统的安全观，这种安全观以国际无政府状态为假设，强调国家的实力和用实力

1　余潇枫主编：非传统安全概论（第 2 版），北京大学出版社，第 1 页。

获得绝对安全。传统安全观以制约和压倒对方为基础。全球化背景下，从国际政治大的格局看，国际政治问题与国内政治问题的界限越来越模糊，国际问题国内化或者国内问题国际化，二者相互渗透。许多问题不是哪一个国家可以单独解决的。“在这种新的形势下面，安全观必须加以扩展、转换和充实，它所应当分析和回答的，不止是与旧时的军事冲突和外交斗争有关的内容，而且要有对全球化时代新现实新问题的关注与探索。”[2] 时代发展催生新的理论，全球化发展催生出新的安全观。新的安全理论回答的是比旧的安全观更为复杂的问题，面对的是更为复杂的国际矛盾和国际问题，新的安全观要能够更有利于促进人类社会的合作与和平，要更能够促进国际社会的演化。新安全观研究的范围更广泛，“有着与传统安全观很不一样的哲学思想基础，向世人揭示的是一幅复杂得多、充满变数、动态发展的立体画面。”[3]

全球化发展对国家安全的影响具体说来表现在经济、政治、文化、思想意识形态、生活习惯等各个领域。由于每一个国家在世界格局中处于不同的状况，经济政治制度不同，社会发展程度不同，宗教信仰和宗教制度不同，这就造成全球化进程对每一个国家安全冲击的方式和力度是不一样的，有的国家可能是经济安全受到影响，有的国家可能是社会安全受到影响，有的国家也可能是政治安全受到影响。对于大国来说，由于面积大、人口多、经济规模和体量大、市场化完善程度高、全球化适应能力强等因素的存在，全球化发展对它的安全影响也是复杂多元的，全球治理能力强，全球化发展的负面影响对大国来说是可控的可协调的。

全球化背景下，对于中国国家安全来说，我们应在经济安全、政治安全、文化安全、科技安全和思想文化领域做好各种策略应对，使中国

2　王毅舟主编：全球化时代国际安全，上海人民出版社，1999 年版，主编手记，第 9 页。
3　同上。

的崛起能够适应全球化发展，在全球化进程中实现崛起和实现中华民族伟大复兴的梦想。

二、中国崛起改变了世界力量结构

国际政治中各种力量的对比是不断变化的，不断变化的世界格局反过来又影响着世界上每一个国家和每一位公民。中国的崛起改变着世界的目光，改变着世界的格局，也改变着世界历史发展的方向。“虽然一些国际舆论固守成见和偏见始终对中国的发展抱有怀疑，但事实不断证明中国的崛起符合历史大势，也契合爱好和平的人们对于人类未来的期待。”[1] 中国崛起已成为势不可挡的历史潮流。

中国的崛起改变了世界权力的结构。长期以来国际政治的重心总是在西半球。冷战后，亚洲新兴势力发展迅速，先是“亚洲四小龙”率先崛起，接着是中国和印度新兴大国崛起。尤其是中国，它在改革开放后各项事业快速发展，在短短四十年时间里发展成为世界第二大国。中国综合国力增长引来国际地位的提升，也使得中国在世界上获得更多的话语权和主动权。中国以自身实力增长又带动世界发展中国家不断取得进步，改善着发展中国家人民的生活水平，赢得了广大发展中国人民的赞誉和信赖。国际社会对中国的威望和对中国的期待不断提升。

中国崛起客观上削弱了世界霸权主义势力。“一种新兴力量的崛起往往是原有霸权国和其维护的体系率先出现了问题。”[2] 长期以来西方霸权主义和强权政治在世界横行霸道，恃强凌弱，对弱小国家和民族任意宰割。西方国家野蛮空袭南斯拉夫联盟、侵略伊拉克、发动利比亚战争就是典型的强权政治的例子。中国的崛起代表着世界正义力量的崛起，

---

1 王帆：中国崛起正改变世界历史进程，人民网－环球时报，(2015-01-04)，http://opinion.people.com.cn/n/2015/0104/c1003-26317945.html.[2018-01-09].

2 同上。

中国崛起为世界国家主持公道。中国运用自身的力量和实际行动维护着世界和平，运用联合国安理会常任理事国的特殊地位维护世界稳定。再看以美国为首的西方国家，对外交往依然奉行大棒政策。妄图主导世界但又力不从心。美国的霸权主义早已不得人心，美国自身的实力相对衰落和退缩。美国的衰落不是中国等新兴国家崛起造成的，是美国自身造成的。美国的全球扩张就像是射出的箭，越远越没有威力。在全球治理上，某些方面美国又不愿担当，这让世界人民对美国所作所为大失所望。世界和平与正义的天平正向中国倾斜。

中国的崛起抑制了世界战争的爆发。这里“战争的爆发”应有三重理解，首先是中国崛起依靠和平的方式实现的，不是依靠对外掠夺对外发动战争而崛起的。中国在历史上曾经饱受战争的苦难，历史与现实告诉我们，中国不会再把战争的痛苦加到别国身上，中国即使将来强大了也不会做恃强凌弱的霸权国。新中国成立以来，历代领导人承诺过中国永远不搞霸权扩张。其次，崛起的中国不会挑战世界秩序，不会挑战美国的霸权。中美之间的“修昔底德陷阱”完全可以避免。所谓“崛起大国与守成霸权之间战争不可避免”的理论假设，是基于特殊时代、部分区域的历史经验而形成的结论，带有浓厚西方中心主义、现实主义国际关系理论的逻辑色彩。只有从全球角度进行完整的、历史的观察，才能打破美国焦虑者“自我实现预言”式的假设，使中美超越“修昔底德陷阱”的理论魔咒。[3] 再次，崛起的中国将维护世界的公平与正义，维护世界的和平与促进人类发展。中国在这个进程中将做一个负责任的大国，做中国力所能及的事，中国的崛起增加了维护世界和平的力量。

中国的崛起历史意义是给世界共产主义运动发展带来了信心与希望。世界共产主义运动的发展并不是一帆风顺的。从巴黎公社到苏联解

3　王文：“内功比拼”将成中美竞争关键，《参考消息网》，（2016-09-19），http://www.cankaoxiaoxi.com/china/20160919/1308789.shtml, [2018-01-09].

体，共产主义的发展让人们欢腾过也让人们惋惜过。世界共产主义运动随着苏联的解体让人们对共产主义产生了质疑。认为“历史要终结”了。而中国在短短四十年内的快速发展和取得的成绩再一次燃起共产主义的希望之光。中国正在走向世界舞台的中心，全世界共产主义的未来就在前方。完全相信当中国实现了“第二个一百年奋斗目标”时，世界对中国态度、对社会主义的态度、对共产主义的态度将会是另一番景象。

三、国家实力的变化对国民心理造成的影响

一个国家的发展速度和发展效果在短时间内发生了重大变化，这会对其他国家在外交上、军事上，甚至是国民的心理上产生影响。从国家实力对与国民心理影响关系看，无论在何种状态下 —— 战争时期还是和平时期 —— 崛起对国民心理影响问题都是必须重视的问题。国家实力发展与国民心理之间的关系是一种多层次、多维度、复杂互动式的影响关系。国家实力变化不仅仅影响本国的国民心理和国民信心，也会影响到周边国家、地区，甚至是全世界公民的心理。中国今天的发展成就对国内民众来说在心理上是无比自豪的，也是骄傲的，这是中国几代人所要追求的结果和盼望的目标。中国在一天天不断发展的时候是否考虑到周边国家、是否考虑到整个亚洲和全世界人民的感受。对于中国的今天的发展，世界各国包括政府和民众对中国的看法和心理是复杂不同的。2015 年 6 月，根据美国皮尤公司对 40 多个国家对中国好感度调查显示，“在 2014 年有 49% 的国家人民对中国更多持正面看法，这一数字在 2015 年升至 54%，相对地，对中国更多持负面看法的国家比例从 38% 降至 34%。”[1] 下图为皮尤研究中心调查结果：

1　葛鹏：全球 40 国对华好感度调查：巴铁最友好日本人最抵制，《环球时报》，(2015-06-25)，[2018-01-09]。

表 7　2015 年皮尤公司发起的“中国好感调查表”

Global Ratings for China

Views of China

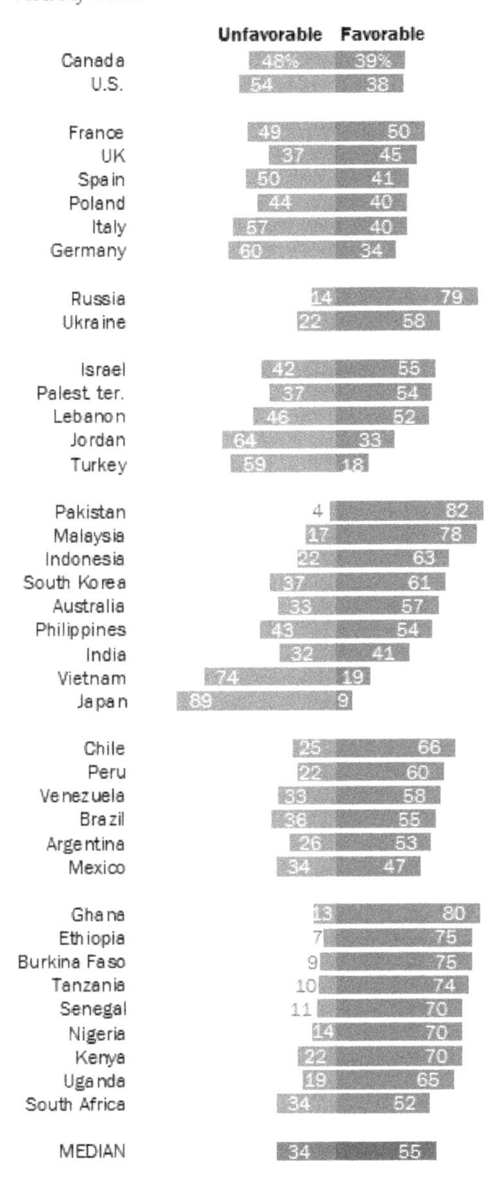

Source: Spring 2015 Global Attitudes survey. Q12b.

PEW RESEARCH CENTER

所以，认识其他国家对中国的发展、崛起，或是未来中华民族的伟大复兴产生有什么样的看法，特别是那些消极的心理、嫉妒心理、恐惧心理、仇视心理，以及类似美国的口是心非的心理等不利的心理因素，[1] 这对于消除国家安全的外部威胁维持国家崛起阶段的外部和平具有重要意义。

国家实力发展与国民心理的影响是相互的复杂的。一个国家的综合实力影响到一国内部公民的方方面面。单就在心理上来说，国家实力可以影响国民士气。汉斯·摩根索认为国民士气难以捉摸而且不稳定，但是它同样是重要的。[2] 国家实力的增长是国民齐心协力的结果，有着共同的目标信念，努力拼搏，奋勇前进的结果。没有国民的奉献、乐观、积极进取的精神，没有国民的聪明才智，国家的国力很难快速提高上去。反过来说，国家实力增强了，也会增加国民的自豪感、成就感，国民对国家民族的认同感也会加强。在这样的背景下，国民心齐，国民心理会与国家的整个发展目标就会保持一致。当在外部存在威胁，或有外敌入侵的情况下，全体国民也会激发爱国热情，同仇敌忾，最大限度维护国家安全。当国运不昌、国力不济时，国民的素质如果不高，国民的气势就会低迷，国民的精气神也会萎靡、麻木，对国家安全的保障防护作用不大。

国家实力发展对国外民众同样会产生一定的心理影响。在维护国家安全的背景下，决策者更应该关注其他国家民众对本国实力增长的正负两方面反应。负面反应会产生消极的恐惧心理，正面反应会产生积极的羡慕或亲近的心理。消极的、恐惧的、不适应的或者过度的反应都会对国家对外决策产生影响。对于反应的程度，从心理安全角度分析可以把

1　所谓美国的“口是心非”是指奥巴马政府在多次场合下声称“美国欢迎一个和平、繁荣、稳定的中国崛起”，但实际上是重返亚太，对中国进行遏制围堵。

2　汉斯·摩根索著:《国家间政治》，徐昕译，中国人民公安大学出版社，1990 年版，第 183 页。

它大致分为真恐惧、假恐惧（怀疑）、不恐惧、羡慕亲近四种类型。[3]在不同时期不同安全场域下，这四种类型的安全心理反应是不同的，受到国家之间的整体关系影响较大。比如，在改革开放的初期，中国对于日本的发展是肯定的，羡慕的，并且带有向其学习的心理。而经过三十多年的改革开放发展，中国取得举世瞩目的成绩了，其他国家比如日本在心理上产生了"不舒服"的感觉。再加上两国之间的历史问题、领土争端，两国民众之间没有了好感。中国的快速发展使许多国家对中国感到不能适应，认为中国共产党领导的社会主义国家的强大对他们是一种威胁，至少是一种潜在的威胁。

国家实力发展对一国内部民众的心理同样产生影响。国家的发展在直观上满足了人民物质和精神生活的需要。国家的崛起、强大或复兴能够促使整个民族精神奋发向上，民心一致。所谓得民心者得天下，对于国家的稳定和各民族的安定团结具有重要意义。但是也要注意另外一个问题，国家物质实力增强了，国民的思想文化素质要与国家的国际地位相适应，不能出现"大国家小民众"的心态。尤其是在国家的领土纷争过程中，如何理性地表达爱国的诉求，理性地抗议，不采用暴力或者扰乱社会稳定的方式才是国家进步的象征。国家实力增长了国民的素质、修养、信念也要大力提高。

国家实力发展增长期内，要合理处理好内外国民的心理认知、精神士气和心理变化。对外要消除国民的戒备和畏惧心理，通过民间公共方式达到促使政府政策的调整和改变，消除"中国威胁论"和"国强必霸"的不正常心态。

3　心理安全程度是一种客观存在而又比较复杂的心理现象，受到客观事件和内心世界各种因素影响，心理安全度仅仅是对个体安全主体一种常规的安全程度量的界定。

第二节　崛起引发的内部主要矛盾

国家崛起的内外安全影响因素在一定的时空范围内是一体的，是不分内部与外部的。也就是说，在特定情况下国际安全是国内安全，国内安全也是国际安全。而单就国内安全来看，内部安全要素相互之间的影响是复杂多样的，影响因素之间是相互的，又是相互促进的。国内的政治因素（政权因素）、经济因素（发展因素）、社会因素（政府管理因素）、环境因素、民族宗教问题和恐怖主义等诸因素对国家安全的影响最为关键。

一、政治安全受到威胁

（一）发展问题造成执政党的合法性危机

一个国家的发展问题对国家安全有着最直接的影响。《尚书》曰："民惟邦本，本固邦宁。"发展与安全都是老百姓最需要的东西，都是"刚性的需求"。民生问题解决不好，直接影响"民"的生存安全，百姓就会有怨言，百姓就会有不满。民不聊生，社会就将动荡不安，甚至会"揭竿而起"。若民怨积累深厚，国家就会危如累卵。反过来说，国家安全问题也是发展问题，国家不安全，国家处在动荡或者风雨飘摇中，受到影响最直接的还是普通民众。从鸦片战争到新中国成立这一段历史就证明了国弱民贱、国悲民伤、国败民穷的道理。

民生连着民心，民心关乎国运。从这个角度来说发展问题也是政治问题。既然发展问题决定社会与国家的稳定，发展问题如果解决不好将直接影响统治者"江山"的稳固。"稳定基于民生，民生决定稳定。群众利益无小事，只有切实有效地解决民众的诉求，维护群众利益，才能实现社会的长期稳定。"[1]近年来，随着改革开放的步伐加快，改革力度加

1　石平：民生决定稳定，《贵州日报》，2008年7月12日。

强，社会上相关利益主体诉求无法得到满足，突发公共事件时有发生。无数突发公共事件的发生表明，不关心、不维护和不照顾群众利益，或与民争利，就会给社会的稳定带来隐患。有些社会矛盾长期积累，得不到及时有效的解决，矿难、移民、失地补偿、拆迁等纠纷凸现，干群关系紧张。凡此种种，都影响到国家的长治久安。

发展问题也关系到中国共产党同人民群众之间的关系。我们历来把党群关系比喻成血肉联系、鱼水关系。如何维护好鱼水关系是决定中共是否能成功执政并长期执政的关键。解决好民生问题，维护好、实现好、发展好同人民群众的鱼水关系，赢得人民的信赖，才是一个无产阶级政党成功执政并实现长期执政的根本。

（二）治理理念滞后引发社会矛盾

社会矛盾的积累会对社会的稳定、国家的安宁带来一定隐患。苏联改革失败的一个重要原因在于社会矛盾不断加深和社会问题的长期积累。改革开放以来中共非常重视社会稳定问题，明确提出“稳定是大局”的思路。邓小平在改革开放之初就提出了要处理好“改革、发展与稳定”三者之间的关系。但是改革既然是一场革命，“革命”必然会引起社会的动荡和不安。现在中国的改革开放进入了攻坚克难期。改革带来的阵痛比以往任何时候都显得更为严峻。改革开放以来，中国取得了举世瞩目的成就，也存在许多“发展中的问题”。十八大报告指出，“城乡区域发展差距和居民收入分配差距依然较大；社会矛盾明显增多，教育、就业、社会保障、医疗、住房、生态环境、食品药品安全、安全生产、社会治安、执法司法等关系群众切身利益的问题较多，部分群众生活比较困难；一些领域存在道德失范、诚信缺失现象等等。”这些问题虽然属于发展问题，但是如果解决不好，也会对社会稳定、国家安全带来威胁。习近平在主持第十四次政治局学习时强调，面对新形势新挑战，维护国家安全和社会安定，对全面深化改革、实现‘两个一百年’奋斗目标、实现中华民族伟大复兴的中国梦都十分紧要。[1]显而易见，在习近平看来，维护社会安定与维护国家安全的地位是同等重要的。

（三）各种腐败影响到民众对社会制度的质疑

在总体国家安全中，政治安全是总体国家安全的基础，如果一个国家政治出了问题，国家安全必然受到影响。看看中东地区多个国家长期动荡不安，除了外部大国插手之外，其内部原因与政治腐败有关。出现动荡的那些国家多半是政治独裁、政府无能、腐败滋生，因此对国家安全带来了危害。一般而言，国家的政治体制、政党制度、政府效能、政府的公信力与合法性、民族政策、民生问题等等都会影响到国家的安全。在影响政治安全的诸因素中唯有腐败对国家的安全影响最为严重。

一方面，腐败行为使国家的财产丧失，影响社会的公平正义，从而使公民产生对社会制度的质疑。腐败是当今社会的毒瘤，是影响社会稳定、危害国家安定的火药桶。"腐败现象是侵入党和国家机关健康肌体的病毒。如果我们掉以轻心，任其泛滥，就会葬送我们的党，葬送我们的人民政权，葬送我们的社会主义现代化大业。"[2]当前腐败已成为影响社会稳定的核心因素"水不平则溢，人不平则鸣，腐败是社会不公正现象产生并导致社会动荡的最大根源"[3]。历朝历代的百姓最痛恨贪官、最厌恶腐败，历史规律已深刻证实了当腐败到熟视无睹的时候，当腐败成为一种社会风气的时候，成为一种司空见惯的社会现象的时候，这个社会离革命的爆发也就不远了。社会腐败将导致社会阶层的剧烈分化和对立，这种阶层分化和对立如果不能得到有效制止和纠正，就会累积成巨大的破坏性能量。这种破坏性能量最终像堰塞湖一样，当政府构筑的监督与

---

1 习近平：切实维护国家安全和社会安定，载2014年4月27日《人民日报》，第1版。
2 江泽民著：《江泽民文选》，第一卷，人民出版社，2006年8月，第319页。
3 http://club.china.com/data/thread/1011/2712/76/62/7_1.html.

制约体系不能有效疏导和降低这种风险时，它就会冲破一切社会体系构架，实现摧枯拉朽式的社会变革。托克维尔就是这样描述法国大革命前夕的状况的："行政改革并没有根除旧政权下的官僚弊端，反而增加了混乱，这就是大革命前夕的政治。""革命前夕，'政府发起各种公共建设事业，与政府有金钱关系的人数惊人地增长，许多人萌发了发财暴富的欲望'"。[4]

另一方面，惩治腐败可以巩固政权。胡锦涛在2011年的"七一"讲话时指出，"坚决惩治和有效预防腐败，关系人心向背和党的生死存亡。如果腐败得不到有效惩治，党就会丧失人民信任和支持。"[5]对腐败问题的惩治，清理蛀虫，可以使中共的肌体健康，也会赢得民心，民心稳则政权固。

二、经济安全受到威胁

国家经济安全是国家安全的重要内容，它在总体国家安全观中处于"基础"地位。"经济安全是对国家、民族的经济利益的维护与拓展，是国家、民族最基本的生存安全，是其他国际安全关系的基础。"[6]国际社会也普遍认为，一国的经济发展贫弱是国家的最不安全因素，中东国家和伊斯兰世界长期动荡不安与经济发展落后有一定的联系。所以，国家要重视经济安全发展的重要性。经济不安全将会引起政治、军事、社会、教育、科技等其他领域的安全保障。中国提出的"以经济建设为中心"也看到了发展经济背后的安全因素。

所谓国家经济安全是指"经济全球化时代一国保持其经济存在和发展所需资源有效供给、经济体系独立稳定运行、整体经济福利不受恶意侵害和非可抗力损害的状态和能力。是指一国的国民经济发展和经济实

4　周建勇：革命为什么会发生？载《读书》2013年03期。
5　胡锦涛：反腐败关系人心向背和党的生死存亡，2011年中国共产党成立90周年七一讲话。
6　王逸舟主编：《全球化时代的国际安全》，上海人民出版社，1999年版，第128页。

力处于不受根本威胁的状态”[1]。衡量一国的经济是否安全通常有以下几个参考指标：一是经济主权是否独立，二是基本的经济制度和分配制度是否牢固，三是市场运行是否平稳，四是总体供求是否平衡，五是企业是否具有良好的国际竞争力，六是整体抵御外部风险和金融市场抗风险能力等。

在经济全球化背景下，各国经济发展相互依赖加深。各国经济在全球化背景下既享受着机遇也面临着风险和考验。1998 年的亚洲金融危机和 2008 年世界金融风暴让全世界人民看到了金融危机的破坏力，也认识到了维护国家经济安全、金融安全的重要性。

当前中国经济虽然整体发展态势良好，但在一些重要领域存在着威胁和不稳定因素。农业方面，耕地受到污染、耕地面积缩小、转基因粮食隐患等；金融领域，金融产品监管效果不佳，抵御风险能力不足，金融产品缺乏竞争力等；战略资源方面，石油和粮食进口依赖加深、淡水枯竭与河湖污染、稀土外流、稀有金属不足等。另外，国际贸易、海外工程、科技创新、人才保障等许多方面还存在着各种威胁和重大安全隐患。中国经济安全受到各种威胁的原因是非常复杂，既有内部原因也有外部因素影响。

从外部来看：

第一，在经济发展全球化的进程中，每个国家的经济发展都可能受到外部威胁。全球性的市场经济导致国际经济问题国内化，国内经济问题国际化，国际国内经济问题相互影响，经济全球化成为了一把双刃剑。“市场经济的特征就是开放和存在经济危机，这样就使一些国家经济风险极易扩散，波及其他国家以致全球。”[2] 各国在享受机遇同时也会遇到各种风险、

1 百度百科：国家经济安全，https://baike.baidu.com/item/%E5%9B%BD%E5%AE%B6%E7%BB%8F%E6%B5%8E%E5%AE%89%E5%85%A8/6783226?fr=aladdin.

2 王逸舟主编：《全球化时代的国际安全》，上海出版社，1999 年版，第 132 页。

挑战、国际局势、域外国家经济和安全状况、大量不确定因素。

第二、不公正不合理的国际政治经济旧秩序给发展中国家造成经济发展困难。国际经济旧秩序以经济霸权主义和剥削掠夺为特征。二战后，国际贸易规则、制度多是由西方国家制定的，在国际贸易中发展中国家总是面临着不公平的贸易制度。不合理的国际分工、不平等的国际金融体系和不等价的国际贸易体系是造成发展中国家长期贫困的主要原因。美国、欧盟、日本等西方国家不承认中国市场经济地位，违背了当初中国加入 WTO 组织的规则。发展中国家出口贸易产品多是低端产品或原材料出口，发达国家出口高端产品，但是军工产品或敏感技术产品真正高科技领域技术对发展中国家又严格限制。中国跨国公司海外并购屡遭失败就是明显遭受不公正待遇的表现。

第三、国际社会上投机资本给国家金融市场制造了安全威胁。1998 年的亚洲金融危机和 2008 年的国际金融危机是幕后西方个别金融投机者的所为，是资本所有者利用国家金融监管漏洞制造的金融安全危机。境外金融投资客经常炒作金融市场，利用资本优势使快钱在国家之间快速流动，制造了金融风险。"境外资本流向逆转，一直是威胁新兴市场经济体经济金融安全的突出因素，无论是 1994 年墨西哥金融危机，1997 年东南亚金融危机，还是 2001 年阿根廷金融危机，每一次金融危机都是伴随着资本流向的突然逆转。"[3] 在以往的金融危机中尽管没有对中国金融市场造成直接的损害，但也对中国金融市场产生了不利影响。削弱中国货币政策效果，加大调控难度。造成中国金融市场虚假繁荣，形成资产泡沫；压制出口，不利于中国外汇储备管理。[4] 中国必须严密监控境外资本的流向，加强境外资金管理，提升金融市场抵御风险能力，做到未雨绸缪。

3　唐珏岚：论国际金融危机背景下的资本流向逆转及其防范，《社会科学》，2009 年 12 期。

4　刘冲、李金、任阳：如何防范国际投机资本冲击我国金融市场，http://www.xzbu.com/3/view-4265433.htm.

从国内情况看：经济安全问题的存在除了受到国际经济形势影响外，中国内部经济体制、市场监管、经济管理、经济运行也存在着一定影响因素。

第一、发展理念和发展方式消耗大量能源资源。地方政府在执政过程中没有树立科学的政绩观，过分追求 DGP 的发展，导致经济发展消耗掉大量的能源资源，这种以过度消耗能源资源的发展模式使自然环境不堪重负，又导致产能过剩。这种发展模式造成了环境资源短缺、环境污染、水和大气污染、自然环境严重付出的矛盾，无法实现经济的长期可持续发展。"在我国自有自然资源日益枯竭、对外依存度快速上升的背景下，我国未来向国际市场寻求自然资源也将面临重大挑战：一是严重削弱资源消费国的资源贸易能力；二是自然资源已日趋被主要西方大型跨国矿业公司集中占有。"[1] 这种发展模式需要从根本上加以转变。

第二、经济结构转型衍生出的新问题。经济结构转型是由农村的、农业的传统社会向工业的、城镇的、现代的社会转型。转型升级换来的是经济效益的提升和企业人员的裁员，这在客观上也衍生了其他社会问题，比如失业问题、国企职工下岗人员分流问题、国有资产保值增值问题。这些问题解决不好也会给经济健康发展留下后遗症。

第三、市场经济发展不完善、法律不完备、市场主体法制观念淡薄、监管体系不完善也会给经济发展带来问题。市场经济不是万能的，在市场经济中各类竞争主体能力各异、素质差异、产品差异给市场监管造成了麻烦。不法分子和不良商贩投机倒把扰乱了市场，数年前出现的苏丹红事件、三聚氰胺事件、镉大米、毒生姜、地沟油、瘦肉精等食品安全问题让百姓寝食难安。

---

1 波涛：我国经济安全面临六大挑战，《中国证券报》，2011 年 04 月 07 日。

三、敏感问题影响社会稳定

恐怖活动是分离主义的常用手法。分离主义者妄图通过实施恐怖活动破坏国家的稳定，达到分离或独立的政治目的。清华大学阎学通教授认为："冷战结束以来的国际关系史，给我们提供的案例都是分离主义的成功伴随其母国的动乱与衰败，而无一例是分离主义的成功伴随了其母国的经济高速增长。"[2] 我们认为无论分离主义成功与否，所采取的恐怖措施都是对国家安全威胁最直接、最残酷、最隐蔽的一种方式。当前中国国内的恐怖活动呈现出隐蔽与外联的态势。恐怖主义严重威胁到了普通民众的身体、心理与生活安定，破坏了各民族之间的往来和团结，对社会的稳定和国家的安全构成重大威胁。恐怖主义的产生有多种深刻而复杂的原因。中国恐怖主义形成主要受到以下几种因素的影响：

第一、中国恐怖主义受到中亚地缘政治影响。中国西北边陲毗邻中亚地区，该地区已成为三股恶势力对中国进行分裂与恐怖暴力活动的"前沿阵地"。作为恐怖分子的集结地，该地区位于欧亚大陆的心脏地带，东部边缘与中国新疆相连，三股邪恶势力汇集于此。境外的宗教极端势力和民族分裂组织勾结，频频在国内外制造分裂中国的事件，试图扩大国际影响。中国西北边境地区面临着严重的"三股势力"的冲击与挑战。

第二、恐怖主义受到国际社会的影响。这种影响表现为"一方面是不平等、不合理的国际政治、经济、文化秩序，特别是霸权主义强权政治，构成国际恐怖主义产生的根源。西方国家长期以来形成的对盟友的偏袒以及对其他弱小国家的剥削、压迫、欺凌，造成了弱小国家民族对美国的天然仇恨。另一方面，恐怖主义既是一种暴力行动，更是一种社会思潮。"[3] 中国的恐怖主义与国际恐怖主义联系密切，是国际恐怖主义

2　阎学通著：《国际政治与中国》，北京大学出版社，2005 年 7 月，第 268 页。
3　李湛军著：《恐怖主义与国际治理》，中国经济出版社，2006 年 3 月，第 109 页。

的组成部分。中国恐怖主义的主要表现是“疆独”“藏独”等组织实施的恐怖主义行为。“三股势力”在国外建立“政府”“基地”“政党”或“极端组织”，通过网络方式、运用视频手段，向国内传播恐怖信息，指挥国内一些文化程度低和政治觉悟不高的伊斯兰教青年甚至家族成员在国内频繁制造暴力恐怖事件。2013 年以来，国内发生的暴力恐怖事件都与某些国外恐怖势力相勾结，在社会上造成了极坏的影响，不仅破坏了民族关系，而且对国家安全构成了严重威胁。

第三、中国恐怖主义在客观上也受到发展不平衡、教育落后、文化观念陈旧等因素的影响。“近年来，恐怖事件的制造者大部分是心理尚未成熟、文化程度较低的中青年男性，且大多出生于宗教氛围比较浓厚的家庭。他们因对现状不满，并相信以个人的能力能够改变现状，因而经常从事极端活动甚至暴力恐怖犯罪。简言之，年纪轻、文化低、精通网络、生活于虔诚的宗教家庭是这些恐怖分子的基本特征[1]。图 3 反映了恐怖事件与反恐演练趋势。

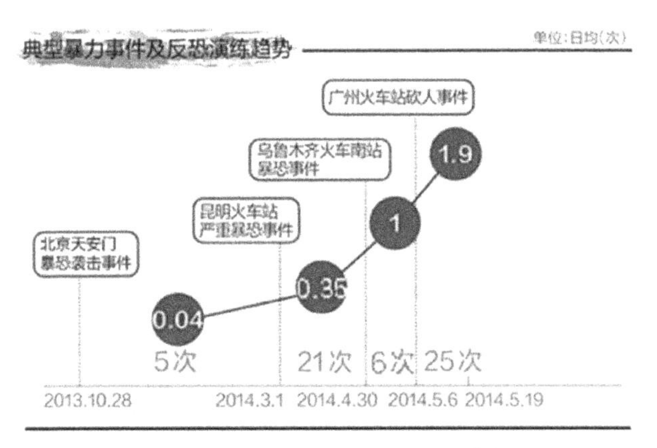

图 3　典型暴力事件及反恐演练趋势图

1　古丽阿扎提·吐尔逊：“东突”恐怖势力个体特征及其发展趋势评析，http://www.guancha.cn/GuLiAZhaTiTuErXun/2014_05_26_232518.shtml.

近年来，国内的恐怖活动表现出与以往恐怖主义事件的明显区别：一、恐怖事件发生的频次逐渐增多，见右图；二、恐怖事件背后政治化趋势明显增强；三、恐怖手段和措施信息化、高端化；四、政府监控和应对举措的滞后性；五、普通百姓的“三无”（无辜、无奈、无措）；六、恐怖事件的地点具有典型性。恐怖地点要么是国家政治中心或是省会城市，要么就是火车站等人流密集的地方。[2]

四、环境污染威胁国民生存安全

环境安全不仅是外部问题，也表现为内部问题，结果也反映在国家内部。环境的外部威胁是传入性的，主要是因为与外部世界相连、相通、共享、共用所引起的。内部环境威胁主要是自己制造的。环境污染对国家安全的威胁远未受到人们的重视。由环境污染环境恶化而造成的对人体危害比起敌人直接开枪杀人的观点在一般民众看来似乎是可以接受的。内部环境恶化对国家安全的影响反映在：1. 空气污染直接影响国民的身体健康。2. 地下水污染影响国民身体健康；江河湖海污染影响其中的水生生物，进而影响国民的身体健康。3. 土地污染影响粮食作物的生产种植最终影响国民的身体健康。4. 噪音辐射等其他污染影响国民生活质量。所有环境问题最终将导致对国民身体健康的影响和国民经济的可持续发展以及国家整体的持续发展。没有国民的健康何来国家的安全？“东亚病夫”的侮辱也是对国家的侮辱。在 2016 年 10 月国家颁布的《“健康中国 2030”规划纲要》中说道“实现国民健康长寿，是国家富强、民族振兴的重要标志，也是全国各族人民的共同愿望。”[3] 如果环境污染得不到控制和改善，国民的健康长寿也只是一句空话，国家也就“身体欠安”了。

2　图表来源：中国产业信息网：http://www.chyxx.com/news/2014/0523/247128.htm.

3　中共中央、国务院：《“健康中国 2030”规划纲要》，新华网，2016 年 10 月 25 日。

五、内部威胁的发展与演变

国家在发展的不同时期面临的安全威胁是不同的。从新中国成立以来中国面临的内部威胁发展特点来看，威胁是随着国家的政治发展、政治斗争和经济发展的状况而变化的。新中国成立初期，中国内部安全威胁就是政权不稳定，政权建设还没有得到巩固与发展，时刻受到台湾国民党当局的干扰和国内潜伏特务的破坏。经过“三大改造”之后，初步建立起了社会主义国家，但是生产力发展非常落后，发展问题成了威胁国家安全的主要威胁，生产上不去，人们的生活水平得不到提高，人们对社会主义就失去了信心。从 1966 年到 1976 年的“文革”十年浩劫，成为了国内最大危机。这种危机是由于中共极左指导思想出现问题造成的，全国性运动对整个国家的稳定、安全生产、人际关系和生产力的极大破坏，国家内部处于极为危险的状态。

中国共产党内部斗争和分裂也是影响国家政治 / 政权安全的一个重要因素。50 年代初期，出现了“高饶反党集团”，文革时期的“林彪反革命集团”都对国家的政权安全构成重大安全挑战。

当然，即使在这样的情况下，外部威胁并没有消除，整个社会主义阵营受到了来自资本主义阵营的威胁，不过国内的混乱成为了国家发展的主要障碍。

改革开放以后，受到国际政治格局的影响，国内安全威胁因素正在发生变化。两岸关系出现缓和，两岸同胞开始接触并互相往来，两岸之间的由阶级、政党威胁变成了“台独”对国家统一的威胁。台湾民进党的“独立纲领”一直是困扰着两岸安全的政治文件。台独势力又与外部势力、外部大国相互利用勾结，内部威胁又掺杂着外部威胁，使国家的和平统一变得非常困难。

另外，由于发展结果不均衡，地区贫富差距较大，个别领域的不公平、不公正情况存在，又导致了更多不利于国家安全的危险因素出现。

经济上贫富差距加大，安全威胁由吃不饱饭甚至饿死人，发展到富者更富，贫者更贫的两极趋势。政治上，腐败问题突出，严重影响了人民群众对中共的信任，影响了政府公信力。政府治理水平、服务意识和处理突发事件的协调能力都有待于进一步加强和提高。在文化精神上，传统文化受到侵蚀，外来文化侵蚀着国民的精神，公民信仰缺失，诚信缺失，道德理念沦丧，国家面临着全方位的内部威胁。国家安全比以往任何时候受到的威胁要严重。

第三节　内外威胁对国家之间安全影响

内部威胁与外部威胁由于时空的相连和人员与事务的往来交流，导致内外威胁互相影响，互相促进，这样就对国家之间的关系产生了影响。2013 年“棱镜门事件”的制造者爱德华·斯诺登的行为所产生影响的绝不是美俄两国之间的关系。所以任何一种威胁都必须放在国际和国内两个空间来考虑。

一、内外两种威胁之间的关系

1. 两种威胁在本质上具有一致性。无论是国内威胁还是国外威胁都会对一个国家的安全造成致命的影响。外部威胁可以亡国灭种，内部威胁同样可以做到。所以，内外部两种威胁在本质上对国家安全来说都是一样的，都是影响国家安全的不稳定因素，这一点是没有任何区别的。不同之处仅仅在于时空的分布不同而已。

2. 两种威胁可以同时存在并交互转化发展。在内外两种威胁的多种要素中，有的威胁是内外统一的，内外一致的，也就说有些威胁因素是不分内部与外部的。这种情况下内部威胁也就成为了外部威胁，比如互联网，就是内外一体的，经济全球化越来越走向经济一体化发展，整个地球形成了你中有我我中有你的地球村。再比如大气层（空气）本身就是一体的，还有病毒、瘟疫、海盗、走私、恐怖主义等等。这些领域在一个国家或地区出现问题就有可能引起全球的反映，这就是所谓的全球性威胁的“蝴蝶效应”。“我国的国家安全环境是内外互动形成的，而非任何一方的作用单独造成。”[1]这种内外威胁在政治上要注意防范。新中国成立以来由于受到外部影响而威胁到中国内部安全的情况也是不少的。毛泽东的诗句“梅花欢喜漫天雪，冻死苍蝇未足奇”正是60年代中国同时面临内外两种威胁的真实写照。[2]再比如，1989年的东欧国家巨变，苏联的解体，对中国也造成了重大影响，最终演变成了1989年的动乱事件，甚至一度威胁到国家政权的稳定。还有，国际恐怖主义和新疆的恐怖主义势力、“疆独”、极端宗教主义相互勾结联合，在国际上、在新疆、内地等场所制造恐怖暴力事件都是内外威胁相互勾结相互支持的结果。

3. 两种威胁可以相互促进。内外两种威胁由于存在本质的一致性和相似性，两种威胁在各自发展进程中可能会出现相互促进相互借力发展的势头。西方国家利用互联网输出颜色革命是两种威胁互相促进的杰作。西方国家凭借先进的互联网技术对其他国家安全构成威胁。他们将“互联网作为发动‘颜色革命’的‘孵化器’。西方敌对势力把互联网作为向中国渗透西方政治制度、意识形态、价值观念和文化思想的‘演兵场’，逐步演变成为策动中国‘颜色革命’的‘孵化器’”[3]。近年来在中亚阿拉伯国家发起的“颜色革命”都是某些国家内部亲西方势力得到西方国家的支持，发动非暴力型的街头政变。一国的颜色革命影响到邻国或相似政权背景的国家和地区。在中国，台湾地区的“太阳花运动”，香港

1　沈丁立：全面认识当前的中国国家安全环境，《探索与争鸣》2011年04期。
2　毛泽东：《七律·冬云》，诗作于1962年，时值国内刚经历三年困难时期，国外反华气焰嚣张。
3　周兵：互联网成为策动“颜色革命”重要平台，《中华魂》2016年第3期。

地区极少数人的“占中”行为，背后都有西方势力妄图通过这些方式使内地发生颜色革命，从而达到不可告人的目的，这种方式已威胁到了中国的国家安全。尽管他们的结果是“痴人说梦”，但是背后的敌对势力应该引起高度的重视。“在这次占中的背后，可以看到某些西方国家的‘身影’。对这些幕后黑手，我们要保持警惕，如果威胁到国家安全，就要及时斩断。现在香港的街头政治，背后都有外部势力干涉的因素。这是一个非常危险的信号，对香港未来的繁荣稳定发展构成了严重威胁。在这方面，香港是没有‘试错’机会的。”[4] 中国社科院法学研究所副所长莫纪宏做出了上述评论。

由于外部威胁具有内生影响特点，中国应该在适当的时候给以严厉的回击，在必要时甚至可以考虑“输出革命”以应对各类颜色革命。

对于外部威胁，中国应考虑采取多种方式途径减少外部威胁对中国国家安全的冲击。一、每当境外区域发生重大事件，应立即采取风险评估措施，预测可能产生的对中国的威胁，以及对应的措施。二、在海外建立各领域 NGO 组织，与所在国进行安全互动，对各个领域广泛接触，施加影响，想方设法地减少对中国的战略和安全威胁。同时，长期关注所在国及地区的安全形势，研究安全态势，在必要时为国内安全保障出谋划策。三、从维护国家安全利益出发，在必要的情况下，或可采取隐蔽措施，组建海外华人安全社团（自救组织或自卫组织）、特别行动队，或者海外利益保护团，保护海外华人华侨利益和生命财产，并在必要时向本国提供安全信息。四、对于活动在域外的特别危险人员、藏独分子、疆独分子、出卖国家核心利益外逃者可采取特别措施加以清除，消除对国家安全造成的隐患。

4. 应对内外威胁要有主次之分，重点解决国内威胁。习近平在论述

4　人民日报：“占中”幕后有黑手　香港没有“试错”机会，2014-10-02。

总体国家安全观时说，"贯彻落实总体国家安全观，必须既重视外部安全，又重视内部安全，对内求发展、求变革、求稳定、建设平安中国，对外求和平、求合作、求共赢、建设和谐世界。"[1] 习近平论述的内部安全和外部安全都要重视，就是说威胁在本质上是相同的，但是并不意味着二者的解决也是同时的一样的。在内外两种威胁中，内部威胁有时来得更直接、更迅速、更严重，所以国家应着重消除来自内部的威胁。北京大学叶自成教授认为"中国的外部威胁是可能的和潜在的，但中国的内部威胁却是现实的并在不断发展的"[2]。今天来自国家内部的威胁是多种多样的，有近期的有长远的，有物质层面的也有精神层面的，有实体层面的也有虚拟层面的，有历史层面的也有制度层面的等等。而对国家安全最具危险性的内部威胁就是执政党的腐败和执政能力建设问题。腐败与执政能力是矛盾的统一体。腐败盛行既是一个执政党执政能力弱化的一种反映，反过来也会威胁到执政党的执政基础，失去民心，最终是要失去江山。

二、两种威胁对国家崛起的影响

无论是内部威胁还是外部威胁，对国家安全都会构成程度不一的影响。从整体来看，两种威胁共同制约着的国家的正常发展或和平崛起。中国在历史上有过多次崛起的机会，不幸的是都与崛起擦肩而过。从安全角度来说，没有认识到威胁对发展的制约，内外形势认识不清，就会对内外局势的认识做出误判，制定的内外政策也就不科学不合理了，最终将会造成失去正常发展的机会。这里有个比较著名的例子就是康熙大帝与工业革命。我们如果从生产力与安全之间的关系来看当时的情况，

1 习近平：坚持总体国家安全观 走中国特色国家安全道路，新华网，2014 年 04 月 15 日。
2 叶自成：今日中国内部安全风险高于外部，资料来源：百度文库资料。

晚清政府的灭亡也就是必然了。生产力发展对安全的作用是两方面的，也就是人们常说的“科学技术是一把双刃剑”，当生产力和先进的科学技术用来维护安全的时候，成为安全保障的手段时，安全保障会得到快速提高；反之，如果科学技术用来威胁人类安全时，安全也会不复存在。在这个生产力发展与个人安全、社会安全和国家安全同步发展的进程中，人们总体上是祈求和平的，是把科学技术用在好的方面的，也就是说科学技术的发展人们总是尽量减少在安全上的威胁。再回到刚才的康熙与工业革命关系的话题，康熙帝执政时与西方的工业革命擦肩而过，实际上也就失去了一次大力提升国家安全保障力的良机。每一次工业革命的到来和发展，对国家安全的发展、保障、能力提升都是革命性的。当然，它对国家安全的反方向作用也是一样的。所以，认清生产力发展对国家内外威胁的可能性状况是完全必要的。当然，康熙帝对来自国家内部的威胁认识是十分清楚的，对少数民族入主中原时刻保持着忧患意识、危机意识，制造出许多文字狱也就在所难免了。

在国家发展的特殊时期，两种威胁对国家发展的制约和阻碍作用是各不相同的，总会受到特定时空的影响。所以要对内外两种威胁进行科学正确的风险评估，并做出预案，避免误判。

三、两种威胁对国家间关系的影响

两种威胁在共同存在的条件下对两国或多国安全的影响是复杂多样的。根据威胁制造者主观意图判断可以把威胁分为主观性威胁和客观性威胁；根据威胁演变的自身性质可以把威胁分为和平性威胁与敌对性威胁。不同的威胁形式对国家间关系的影响也是不一样的。一般说来，人为制造的主观性威胁具有敌对性特征；而自然灾害、全球性疾病、区域共同性问题是属于和平性威胁。一个国家要能够认识清楚其他国家的行为是哪种类型的威胁，以便分别做出相应的反映。

首先，从威胁产生的角度来说，两类威胁存在着主客观因素特征。也就是说，来自一国内部发生的威胁行为对其他国家来说具有主观的、故意的或人为的特点，也可能是客观的不可预料的难以防控的特点。比如中国的沙尘暴或雾霾既影响了中国自身发展，也给周边国家，比如朝鲜、韩国或日本带来一定负面影响。但是，这种影响是由于自然环境的变化，或气候的或环境的变化引起的生态威胁，这种生态威胁是客观性的，非人为主观造成的，是属于和平性质威胁而不是人为发起的敌对性威胁。而韩国在 2016 年 7 月，同意美国在其国家境内部署萨德导弹防御系统，这种行为无论美韩怎么辩解说是“出于防范朝鲜的威胁”目的，都是笑话。这种军事行为就属于主观性的敌对性威胁。据有关资料显示，萨德系统实际是美国弹道导弹防御体系（BMDS）的重要组成部分。弹道导弹防御体系针对敌方弹道导弹主要分三大阶段拦截：即助推段、中段和末段。其中萨德系统（高层防空）和爱国者 PAC-3 防空系统（中低空）主要负责末段拦截，即防空体系的“最后一道防线”，可谓意义重大。[1]而且“对 3500 公里级的弹道导弹具有较好的拦截效果”[2]。对这种主观性敌对威胁，无论是中国、俄罗斯还是朝鲜都是不能接受的。此前中韩两国关系不断向好的方面发展，2015 年韩国总统朴槿惠顶着美国的压力来中国参加纪念抗日战争胜利 80 周年活动。随着东北亚安全局势的发展，韩国不顾中国和俄罗斯的反对毅然决定让美国部署萨德导弹防御系统，严重地破坏了地区安全形势，也给中韩两国关系带来了障碍。韩国的一意孤行也会必然引起中俄两国的反制措施，两国关系迅速走向低谷。

二是，两种威胁效能具有相对性特点，就是说同样一种国际行为或国家行为对邻国、其他国家或整个地区的影响作用是各不相同的。对

---

1 新浪军事：解读韩国部署萨德反导系统对中国有哪些威胁，http://mil.news.sina.com.cn/china/2016-07-08/doc-ifxtwihp9807495.shtml，2016 年 07 月 08 日。

2 同上。

自己国家没有影响而对别的国家可能影响很大，甚至是具有全球性的影响，这种情况属于主观性非敌对威胁。举例来说，巴西亚马逊热带雨林遭到烧荒开垦，这是一种严重破坏自然环境而威胁全人类的行为。据《光明日报》报道，“据统计，自 1978 年以来，巴西热带雨林的被毁面积累计已达 55 万平方公里，占其境内热带雨林总面积的百分之十以上。”[3] 中国网消息，“2001 年至 2010 年期间，巴西一共失去了 169074 平方公里的亚马逊森林，相当于一个州的面积。”[4] 巴西国家为了发展经济而破坏热带雨林行为间接地破坏了“地球之肺”对人类的生存环境构成了威胁。这种行为属于主观性非敌对威胁。

如果一国利用自然环境的变化，或者利用共享自然资源、国际性河流、湖泊、跨国界流动迁徙性性动物来故意危害别的国家或者是威胁到全世界全人类的利益，就属于主观性敌对威胁了，或者说对其他国家、本地区或全世界构成了敌对性威胁。日本在 2011 年 4 月发生的福岛地震核泄漏事件，这对太平洋海洋环境和亚洲北美洲国家带来了一定的影响。2017 年 2 月，许多媒体报道福岛核事故中爆炸的二号机组内测探到了致命辐射剂量，事件过去了六年多了再次引发了人们对福岛核事故的强烈关注和担忧。2017 年 2 月 6 日，中国外交部新闻发言人陆慷表示，对日本福岛核泄漏及其对海洋环境、食品安全和人类健康产生的影响，任何一个负责任的政府都会持续高度关注。“我们也希望日本政府能够就如何采取有效措施切实消除核泄漏事故产生的影响做出负责任的说明。”他说，“这不仅是对日本本国国民负责，也是对邻国人民和国际社会负

3　光明网：http://www.gmw.cn/01gmrb/1999-02/15/GB/17969%5EGM4-1511.HTM.
4　挪威雨林基金会：《2014 热带雨林状况》报告，中国网，http://news.china.com.cn/world/2014-09/19/content_33557656.htm，2014 年 9 月 19 日。

责。”[1] 日本福岛核泄漏事件显然超出了当初人们的想像，超越了中日之间双边关系的范畴，影响整个东北亚、东亚和太平洋地区国家之间的关系。美国政府也对该行为进行跟踪研究分析，并采取措施禁止进口日本的海洋产品。

对于日本福岛核辐射的后果和影响，日本方面一直是模糊处理。所能采取的应对措施不到切尔诺贝利采取措施的百分之一。日本这样做的目的就是要减轻核辐射对他的国际形象的影响，保证中国及其他国家赴日旅游的人数。这种行为对其他国家来说是极其不负责任的。

日本另一个比较突出的国际有害行为就是公海捕鲸事件。日本近年在南太平洋地区以科学考察为借口，在该地区进行肆无忌惮的捕捞鲸鱼事件也对全世界海洋生物构成了威胁，损害的不仅是新西兰等南太平洋岛国的利益，也损害了全世界人民的利益。因为公共海域的资源、生物、水产是属于全世界的。

三、两种威胁对国家之间关系的影响既可以是正面的也可以是负面的。就正面影响来说，一国内部的自然威胁演变成灾害以后，它可以引起其他国家的关注、同情甚至是国际社会的广泛支援，从而可能会产生国际范围的合作或援助。2004 年印度洋海啸给印尼、泰国等东南亚国家和南亚国家造成重大人员伤亡，中国政府迅速作出反应，给予大量的物资、资金和人员的帮助。中国政府的援助显示中国人民以大局为重，不计较印尼政府曾经犯下的反华排华政策错误。2005 年时任总理温家宝在印尼雅加达做了《同舟共济重建美好家园》讲话，发言的开头用了“尊敬的苏西洛总统，各位同事……”，“同事”一词显得格外非同寻常。“同事”一词不经意间反映出中国人对于人类共同利益具备了与时代潮流相

1　新华网：外交部：希望日本就如何切实消除核泄漏事故影响作负责任说明，http://news.xinhuanet.com/overseas/2017-02/07/c_129469318.htm?winzoom=1，2017 年 2 月 7 日。

一致的认知。这一句“同事”，表明了尽管国家间仍有这样那样的矛盾，但国家间仍然可以在某些层面或具体课题上同属一个“单位”，同属一个“家庭”或“社区”，可以合作共事。[2] 温家宝在讲话中强调，“加强区域合作是应对自然灾害的有效途径，我们建议把防灾减灾救灾作为中国与东盟、东盟与中日韩和亚洲合作对话的重点合作领域，加强本地区的防灾抗灾合作。”[3] 在全球化时代，每一个国家在灾难面前都不该袖手旁观，灾难和风险成为推动人类实现跨国合作，推进全球治理，实现区域援助的重要动力，协同应对自然威胁。

2008 年 5 月 12 日，中国的汶川发生了 8.0 级地震，是中国成立以来最大的、破坏性最强的一次地震。地震发生后得到了国际社会的广泛关注和支援。日本、俄罗斯、韩国、新加坡、英国、法国、德国、意大利、印尼、巴基斯坦、古巴 11 国和海峡对岸的台湾同胞紧急救援队参加了救援工作。许多其他国家也给中国捐赠了救灾物资和资金上的援助。从救援的国家名单中，可以看出国与国之间的亲疏冷暖关系。地震结束后不久，中国向上述 11 国赠送“汶川地震国际救援致谢碑”，表达了中国人民对全世界的谢意。中国作为一个负责任的大国，每当世界上有国家遭受重大自然灾害时，中国总能挺身而出，派出救援队、医疗队、物资、资金给予力所能及的帮助。2014 年，中国医疗专家帮助西非国家抗击埃博拉病毒，由此展示了中国负责任的大国形象，也更进一步地加深了中非国家之间的密切关系。

所以，内外威胁反映了不同的国家之间关系。分析研究内外两种威胁对国家之间关系的影响这对于处理国家之间的关系具有一定的指导意义和现实意义。在处置内外威胁、危险或灾难事件中应从国际关系的

2　南方都市报：救助海啸灾区 各国都是“同事”，2005 年 01 月 07 日。
3　温家宝：同舟共济建美好家园，2005 年温家宝出席东盟地震和海啸灾后问题领导人特别会议讲话。

大局看待两国关系，以国家利益为根本原则处理与其他国家之间的安全问题。消除外部威胁努力建设一个和平和谐的世界，消除内部威胁，建设平安中国，为实现崛起，实现中华民族复兴的中国梦提供稳定的内部环境。

第四节　崛起进程中内外挑战塑造了安全困境

一、崛起进程中各类挑战构成安全困境的根源

“安全困境”一词是美国纽约市立大学约翰·赫兹提出的。“安全困境（security dilemma），又叫‘安全两难’，在现实主义理论中，它是指一个国家为了保障自身安全而采取的措施，反而会降低其他国家的安全感，从而导致该国自身更加不安全的现象。”[1] 针对安全困境问题，一部分现实主义者认为只要国际社会的无政府状态的存在，安全困境就很难从本质上消除。中国作为一个新兴大国，它的发展正在不断地改变着世界秩序和国际政治经济格局，在战略目标和战略意图上尽管中国多位领导人强调不称霸、不带头，但是在西方国家眼中中国的崛起对他们来说就构成了挑战。在安全问题上给他们带来了威胁。所以各种版本的“中国威胁论”不断涌现则成为了必然。尽管中国一再声明崛起的中国不会走历史上大国崛起的老路，即“国强必霸”或者通过战争方式实现崛起，西方国家甚至是中国的周边国家对中国依然抱有不信任、怀疑和抵制的态度。整体来看，有以下几方面因素导致了中国崛起的安全困境：

1　安全困境：http://baike.baidu.com/link?url=XVLXec2MBgKSylAkkq96DHHDprZj4nmfOh6qWwaTLXaLGZxwLYG7mETJ-GX9RLy_PVVQixux0Fu7mHXUWID-UcWBX2s8bmVR762_HhsfgpOKV1__h5LTxns0IEkj3V0t.

第一、生产力单方面快速发展导致国家间实力差距缩小，国家间力量平衡打破。中国改革开放以来，生产力不断提高，综合国力整体迅速提升。经济结构不断完善，技术创新不断涌现，经济整体持续稳定发展。尤其在军事、国防、信息技术和空间技术等关键领域有了长足的进步。这从根本上说生产力的大力发展对于维护国家安全保障国家安全的措施、手段、方式方法得到了整体提高，整体上与西方国家与美国的差距在不断缩减。

第二、基于人性恐惧的心理因素。安全问题本身也是一种主观上的心理问题。这就好比两个人是朋友关系时，对方有枪也就是你的枪，对方保持一种有枪的安全感，你也会拥有这样的安全感。反过来说，你与好友反目成仇了，对方有枪对你来说就成了一种恐惧和威胁。对于国家来说也是如此，美国对于英法拥有核武器并不感到威胁，而对于朝鲜伊朗来说拥有核武器就是威胁，就是不安全，就要阻止、限制甚至是制裁他们。所以，"安全困境"的核心问题是国家间的恐惧感和不信任感。巴特菲尔德把这叫做"霍布斯主义的恐惧"（Hobbesian fear）。在这样一种局面下，你会对其他国家有现实的恐惧感，别国也会对你有同样的恐惧感。也许你对别国根本无伤害之意，你所做的只是一些平常不足为奇的事情，但你无法使别国真正相信你的意图。你无法理解别国为什么会如此的神经质。反之亦然。[2] 中国的崛起让美日等西方国家感到不适，奥巴马政府的"亚太再平衡战略"、韩国在朝鲜半岛部署"萨德导弹系统"同样让中国产生危机感。在这种情况下，双方判断对方是有敌意的、是非理性的，也不可能相互获得安全的保证或承诺，就是这种"安全困境"得以产生。[3]

2　同上。
3　同上。

第三、基于冷战思维或意识形态因素形成安全困境。美苏对峙的冷战格局早已瓦解，当前国际关系进入后冷战时代，而冷战思维在西方国家处理与俄罗斯和中国的关系上、在东北亚地缘政治上依然存在。“西方针对俄罗斯的冷战思维幽灵依然游荡，其针对中国的冷战思维同样也在飘荡，这种基于意识形态的偏见正在深刻地影响着中国的国家安全。”[1] 其实西方国家的冷战思维一直没有真正退出历史舞台。为了防范苏联势力东山再起，欧盟和北约东扩，大力压缩俄罗斯战略空间，煽动颜色革命，甚至干涉俄罗斯大选。奥巴马执政的八年时间就是美俄之间、普京与奥巴马之间围绕干预反干预、斗争反斗争和制裁与反制裁之间的较量。而西方国家对于中国的冷战思维在行动上体现更是赤裸裸的。“西方针对中国的冷战思维之表现形形色色，并正在逐步升级成为一个系统，突出表现在三个方面：一是针对中国力推“亚太再平衡”；二是联手牵制中国崛起；三是“颜色革命”阴魂依旧不散。”[2] 另外，从台海关系来看，还应该加上一条，就是美国长期保持与台湾的所谓特殊关系，出售武器给台湾，开展高层军事交流，插手台湾问题，这严重干涉了中国内政和国家统一进程。美国这一切行为的根本原因还是冷战思维和意识形态作祟的结果。沈丁立教授还认为，美国等西方国家固化对中国相处的冷战思维以及制衡举措，虽不能阻挡中国的和平崛起，但也对中国的和平发展与国家安全产生阻碍。[3] 从更大的空间看，当前朝鲜半岛核问题和东北亚的安全态势是二战结束后冷战格局典型的代表，是冷战思维的最后的余孽。东北亚大国对抗激烈，局势复杂多变，而且随着韩国萨德导弹系统引入进一步加剧了地区的紧张局势。

1　沈丁立：冷战思维的幽灵依然在游荡，国际先驱导报网络版，2015-12-30。http://ihl.cankaoxiaoxi.com/2015/1230/1041082.shtml.

2　同上。

3　同上。

第四、全球化进程中国家利益获得的途径方式的不公平造成了利益结果的不均衡。国家利益是衡量国家间关系的尺度。在经济全球化进程中，由于西方国家主导全球化的进程，西方国家通过制度设计，保障自身利益，实现对发展中国家或新兴国家的资源掠夺、资本输出、技术垄断和利益压榨，甚至在是否承认市场经济地位问题上对中国予以否决。市场经济地位之争本质上就是利益之争，他们用“替代国”的做法遏制住中国的咽喉，也是美日欧西方国家对中国经济发展的一种扼杀。在客观上既违背了 WTO 贸易规则，也违背了自由贸易的精神，这是对中国经济赤裸裸的打压和变相掠夺。1998 年的亚洲金融危机和 2008 年的全球金融危机对中国的经济安全构成了严重威胁。

二、传统安全困境与非传统安全困境的叠加

当今国际社会，经济全球化正在向纵深发展，每个国家在走向现代化的过程中，无论是后现代国家还是现代国家在国家安全的议题上都不轻松。尤其是对于中国这样正处在战略历史机遇期的国家，实现崛起实现中华民族的伟大复兴，是非常不易的。在中华民族崛起的进程中，无论是决策者还是普通百姓，都必须能够清楚而理性地看待这样的现实：“传统安全的威胁阴影尚未消除，种种非传统安全威胁已不断凸显，传统安全威胁与非传统安全威胁的相互交织正在构成新的‘不安全的时代’。”[4] 现实国际社会的发展使人们认识到，要分清楚哪些问题属于传统安全问题哪些问题是属于非传统安全问题已经十分困难了，在一定意义上来说划分哪些问题是属于传统安全哪些是属于非传统安全没有必要，这就好比用传统蚊香和使用电蚊香液杀死蚊子是没有多大的区别的。

第一、传统安全会随着国家的存在而一直存在。国家是由领土、国

4　余潇枫等主编：《非传统安全概论》第二版，北京大学出版社，2015 年 10 版，第 7 页。

民、文化等各类复杂因素组成的综合体，这些复杂要素都会影响到国家安全。传统安全虽然在表面上表现为政治问题和军事问题，但实际上影响两国关系的政治问题会随着历史问题、文化问题、领土争端问题的存在而存在。另外，国际社会中存在着结构制约、阶级差别、宗教矛盾或意识形态差别也会有传统安全问题的产生。

第二、非传统安全问题使传统安全问题变得更加激烈，解决难度加大。由于非传统安全问题具有安全主体多样性、问题复杂性、外延性和解决问题的合作性，带有这些特征的非传统安全问题与传统安全问题搅和在一起，使传统安全问题更加难以解决，传统安全问题变得更加复杂了。

第三、二者相互影响渗透发展但问题的本质没有改变。这在学术层面上和国家安全决策层面上来说没必要分清楚二者的界限和领域了。因此，在理论认识上、学术研究上和安全决策上，以“总体国家安全观”为统领比较适合中国的安全国情。

三、崛起进程中安全困境的破除

现实主义理论认为国际社会只要无政府状态存在，安全困境就会发生。那么一个国家在其发展的特殊阶段，比如崛起阶段或衰落状态下，它所面临的安全困境是什么样子的呢？崛起阶段和衰落阶段分别是国家发展的两种相反的状态。每一个状态都会产生安全的或是危险的状态，崛起和衰落与安全和危险，就产生了四种国家发展的安全困境模式：一、崛起是安全的；二、崛起是危险的；三、衰落是安全的，四、衰落是危险的。认识了这个问题对于理解和把握一个国家发展进程中面对的各类安全问题具有重要意义。这四个变量之间的关系可以用坐标方式展示。见图4。

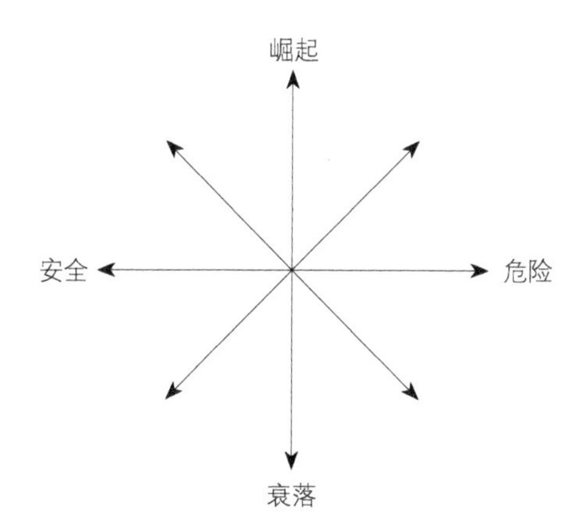

图 4　国家发展状况与安全关系图

每个国家在其发展的历史过程中都会遇到上述图标所描述的安全状况。中国在鸦片战争之后到辛亥革命之间的这段时期处于衰落的危险期，处于第四象限的展示情况。改革开放以后，中国各项实力不断发展，出现了“崛起”趋势，而在这段时期由于受到内外各种安全因素的影响国家安全处于“安全 — 危险”的摇摆时期，反映在坐标上可能会形成“S”型“安全 — 危险”变化曲线。这种 S 型安危态将伴随着中国崛起很长一段时期。在特定情况下国际关系结构状态制约下，中国崛起过程中不会一帆风顺的，有爆发战争的危险。对于中国如何实现在安全状态下实现崛起的目标考验着中国共产党的执政能力和执政水平。认识四个变量之间的关系对于国家发展过程中的“安全 — 危险”关系具有一定的意义。

第四章 国家崛起进程中安全实现的路径选择

国家的主权、国家的安全要始终放在第一位，对这一点我们比过去更清楚。

——邓小平[1]

面对新形势新挑战，维护国家安全和社会安定，对全面深化改革、实现“两个一百年”奋斗目标、实现中华民族伟大复兴的中国梦都十分紧要。

——习近平[2]

中华民族到了最危险的时候，每个人被迫着发出最后的吼声。

——田汉

保障和维护国家安全最主要的、最可靠的、最安全的还是要靠我们自己。一个国家或民族想要长久地屹立于世界民族之林，就是要不断强大、不断发展，苦练内功，实现富强。时刻牢记“落后就要挨打”的铁律。同时我们也要时刻警惕，居安思危。教育我们的子孙后代要有危机意识、国家意识，天下意识，并使上下一心，军民同体，那么无论强大的敌人都是打不垮我们伟大的中华民族的。这就叫“天助自助之人”。另外，我们还要处理好对外关系、处理好与大国之间的关系、处理好与其他发展中国家的关系，与世界各国一道共同参与全球治理实现世界的长久和平。做到“各美其美、美人之美、美美与共”的“和平互助”之道。

1　邓小平著：《邓小平文选》第三卷，北京：人民出版社，1993 年版，第 348 页。
2　习近平著：《习近平谈治国理政》，北京外文出版社，2014 年版，第 202 页。

总之，崛起进程中实现国家安全要走“自助 + 互助”的安全实现模式。本章分别从两个维度，即“自助”维度和“互助”维度的四个方面 —— 物质力量、精神力量、全球安全治理、和“一带一路”倡议 —— 论述如何保障和实现国家安全。

第一节 集聚国家安全保障的强大物质力量

一、始终坚持以发展为中心不断增强国家综合实力

当今，综合国力的竞争已经成为国际关系的基础。“对于发展中国家来说，不发展就是一种不安全，而贫困化就是最大的不安全。”[3]“贫困带来问题”这一点无论是对于一个国家内部来说还是对于国际社会来说都是这样的，已被无数历史事实证明了这一点。习近平提出的总体国家安全观强调“既重视发展问题，又重视安全问题，发展是安全的基础，安全是发展的条件，富国才能强兵，强兵才能卫国。”[4]在 2017 年 1 月，国务院新闻办公室发表的《中国的亚太安全合作政策》白皮书中强调，“扩大经济利益融合是国家间关系的重要基础，实现共同发展是维护和平稳定的根本保障，是解决各类安全问题的‘总钥匙’。”[5]所以，发展问题无论是对于发达国家还是发展中国家都是保持国家稳定的根本性问题。

1. 不断加强经济建设努力提高综合国力。一个国家经济实力强大虽然不一定给国家的安全带来保障，但是经济的发展为维护国家安全提供了强大的物质基础，是国家安全的硬实力保障。

---

3 李少军著：《国际政治学概论》（第四版），上海人民出版社，2014 年版，第 266 页。

4 中国政府网：中央国家安全委员会第一次会议召开 习近平发表重要讲话，http://www.gov.cn/xinwen/2014-04/15/content_2659641.htm.

5 国务院新闻办公室：《中国的亚太安全合作政策》白皮书，人民出版社，2017 年 1 月，第 1 页。

第一，中国经济总量位居第二但是经济发展质量还有待于提高。国力的实现既要看经济发展的总量，也要看经济发展的质量。目前中国经济发展总的体量已经很高，但是经济发展的质量不是太好。当前中国经济发展迎来了“新常态”，发展速度降低，经济结构正在转型升级，经济发展的驱动力也在发生着变化。在这转型升级过程中国家的经济发展不平衡，供需之间矛盾突出，国家虽提出“供给侧结构性改革”，但是效果不明显。房价虚高，实体经济发展乏力。政府对于住房、医疗、教育等领域的改革还与人民群众的要求存在差距。市场经济缺乏有效监管和个别行业的过度监管。百姓对食品安全问题、清洁空气、干净的水资源等问题具有迫切的要求。国家必须从维护公民生命财产安全的角度出发发展好经济，增强自主创新能力，在国际市场竞争中培育更多的具有竞争的优势产品和优质服务。不能在国际贸易中给人留下中国商品假货多、山寨产品多的印象。

第二、提高经济的抗风险能力。提高经济抗风险能力首要的还是实体经济发展运行良好。目前中国实体经济发展状况并不乐观。据《财经周刊》消息，“近年来，中国实体经济遭遇重重困难，面临创新能力不足、投资回报率低迷、综合成本持续上升以及部分金融资本空转等挑战。”[1] 实体经济与虚拟经济是对立统一的，实体经济根基发展牢固了虚拟经济才会更加旺盛，抵御外部风险的能力才能更加强大。在国际贸易战中才能取得稳步地位。2017 年中国经济面临着内外双重压力，李克强总理在 2017 年政府工作报告中这样阐述了中国经济面临的内外压力，“回顾过去一年，走过的路很不寻常。我们面对的是世界经济和贸易增速 7 年来最低、国际金融市场波动加剧、地区和全球性挑战突发多发的外部环境，面对的是国内结构性问题突出、风险隐患显现、经济下行压力加大的多

1 胡舒立：以实招提振实体经济，搜狐网：http://www.sohu.com/a/130852068_460391.

重困难，面对的是改革进入攻坚期、利益关系深刻调整、影响社会稳定因素增多的复杂局面。”[2] 在这样的情况下中国经济基本稳定发展是十分不易的。然而，在 2017 年 8 月，美国特朗普政府宣布对中国启动“301 条款调查”，对美国实行贸易保护主义，要对中国开展经济制裁。美国贸易调查启动后，中国在捍卫自己的合法权益上立即做出反应，连续发起两项对美反倾销调查：8 月 22 日和 8 月 30 日，商务部宣布对美国开展反倾销调查。对美国经济霸权主义行为，中国没有义务拯救美国的经济。美国自身日用品生产和制造业发展坡脚，美国民众自愿选择中国的产品，美国的高科技产品却对中国封锁，这一切看似滑稽的贸易行为是美国自身造成的。美国此次对中国启动的“301 调查”主要针对的是高科技领域中的知识产权问题，而高科技产业是中国产业升级的重要领域。“中国只有加速发展高科技产业链、不断提高自主创新能力才能真正化解美国的压力。”[3] 当然，从整体来看如果中国经济体系自身发展不够成熟完善也是无法与美国抗衡的。

第三、提高应对和防范国际金融风险能力。1930 年的西方金融危机导致西方经济大萧条。1998 年亚洲金融危机和 2008 年世界金融风暴给亚洲国家和世界经济造成了重大损失。金融危机的发生让人们看到它对国家经济发展的危害性。金融危机的发生很大程度上导致经济危机的产生。国际金融危机的爆发理论根源在于西方的新自由主义思想。“新自由主义的推行必然导致金融危机和经济危机，加剧全球经济动荡，严重损害世界各国尤其是发展中国家的经济和金融安全。”[4] 广大发展中国家和新兴国家应从金融危机中学会应对金融危机，做到吃一堑长一智。要提高

2　李克强：《政府工作报告》，2017，中国政府网，http://www.gov.cn/premier/2017-03/16/content_5177940.htm.

3　陈亮：“301 条款的前世今生”，微信公众号：上海美国研究，2017-08-30。

4　李慎明：从国际金融危机进一步认清新自由主义的危害，《红旗文稿》，2010-03-29。

应对金融风险的能力，既不盲目吸引外资，也不盲目对外投资，要对域外金融产品、金融服务、资本的流动进行风险评估，严格监控，不断提升防范金融风险的能力。

第四、对经济建设中的战略物资和敏感器材加强管控。战略物资或敏感特殊器材在国家生死存亡中、在战争中或在国家发展战略中发挥着特殊作用。必须对战略物资、特殊物品、特殊资源和战略敏感器材从战略的高度加以重视。历史上，因特殊物资发挥特殊作用而改变国家命运的情况有很多。比如，大秦帝国的崛起与继承了西周的冶铁技术有重要关系。汉武帝刘彻统治时期掌握了匈奴制造兵器的冶铁技术，对改变西汉帝国的命运有重要帮助。英国在第一次世界大战中率先使用了坦克，扭转了战争局势。美国在二战中首次使用了原子弹，完全扭转了战争的局面，书写了人类战争新的历史。因此核材料、核技术、核装备成了维护国家安全的重要而敏感的物品。在现代国际政治中，外部安全状态十分复杂的环境下，国家要管控好战略物资和具有战略作用的特殊器材、工具和物资。稀土、钨、大型挖泥船、疏浚技术等等都要实行严格管控，禁止随意出口。这与美国等西方国家长期以来限制对中国高科技出口的道理也是一样的。

2. 与国际社会合作促进世界各国共同发展。中国的发展不是追求“一枝独秀”的效果。中国是要通过自身发展带动其他国家发展，带动广大发展中国家一起发展，要实现的是“百花齐放春满园”的效果。经过近 40 年的改革开放，中国的发展为世界许多其他国家提供了“快车”“便车”。[1] 中国的高铁、支付宝、共享单车、网购成了中国“新四大发明”。要让

1 在世界经济论坛 2017 年年会开幕式上，习近平提出中国张开双臂欢迎世界其他国家搭乘中国发展的快车和便车。当前世界各国搭乘中国便车的情况很多，如，英国的摩拜单车，印度的高铁建设，印尼的支付宝等等。中国为世界发展提供“快车”“便车”是实实在在的，中国的发展为世界提供了很多现实案例，而不是西方学者描述的那样中国搭乘他们的便车。

“新四大发明”走出国门，让世界更多人享受到工作、生活和娱乐的便利。中国应通过各类双边和多边合作机制、平台、愿景加强与世界各国的联系，深化互利合作。继续做好“一带一路”愿景发展规划，做好“五项联通”工作。[2] 利用“金砖国家”平台做好“金砖+”后续合作扩容工作。

合作共赢是实现共同安全的基础和有效途径。当今国际社会市场竞争激烈，国际贸易中“零和”思维还依然存在。中国高铁、中国军备、中国装备在国际市场经常遭受到亚洲个别国家的恶性竞争导致合作中断。中国历来重视与相关国际的友好关系，即使是在贸易领域也是如此。中国国家主席习近平在多次重要的外交场合提出国际社会“合作共赢”理念。如在海南亚洲博鳌论坛、一带一路高峰论坛、金砖国家峰会、G20峰会、联合国大会等多边外交和多种国际会议论坛机制。中国国家领导人反复阐述合作共赢的理念根本目的是要实现双边多边共同发展，共同进步，最终实现共同安全。“只有合作共赢才能办大事、办好事、办长久之事。”[3] 现代国际社会“零和”思维已经过时，因为现代国际社会很多事情需要大家一起合作才能完成，一个国家不可能独善其身。合作才能实现双赢、多赢，实现共同发展和进步。

中国提倡的合作共赢不仅是经济领域的合作共赢。合作共赢也是在政治、安全、外交和文化领域的合作共赢。合作共赢也是地区的国家和全球国家的合作共赢。中国在国际社会不仅提倡合作共赢的理念，也在与世界各国共同努力在经济、政治、安全、文化等各领域开展实践工作。

3. 打破经济和贸易壁垒在逆全球化形势下实现经济突破性发展。“近年来出现的各种形式的保护主义、分离主义在内的‘逆全球化’，甚至是

2　五项联通是指：政策沟通、设施联通、贸易畅通、资金融通、民心相通，习近平于2016年8月17日，一带一路工作座谈会上提出。

3　习近平：合作共赢才能办大事、办好事、办长久之事，人民网，2015年03月28日，http://world.people.com.cn/n/2015/0328/c157278-26764196.html，[2017-09-10].

'去全球化'的现象，不仅影响了经济全球化的深入发展与合作，也导致全球贸易增长受到重创。"[1] 当前世界经济发展低迷是造成逆全球化现象的根本原因。英国宣布脱离欧盟，美国退出《巴黎气候谈判协定》，美英两国的行为举措使世界经济发展前途不明。西方国家之所以在全球化浪潮中实行逐步退缩的贸易保护主义是因为本国内部的经济发展、财富分配和就业出现了问题，内部问题转化成了贸易保护主义。"贸易保护主义只是第一步，以后解决不好的话，地缘冲突也可能发生。这是世界历史的逻辑。"[2] 美国等西方国家在全球化浪潮中的退缩，对于中国来说既有挑战也面临着更大的机遇。台湾大学教授朱云汉认为"西方国家主导的全球秩序以及维护全球治理机制的意愿与能力明显弱化的同时，传统核心国家的重要性在全球经济体系里快速下降，过去欧美领导角色的真空将很有可能由以中国为首的大型新兴市场国家填补"[3]。中国作为新兴市场国家，它在世界经济中的作用越来越至关重要，在国际贸易中中国的话语权也变更加具有影响力。2017 年 9 月 12 日中国与六大国际组织举办的"1+6"圆桌会议，既清晰地表明了中国经济的发展实现了成功转型，也表明世界经济对中国的信任和认可。

中国接下来要做的事情就是经济上要练好内功，把国内经济发展好，这样才有动力、才有实力、有信心担当起全球化潮流的领跑者。"外部的崛起，完全取决于国内可持续的社会经济的发展。这个关系要搞清楚。"[4] 郑永年的分析对于中国在逆全球化潮流中实现崛起具有重要的参考

1　张茉楠："特朗普主义"下的逆全球化冲击与新的全球化机遇，中国经济时报公众号，2017 年 02 月 16 日。

2　郑永年：这轮"逆全球化"是中国的好机会，新华网，时政频道，(2017-01-16)，http://news.xinhuanet.com/politics/2017-01/16/c_1120319391.htm,[2017-09-11].

3　朱云汉：逆全球化潮流下全球秩序重组与中国担当，2017 年 9 月 1 日人大重阳学院演讲稿，资料来源观察者网，http://www.guancha.cn/ZhuYunHan/2017_09_07_426062_s.shtml,[2017-09-11].

4　郑永年：这轮"逆全球化"是中国的好机会，新华网，时政频道，(2017-01-16) http://news.xinhuanet.com/politics/2017-01/16/c_1120319391.htm[2017-09-11].

意义。中国政府在多个外交场合阐述了支持全球化发展的立场，为世界经济持续注入动力。

二、实现自主创新提升国家科技实力

在国际政治中，权力的发展总是与前沿技术的发展相伴相生，国际政治权力的获得与技术的创新是如影随形。比如蒸汽机与海权论，火车与陆权论，飞机与空权论，宇宙飞船与天权论，信息技术与网权论等等。而这些海权论、陆权论、空权论、天权论最终涉及的都是国家安全。最终，科技因素变成了既是国家安全的内容也成为了维护国家安全的力量。同时，科技因素也是国家安全主体与客体的统一，是内容与手段的统一。维护国家安全必须重视科技的力量。关于科技与国家安全的关系，恩格斯有这么一句名言，“一旦技术上的进步可以用于军事目的并且已经用于军事目的，它们便立刻几乎强制地，而且往往是违反指挥官的意志而引起作战方式的改变甚至变革。”[5]对于国家来说必须时刻发展科学技术，时刻关注科学技术的发展。科技发展的终极目的应该是服务人、替代人、保护人、给人类带来福音，而不是相反——去杀人、去害人、去消灭人！而科技的两面性都被人类发展到了极致。特别是科技发展的负面影响，科技发展已到了让人类毁灭无数次的地步。古人尚且知道“杀人亦有限，列国自有疆”[6]。今天，地球上的每一个国家、国际组织、地区都必须认真思考科技因素给人类带来的负面作用。

第一、全面抑制科技因素对国家安全造成的负面影响。科技因素对国家安全的负面影响体现在各个领域。首先是在战争中科技的毁灭性使人类早已目睹。日本的广岛和长崎的核战遗毒继续存留。日本在二战中

---

5 《马克思恩格斯军事文集》第 2 卷，战士出版社 1981 年版，第 362 页。

6 杜甫：前出塞九首·其六。

使用的生化武器，美国在越南战争中使用的“橙剂”让交战双方都刻骨铭心。在国家层面上，政府应竭尽全力消除科技因素对国家安全的负面影响。科技负面因素对国家安全的影响要做到“预先评估，积极防范，严格管控，重点区分”的原则做好各个领域各个层面的防范和管控工作。对太空、国防、生物、核能、食品、关键工程（比如三峡大坝、核电站等）等关键领域的科技状况进行风险和灾害评估。对每一个国家出现的新技术、新事物、新材料等开展威胁或灾难评估，主要对未来可能会对人类造成的影响进行评估。比如克隆技术、人工智能、转基因食品对人类的危害究竟会怎样。美国孟山都公司的转基因农产品的危害究竟会怎么样要进行严肃认真的科学研究论证，把一切科技的危害降低到最低点。

第二、不断进行科技创新增强国家安全的防御力量，打造好维护国家安全的科技之盾。当今科学技术的发展日新月异。如何把飞速发展的科技力量变为维护国家安全的防御力量，打造好我们的盾牌也是维护国家安全的一种重要方式。当前中国在科技领域中某些方面实现了重大突破，“黑科技”不断涌现。所谓“黑科技”网络上的一般解释是指“远超越现今人类科技或知识所能及的范畴，缺乏目前科学根据并且违反自然原理的科学技术或者产品。”[1] 如果以这种方式解释科学技术发展的程度的话，那只能是在科幻小说中。“黑科技”的最佳理解应该为科学技术发展的最高水平，这样理解还是比较合适的。2017 年 5 月贵阳市发布了 2017 年“中国十大黑科技”，其中智能机器人、光量子计算机、360 智能防火墙、柔性手机等技术值得关注。另外在太空领域更加值得关注的是 2016 年 8 月中国发射的“墨子号”量子通讯卫星，外界对它的评价极高，美国《华尔街日报》称，“预计此次发射将把中国推进到科学界最具挑战领域之

---

1 百度百科：黑科技，https://baike.baidu.com/item/%E9%BB%91%E7%A7%91%E6%8A%80/10563341?fr=aladdin.

一的最前沿。”澳大利亚新闻网称，此次发射“可能会被证明是中国获得全球支配地位的决定性时刻”[2]。量子通讯卫星的发射可能永久解决信息安全问题。

第三、科技创新不断提升维护国家安全的作战力量，打造出维护国家安全的锐利之矛。防御与作战是同一种安全形态的两个方面。科学技术运用到安全领域也涉及防御和作战。“科技的正面价值，或者对一个群体或阶层的正面价值，在应用中有可能成为另一群体或阶层的噩梦。”[3]科技的正面价值要使用在正义事业上，要使用在正义战争上，要使用在“不得已”的时候。这种情况也就是类似于中国强调的“不率先使用核武器”的承诺一样。在维护国家和世界的安全上问题上，一个国家需要利用何种程度的科技因素或者说科技因素运用到军事装备上、战场上的程度问题如何有时是很难确定的。也就是说军事的科技化发展程度的依据是什么要搞清楚。一个国家既不可盲目地、过分地研制先进武器，也不可停滞不前，固步自封。安全领域科技要素的利用要与国家或国际社会所面临的安全态势保持一致或是适度超前。国际社会上维护和平的国家常以“最强者”的“最先进武器”为参照点，或者说以霸权国家为安全维护的参照点，研制非对称性战略防御技术，占领国家安全维护的科技制高点。当战争爆发时要能够拥有克敌制胜的利器，达到不战则已，一战完胜的效果。

三、加强军事变革提升维护国家安全的军事能力

军事力量对于维护国家安全的重要性自不必说。尽管当今世界整体

---

2 青木：中国发射量子卫星震动世界 或永久解决信息安全问题，环球网，(2016-08-17)，http://world.huanqiu.com/exclusive/2016-08/9317916.html，[2017-09-18].

3 邓线平：警惕科技的负面效应，《大众日报》，2016-10-12。

和平的状态没有改变，但是世界依然并不太平，世界依然“很乱”，国际社会依然存在着现实的和潜在的战争威胁。亚太地区正日益成为国际竞争的热点和大国博弈的焦点。中国作为一个正在崛起的新兴大国，要实现强国的梦想，必须发展与其国际地位相适应的军事力量。同时，中国还是维护世界和平的重要力量。维护世界和平是需要军事实力的。当今国际社会强权政治和霸权主义并没有消失，反而以一种伪装的和更加巧妙的方式存在着。它们恩威并施，硬实力（武力）和巧实力并用，让他们的价值标准所认为的“独裁的”“流氓的”“落后的”统治者下台。伊拉克、利比亚、叙利亚国家的发展道路再一次证明了一个国家没有强大统一的国防，人民注定是要吃苦头的。“兵者，国之大事，死生之地，存亡之道，不可不察也。”[1]国家在危机四伏的状态下，国家发展要想获得实现，必须不断地开展新军事变革，不断提升维护国家安全的战斗力。

一、加强新军事变革提升应对国际安全的整体军事实力。当前世界各国和中国的新军事变革正在向纵深处发展。世界各国的军事变革带来国际力量的显著变化。西方国家在军事变革中凭借着人才实力、科技实力和经济实力，新军事变革成效显著。这对于广大发展中国家来说带来巨大的挑战。国防大学副校长毕京京认为：“我军现代化水平与国家安全需求相比差距还很大，与世界先进军事水平相比差距还很大；我军现代化水平与打赢信息化条件下局部战争的要求不相适应、军事能力与履行新世纪新阶段我军历史使命的要求不相适应的矛盾依然十分突出。”[2]同时新军事变革也为发展中国家发展自身的军事力量带来了机遇。“军事变革是技术革命与创造性思维相结合的产物。如果说技术革命是军事革命在物质上的推动力量，那么，创造性的思维是军事变革在精神上的推动力

1　孙武：《孙子兵法·始计篇》。
2　毕京京：强军梦：实现中国梦的坚强力量保证，人民网《人民日报》，2013 年 07 月 31 日。

量，是贯穿于军事变革中的活的灵魂。”[3] 中国在未来新军事变革进程中必须占领改革制高点，实现军事发展和武器装备的新突破。

强国就要强军，这是历史的铁律。中国的强军目标是建设一支“听党指挥、能打胜仗、作风优良”的现代化军队。而要打造这样的一支军队只有进行彻底的军事改革才可获得。古往今来的军事强国几乎没有不经历过变革的，即强国必强军，这是历史的铁律。例如，大秦帝国、雅典帝国和古罗马帝国。三大帝国的强盛在军事上给我们的启示就是军事力量不断改革。古罗马军队在遇到劲敌时总是进行快速变革，他们想方设法在兵源上、编队、武器、纪律等方面进行了一系列改革。特别值得一提的就是古罗马帝国崛起过程中马略的一系列军事变革，变革后罗马军团的战斗力大大增强。今天，中国的新军事变革正在进行。中国军事变革的空间领域由传统的海、陆、空发展到海、陆、空、天、磁（电）五位一体军事变革。尤其是太空和网络电磁空间的新型安全领域军事力量更要维护。

提升战斗力还要历练军人的血性。武器装备是战争的一个方面，军人的气概和精神是战争的另一方面。我军是诞生于新民主主义革命时代的一支人民军队，经历过战争的洗礼和历练，具有不怕吃苦，不怕牺牲的战斗精神。然而，改革开放以来，随着经济建设的需要，部队的职能发生一定改变，部队由“保家卫国”转成“保家卫国 + 维护和平”了。由于军队长期不打仗，和平积习现象出现，甚至社会上的一些问题，如腐败和不正之风等问题也慢慢在军队中滋生。要加强对官兵的国家观念和理想信念的教育，从严治军，强化官兵敢打必胜的战斗精神，培养官兵的血性、狼性与英勇顽强的精神。国家每年招募的士兵很多都是独生子女，小鲜肉，娇宝宝，这些士兵能否经得住训练，在战场上能否真正杀

3　杨中锋：新军事变革中的国际政治效应，吉林大学，2005 年硕士学位论文。

敌关系到国家的安全、稳定与繁荣，没有经过严格的训练是无法承当如此重任的。

二、加强军民融合发展提升整体应对能力。国家安全的获得不仅靠“军”还要靠“民”。“兵民是胜利之本”，兵民也是国家安全之本，军民融合对国家安全意义重大。2015 年 3 月，两会期间，习近平强调要把军民融合发展上升为国家战略高度。2017 年 6 月，在中央军民融合发展委员会第一次全体会议上习近平强调“把军民融合发展上升为国家战略，是我们长期探索经济建设和国防建设协调发展规律的重大成果，是从国家发展和安全全局出发作出的重大决策，是应对复杂安全威胁、赢得国家战略优势的重大举措”[1]。军民深度融合成为国家和时代发展的迫切需要。“国防不只是军防，仅靠军队来搞国防建设是远远不够的。以军带民，以民促军，国防建设和经济建设相互促进、协调发展，是世界各国发展的普遍规律。”[2] 军民融合发展上升到国家安全的高度，它的意义在于国防建设可以从经济建设中获得物质支撑和发展后劲，而经济建设也可以从国防建设中获得安全的保障和技术支持。双方互惠互利，相互促进，协调发展。

在中国，军民融合发展已具有光荣的历史。自新民主主义革命以来，中国革命的胜利、社会主义革命的胜利和改革开放的成功从来都是属于军和民共同的。革命时期，根据地的百姓不仅为红军送盐、送吃的送穿的，还把唯一的儿子送去当兵打土豪。毛泽东领导的秋收起义很多士兵都是来自农民家庭。抗日战争时期，军民联合抗击日军，在军事史上中国人民发明了地道战、地雷战和麻雀战等新型作战形式。解放战

1 国家军民融合公共服务平台网：习近平主持召开中央军民融合发展委员会第一次全体会议，(2017-06-21)，http://jmjh.miit.gov.cn/newsInfoWebMessage.action?newsId=417962,[2017-09-23].

2 毕京京：强军梦：实现中国梦的坚强力量保证，人民网《人民日报》，2013 年 07 月 31 日。

争时期，人民用小推车支援前线解放军。新中国的建立不仅仅是依靠军队，也是人民的力量建立了新中国。改革开放以来，军民融合、军民联合、军民合作才使得我们的国家变得越来越强大。当前，中国的发展面临着内外各种安全威胁，这依然需要依靠军民的融合才能战胜风险，打击敌人，消除隐患，最终让人民过上国泰民安的幸福生活。

军民融合不只是技术上的事，军民融合首先是军民思想的深度融合，军民思想与国家思想的高度统一。国家安全不仅是军方的事情，国家安全更是每一个公民的事情。树立国家安全意识、安全观念和危机意识是全体国民的义务。保家卫国是每一个公民的职责，这种观念必须军民统一、上下统一、全国统一。军事家孙武认为，在对外作战上必须让百姓与统治者的思想观念达成统一，百姓才可以自愿为之赴汤蹈火，奉献一切。《孙子兵法》中把这个道理放在了第一重要的位置。它说："道者，令民与上同意也，故可以与之死，可以与之生，而不畏危。"[3] 军民与执政者或其他阶层的思想统一是战胜一切劲敌的前提。

其次是器物的融合。军民双方器或物的融合从时间来看应分为战争时期与和平时期两个时期。战争时期的军民融合情况比较复杂，因为战争的双方都可以获得民的支持和帮助。关键看战争的性质和目的。正义战争得到国内外人民的支持就会多一些；反动的、侵略的、非正义的战争不仅得不到人民的帮助，人民有可能还会拿起武器与敌斗争，这就是"得道多助，失道寡助"的道理。从军民双方融合的内容来看有对重要物资的共享、有对技术的分享、有的是军地两用人才的共用，或空间场地的共享和共同使用情况。美、英、法、德、日等世界主要发达国家发展信息化武器装备所需要的高新技术 80% — 90% 来自地方企业。[4] 因此，通用技

3　孙武著：《孙子兵法 · 始计篇》。

4　骏屏：走好中国特色军民融合式发展之路，《中国军转民》，2012 04-10。

术时代到来的本质意义，就是军与民两大领域真正成为相互依存、相互促进的一对“命运共同体”。[1] 当前中国对军民融合的发展才刚刚起步，目前多是技术上的互用和共享。据国家军民融合共享服务平台数据统计，军民共享资源总数有 1936 个，设备是 609 个，仪器是 1075 个。技术服务类的机构主要有五大类，供需对接类（10 个）| 创业孵化类（11 个）| 科技评估类（10 个）| 管理咨询类（12 个）| 科技投融资类（8 个）。[2] 军民融合的内容应该是全方位融合，它应包括民间后勤保障、资源、空间、人才等多领域相互共享与服务。中国军民融合发展有待于进一步的加深拓宽。

再次是军民身份的融合。军民身份融合不是单位中身份互换，而是指对军人来说脱下军装后身份不再是拿枪的军人，但是心里还是一位军人，在思想上、作风上、行动上还保留军人气质。复员和退伍军人要在各条战线上依然保持军人雷厉风行、敢打硬仗、敢啃硬骨头的做派。政府与社会要充分考虑和满足退伍军人的合法利益，不能让他们流血再流泪。老红军、老战士要经常把爱国主义思想、英雄故事传承给下一代，在社会上发挥火种的作用。作为民要向全军学习，了解军事理论，学习军事知识，学习军事管理方法，学习军人身上的那种气质。除此外，搞好双拥活动，开展军民联谊，尝试军民联合演习，这些活动对于军民双方身份的理解和战时互动具有重要的现实意义。

三、新军事变革人才是关键。俗话说“千军易得一将难求”，对于“将级”或“类将级”人才对军事来说的作用是至关紧要的。新军事变革对人才有着强烈而特殊的要求。国家发展人才是关键，国家安全人才是

1　军民融合：https://baike.baidu.com/item/%E5%86%9B%E6%B0%91%E8%9E%8D%E5%90%88/8428380?fr=aladdin.

2　数据来源：国家军民融合公共服务平台网，http://jmjh.miit.gov.cn/loadWebMessage.action, [2017-09-23].

根本，国家之间的较量归根结底是人才的较量。在新中国成立初期，人们不会忘记钱学森毅然离开美国回到祖国的动人故事。中国“两弹一星”发展史上有23位有突出贡献的科学家，[3]新军事变革和国家安全需要各类卓越的人才。从军事人才上来看，“不同的战争形态对军事人才素质有着不同要求，如果说冷兵器战争需要的是‘体能型’军人，机械化战争需要的是‘技能型’军人，那么未来战争，需要更多的则是‘智能型’军人。”[4]从大的方面来说，国家安全也需要各种类型人才，但是从关键点和重要性来说尤其需要那些顶尖的、大师级的、卓越的和开拓创新型的人才。因为这样的人才才可能发挥重大的历史性的作用。而这样的人才也不是一般的途径所能获得的。

通过特殊方式吸引国际级人才。中国有句俗话叫“重赏之下必有勇夫”，中国要想吸引国际社会顶尖人才必须采用特殊的方式、方法或途径，通过借鉴美英等西方国家吸引人才方式招纳或应聘这类人才。美国通过《移民改革法案》吸引科技和工程类人才，英国通过“杰出人才签证”网罗国际顶尖人物，德国通过发放“欧盟蓝卡”方式吸引所需人才。中国要放宽人才引进的力度，给予相应的优惠条件，或颁布中国绿卡，吸引国外杰出人才服务中国。

实施人才培养走出去战略。历史上外派人员出国学习军事理论知识和技能的情况也是不少。比如，北洋水师统帅丁汝昌曾留学英国；民国初期的军事领袖蔡锷毕业于日本陆军士官学校。我军杰出将领刘伯承、

3　23位两弹一星功臣由中共中央、国务院和中央军委于1999年9月18日选出，并授予他们“两弹一星功勋奖章”，功勋名录是王淦昌、邓稼先、赵九章、姚桐斌、钱骥、钱三强、郭永怀、吴自良、陈芳允、杨嘉墀、彭桓武、钱学森、朱光亚、黄纬禄、屠守锷、王大珩、程开甲、王希季、于敏、孙家栋、任新民、陈能宽、周光召。

4　姜勇：北京卫戍区政委，2017年3月两会期间，习近平接见军方代表团发言。资料来源：中华网军事，（2017-03-15），http://military.china.com/important/gundong/11065468/20170315/30328502.html，[2017-09-26].

左权和刘亚楼曾在苏联伏龙芝军事学院留学过。在海外学习过的军事专家熟悉和了解所在国的或者是世界的军事发展动向，对回国后的军事建设或带兵打仗具有非同一般的作用。所以，军事人才除了自己培养外，还可选派一批军中优秀人员到英、美、俄、法、德等军事大国学习考察和交流。此外，还可以鼓励海外同胞，华人华侨在条件允许的情况下参与所在国的军事领域学习，在特定情况下可以为祖国发挥特殊的作用。

四、加强信息化建设保障国家信息安全

科技的发展和国家之间的竞争产生了因特网。[1] 随着网络通讯技术和信息技术的发展，全球迎来了信息化时代。全球信息化的发展改变了国际政治的格局，影响着世界秩序的稳定。“因特网的迅猛发展以及它不同于以往传统媒体的特征，在国际关系领域，给当今民族国家乃至整个世界带来了巨大影响。”[2] 许多事实证明越是信息化程度高的国家，国家的安全性稳定性就会越低。信息技术成为了影响国家安全的重要变量，也成为了国际政治研究的重要课题。

在总体国家安全观视域内，信息技术领域的安全与经济安全、科技安全、军事安全一样自身既是国家安全维护的重要内容也是维护国家安全的重要手段。从军事学角度来看，未来战争就是以打赢信息化战争为核心，以争夺制网权为主要方式的战争。谁控制了互联网，谁就控制了世界。在全球信息化快速发展时代，谁掌握了信息技术的核心谁就掌握了未来，也就赢得了国家的安全。

当前中国国家信息安全存在威胁的主要表现为：

1　因特网是20世纪60年代美苏之间开展冷战，美国为了解决核战状态下的通讯不中断问题，研制出了因特网。

2　蔡翠红著：《信息网络与国际政治》，上海：学林出版社，2003年10月版，第13页。

在国际层面上：一是容易受到西方国家网络黑客的入侵和攻击。二是中国意识形态教育受到西方社会价值观念的深刻影响。三是西方国家的思想文化中颓废没落的东西通过网络传输到中国，对中华民族的思想文化构成冲击。四是境外的敌对势力、恐怖主义、网络诈骗、赌博等非法行为影响了国内社会的安宁和稳定。

在国内层面上，互联网给政府的社会治理带来了难度。互联网公开、透明、快捷的特性让政府有时很难及时应对和处置突发事件的产生。另外，网上虚假的信息、谣言的传播、黄色网站、暴力游戏等负面内容对人们的生活产生了影响。

造成国家信息安全存在威胁的原因主要有以下几点：一、国际政治行为体之间对权力和利益的争夺延伸到虚拟世界。国际政治行为体为了争夺利益、宣传思想、传播文化把他们之间的争斗形式延伸到了网络虚拟空间，这是国家间争夺利益的典型表现。二、网络恐怖主义成为继核武器、生化武器之后第三大威胁。恐怖组织、网络黑客、NGO，甚至是个人对其他国家不满、或民族仇恨、或宗教矛盾等问题对其他国家发动网络攻击。三、利益的诱惑和驱使从而产生网络诈骗、偷盗和篡改数据、攻击系统等行为。

消除网络威胁，提升互联网安全系数就要提升互联网治理能力。习近平在《致第四届世界互联网大会的贺信》中指出，“全球互联网治理体系变革进入关键时期，构建网络空间命运共同体日益成为国际社会的广泛共识。”[3] 构建网络空间命运共同体是习近平提出全球网络治理的新思想。中国提升互联网治理能力应对国家信息与互联网安全需要综合应对能力。应对国家信息与互联网安全不仅仅是一个技术问题，还要从提升

3　习近平致第四届世界互联网大会的贺信，http://www.xinhuanet.com/politics/2017-12/03/c_1122050306.htm.

政府网络治理能力、提升国民国家安全意识、提升公民科技素养、加强国际互联网安全治理、开展现实世界国际合作和安全对话等诸多方面来降低信息安全的威胁。在 2017 年 9 月的中国第五届互联网安全大会上，与会专家提出了我国网络安全进入“大安全”时代，网络安全不仅是网络本身，而是包含社会安全、基础设施安全、人身安全等在内的“大安全”概念，迫切需要建立与之相适应的保障体系。[1] 网络与信息技术的安全问题要把技术问题与社会问题相结合解决才能最终获得国家信息安全，实现国家信息安全要实行“两条腿”走路的办法 —— 线上与线下，传统与现代相结合，民间与官方相结合等多种渠道方式。

其次，从社会管理角度看，信息收集来源越是靠近底层，社会管理才越会及时高效。对于官方和民间相结合的信息安全保障可建立乡镇一级的信息服务站。服务站除提供日常电子政务服务外，还应开展对农民的信息化教学、培训、收集信息、发布用工信息。服务站设立专门服务岗位，既可做网络民兵，也可负责平时收集基层各类信息，把重要信息收集反馈到上级信息安全管理部门。这样的目的便于及时掌握农村、乡镇、街道等基层百姓的冷暖生活情况，也掌握了百姓的所需所求，关键的是及时发现基层组织或民众存在的矛盾、问题，及时化解矛盾，为建立平安中国、和谐社会做出快捷方式的处理。

在乡镇一级政府建立信息（安全）服务站（平台），做到安全信息收集与服务的基层化、底层化，可以做到省去中间的许多行政环节，使得中央或高层信息安全管理部门及时了解基层情况、及时了解事态发展状况，实现高、中、低不同信息安全管理层面的及时掌控，为事态和问题的处理留下的时空余地。

1　国家互联网信息办公室：我国网络安全进入“大安全”时代，http://www.cac.gov.cn/2017-09/13/c_1121651574.htm[2017-09-26].

再次，信息的非网络化也是确保国家信息安全的基本方法。在2010年上海世界博览会期间，为防范网络恐怖主义的发生，复旦大学蔡翠红副教授认为“最有效的网络安全措施就是不接入国际互联网，世博会时政府部门和一些重要部门可以建立两个网络，一个作为独立的政务内部网络，保障国家内部通讯信息流动的安全性；一个与国际互联网相连接，主要进行对外宣传和交流工作”[2]。涉及国家安全的重要信息进行分级分类处理，重要的绝密信息采用最原始的物质形态保存处理，以多元媒介方式存在。

第二节　培育维护国家安全的精神力量

“国家兴亡，匹夫有责”这说的是凡夫俗子对国家兴亡的担当。然而对于一个普通的公民来说要具有担当的精神和担当的能力不是容易的事情，这种为国兴亡的精神和担当能力也不是在短期内可以获得和形成的。“生于忧患，死于安乐”是中国五千年历史教给我们这个民族的安全箴言。国家无论是在兴期还是衰期都务必使国民保有一种危机意识、安全意识。美国著名的地缘政治战略家布热津斯基这样评价过中国，他说：“中国李朝帝国的没落和垮台主要是由于内部的因素。后来的西方‘野蛮人’取得胜利，是由于中国内部的疲劳、腐败、享乐主义和丧失经济和军事上的创造性。这削弱了中国人的意志，接着加速了中国人意志的崩溃。”[3]国家兴亡物质因素固然起到重要作用，但如果精神因素萎靡了，国民的精神状态和文化素养不行，国家也会不战而亡。所以，对于无论是什么阶级的执政者来说唤醒国民的国家安全意识，培养国民的安全意

2　韩晓蓉：大型活动反恐应全民总动员，上海《东方早报》，2010-01-26。

3　［美］兹比格纽·布热津斯基：《大棋局·美国的首要地位及其地缘战略》，中国国际问题研究所译，上海世纪出版集团，2007年版，第13页。

识，加强国民的国家安全教育都是必不可少的。

对国民国家安全教育做得比较好的国家是日本。日本的某些教育方式甚至受到了人们的非议。日本的国家安全教育在传统教育上是教授如何在地震灾难中逃生的技巧，这与日本岛国地震频发有关。这种教育无可厚非，但是，在 2017 年 3 月，让世界各国人民尤其是亚洲国家感到警惕甚至愤怒的是日本文部省颁布了《中学校学习指导要领》，其中规定在中学生中设置“刺刀术”项目。此举立刻引起了国际社会的广泛议论。日本的这一举措，也立刻让中国人民想起了日本浓重的军国主义曾对中华民族造成的伤害。二战后，日本曾将军国主义色彩的《教育勅语》排除出教育体系，安倍晋三政府居然又把“刺刀术”重新设置在中学体育教学内，“试图让军国教育从历史垃圾堆中复活，是日本政府部门出台‘拼刺刀’课程的大背景，也让安倍政府上台这些年来，企图还魂军国主义的路线图愈加清晰。”[1] 对日本的军国主义复活教育应该警惕，中国也要反思自身在安全教育上存在的问题和不足。军国主义教育的复活日本更需要反省，中国更需要警醒。

而与之形成鲜明对比的是中国无论是国民精神状况还是国家安全教育状况都堪忧。相对于所谓“日本中学校开设‘铳剑术”课程’”的“担忧”，国内诸如在“素质教育”的大环境下，中国青少年的校内体育锻炼急剧萎缩，以及很多成年人沉迷于“抗日神剧”的现状，才是真值得我们警醒的！[2] 小胖子多不说，就是能跑步的学生也不多了。大学里的军训也越来越流于形式，原来军训学生还可以摸摸枪打几发子弹，现在

---

1 凤凰网：日本中学要开“拼刺刀”课媒体：这是危险的复活，2017 年 04 月 03 日，http://news. ifeng. com/a/20170403/50883933_0. shtml，[2017-05-28].

2 百度百家号：https://baijiahao. baidu. com/po/feed/share?wfr=spider&for=pc&context=%7B%22sourceFrom%22%3A%22bjh%22%2C%22nid%22%3A%22news_3553496543942440272%22%7D，2017. 04. 05，（2017-05-28）.

学生军训竟然连枪也看不到了。高校军训时反复练习正步走、走方阵和叠被子，这对国家安全保护能有多大作用呢？一个近邻国家正在霍霍磨刀，而我们却一直在疾呼“要热爱和平”。国家安全教育我们已忽略很久了。改革开放让国民忘却了民族生存最根本的品质。现在必须回到家国兴亡的意识上来，重新唤醒全民族的国家意识，要在总体国家安全观的指导下，对国民的安全意识教育、维护国家安全能力建构重新设计规划。否则，子孙后代极有可能再次遭到任人宰割、屠杀和蹂躏的命运。

一、全面实施国家安全教育工程

国家安全意识和能力的获得必须通过实施国家安全教育。国家安全形势需要与之相适应的安全意识和维护国家安全的能力。中国已着手实施国家安全教育工程了。

2015 年的新版《国家安全法》第七十六条规定，“国家加强国家安全新闻宣传和舆论引导，通过多种形式开展国家安全宣传教育活动，将国家安全教育纳入国民教育体系和公务员教育培训体系，增强全民国家安全意识。”《国家安全法》同时规定每年的“4 月 15 日”为全民国家安全教育日。从 2016 年开始，中国已经历了两个国家安全教育日了，但国家安全教育日的影响、宣传力度、教育形式、教育对象、教育内容都远未达到预期。想要在每个公民心里注入危机意识、国家安全基因，必须有个从顶层设计到具体实践的详细规划方案。构建国家安全教育体系和教育机制，中国要加强国家安全教育的师资建设、专业建设，全方位、多渠道、多领域、多主体、多载体地培养国家安全专业人才。这就构成了国家安全的教育体系。那么什么叫国家安全教育呢？国家安全教育（National Security Education，简称 NSE），简单说就是国家以维护自身安全为目的，开展面向全体国民的安全教育形态，它的目的是通过安全教育使国民获得国家安全意识和维护国家安全的各项能力。国家安全教育是全民性教育，是全时空教育，只要国家存在或者说只要想维护国家存在，安全教育必须实施。从国家存亡的发展历史来看，根据国民受教育的主动和被动情况，国家安全教育有国民自发安全教育和境外安全态势压迫教育。第一种情况比较好理解，就是国民因国家危机意识、生存意识的存在而自发学习保护自身安全和国家安全的各项技能。比如，日本的国家安全教育中教授地震防灾自救技能，中国历史上的“岳母刺字”属于内生自发性安全教育。大多数国家安全教育是外来安全局势或者域外的安全事件、暴力恐怖事件、战争等因素引起的国家安全教育。比如，清政府在广州设立“翻译局”、虎门销烟和中国在伊拉克战争后展开的一系列新军事变革就属于外在安全压力下的被动国家安全教育。国家安全教育随着国际社会安全局势的变化而变化，国家安全教育随着国际社会发展的变化而变化，国家安全教育随着生产力发展变化而变化。

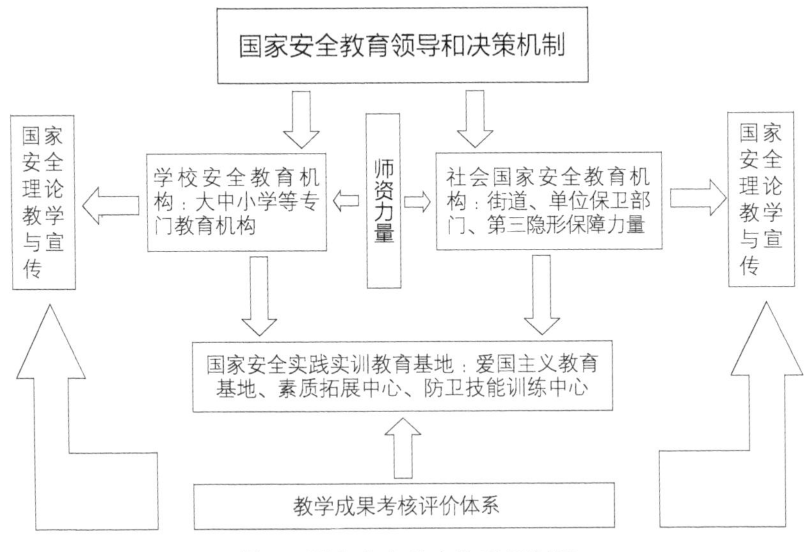

图 5　国家安全教育体系机制图

（一）与国家安全教育相联系的几个概念

国家安全教育属于教育的一种类型，它实施的方式、方法、途径、对象也符合教育的一般规律。国家安全教育同样有教育主体、教育客体、教学内容、教学目标、教学评价体系和教育手段等多种机制要素的存在。国家安全教育的主体、课题、教育教学内容与一般的学校教育、国防教育和爱国主义教育具有一定区别，也有一定联系。这里国家安全教育与国防教育和爱国主义教育两个概念也区分清楚。

1. 国家安全教育与国防教育。国家安全教育与国防教育是两个既有区别又有重要联系的教育行为，不能把二者等同视之。"国防教育是国家为防备和抵制侵略、制止武装颠覆，保卫国家主权、统一、领土完整和安全，对全民进行的具有特定目的和内容的教育活动。而国家安全涉及国防、外交、隐蔽战线斗争、公共安全以及思想、文化、经济、科技等领域的国家安全利益。"[1] 国家安全概念涵义涉及的领域大于国防，所以国家安全教育的领域也大于国防教育。但是国防教育是获得军事知识和军事技能直接相关的教育，是国家安全教育中重要的内容之一，所以国防教育也不能被一般的国家安全教育所取代。再从一般意义上说，"一个国家如果没有强大的国防，就无法维护国家安全。一个国家如果没有长期的国防教育，也不可能有强大的国防。"[2] 所以，国防教育的最终目的是为国家安全服务；国家为了维护自身安全可以采取多种教育方式、方法和手段，国家安全教育、国防教育都是维护国家安全的手段。

二者都具有维护国家安全利益的一致性。具体说来，首先，二者在本质上具有内在一致性，它们对国家安全的维护作用是相同的，目的都是一样的，可以说是殊途同归。二是，教育的根本目的都是为了维护和

1　徐晶晶、褚振江：国家安全教育你知道多少，《国防教育报》视点专栏，2016 年 4 月 13 日。

2　林有祥、杨欣主编：《大学军事教程》，东南大学出版社，2016 年 8 月版，前言，第 1 页。

保障国家安全。其次，两者的教育对象和教育的内容具有重叠性、方法具有可借鉴性和一致性。教育的客体都是全体国民。教材、教师、教育场地也可以借鉴使用。三是，两者在宏观时间上的持续行为与国家存在的时间具有一致性，也就是说只要国家存在，只要外部威胁存在，国家安全教育和国防教育也会存在，两者具有同等历史性。

二者的区别在于，强调的重点各有不同。国防教育更加偏重于军事内容的教育，重在获得军事和国防理论知识、军事训练技能或者现代军事战争等各方面的知识技能。国家安全教育的内容要比国防教育的内容、领域要丰富得多，从广义上说，只要是依附在国土上的所有一切物质的东西和精神的要素都是安全教育的主客体。其次，两者教育的对象、场地也是有区别的。国防教育的对象广义上说的全体国民，而在实际操作运行过程中，更多是面对小学、中学和大学生。国防教育也主要放在学生的求学时段，踏入社会之后接受国防教育的时间和内容的相对较少了。国防教育的场地多是集中在学校校园内和军营内。再次，两个教育的发展成果、投入的资金、人员、场地差异较大。由于两个教育发展的起点不一样，经费、师资、人员的投入也不一样。严格地说，国家安全教育才刚刚开始，还谈不上教育成果、教育成效或者收获，国家安全教育的成效的评价体系还需要建立。而国防教育实施的时间较早，有固定的场地、负责执行教学的专门机构人员。国家安全教育从领导机构、到专门人员、场地、教学计划等内容还刚刚起步，有些方面还处于空白状态。国家安全教育任务任重而道远。

另外关于二者设置特殊“教育日期”的问题。国家在特殊时间节点设置特殊的日期，举行各种活动，可以用来提醒国民注意特殊事件的发生，告诫国民曾经经历的不寻常的历史，或者缅怀先烈寄托对先烈的哀思。特殊的带有政治性日期的设置无论是对国防教育还是对于国家安全教育都有重要的意义。当前中国设置的具有国家安全意义的教育日期还是比较丰富的，形式有传统安全节日和非传统安全节日，有人大立法的也有国务院立法的。

设立特殊性节假日期要发挥特殊性日期的效用。在特殊性日期里从国家层面到地方各级政府要举办一些与日期主题相关的活动，积极开展国民国家认同、国家意识和国家安全教育，让特殊日期尽可能地发挥出它所设置的效用。拿“国家安全教育日”来说，这个日期过去了两个，从新闻媒体报道的程度来看，全国各地举办的活动不多、宣传的力度不强，国民的觉悟还没有激发起来。用一天的时间来进行全国性的国家安全教育还是远远不能满足安全状况的要求的。

表 8 具有重大安全意义或政治特殊性意义的日期表

序号	日期或节日名称	日 期	设立时间	备 注
1	国家安全教育日	4 月 15 日	2015 年	
2	防震减灾日	5 月 12 日	2009 年国务院设立	非传统安全日期
3	建党节	7 月 1 日		
4	建军节	8 月 1 日		
5	抗日战争胜利纪念日	9 月 3 日	2014 年 2 月 27 日，十二届全国人大七次会议经通过	
6	全民国防教育日	9 月的第三个星期六	2001 年 8 月 31 日，九届全国人大常委会第二十三次会议决定设立	
7	烈士纪念日	9 月 30 日	2014 年 8 月 31 日，十二届全国人大第十次会议通过	
8	国庆节	10 月 1 日	1949 年 12 月 2 日，中央人民政府通过决议，规定每年 10 月 1 日为国庆日。	
9	南京大屠杀死难者国家公祭日	12 月 13 日	1994 年江苏南京开始举行哀悼仪式，2014 年 2 月 27 日，十二届人大七次会议通过	

国家特殊日期的设置还需考虑国民情感与西方节假日的关系。近年来，西方的洋节在青年人当中非常红火，而我们的民族节日、传统节日，青年人关注的热情不是太高。特别是每年的 12 月 25 日和 12 月 26 日这两天，民间对这两天的关注度可以说是冰火两重天。“12 月 25 日”是什么日子自不必说，要问“12 月 26 日”是什么日子，又有几人知道呢？12 月 26 日是开国领袖毛泽东的诞辰日，这个特殊的日子没有多少青年人去纪念，去欢庆。对于毛泽东的诞辰日，民间有不少呼吁要求国家设立法定假日，以纪念这位伟人的诞生。这是对开国领袖的一个基本态度。近年来，个别别有用心的人或有西方背景的“香蕉人”在否认，甚至是辱骂、诋毁毛泽东和毛泽东思想，这种诋毁开国领袖的行为即使在“言论自由”的西方也是不允许的。中国主流意识形态必须有旗帜鲜明的立场，尽快设立“伟人诞辰纪念日”，让毛泽东与毛泽东思想继续光照寰宇。

2. 国家安全教育与爱国主义教育。爱国主义属于意识形态范畴，它是指一个国家的公民对自己祖国的积极价值情感，它对一个人的国家行为行动、人生目标和对国家的价值导向具有重要影响和引导作用。“爱国主义不仅体现在政治、法律、道德、艺术、宗教等各种意识形态和整个上层建筑之中，而且渗透到社会生活各个方面，成为影响民族和国家命运的重要因素。”[1] 公民爱国主义一旦在公民内心形成，便会自发做出对祖国的热爱、奉献、守卫、维护，甚至是做出牺牲等行为表现。中国历史上每当国家民族处在生死存亡时就会涌现出无数爱国志士。爱国主义情感越是深厚维护国家安全的意识就会越高，激发学习维护国家安全的动力也就越强。所以，维护国家安全可以通过培养塑造公民的爱国主义情

1 百度百科：爱国主义词条，https://baike.baidu.com/item/%E7%88%B1%E5%9B%BD%E4%B8%BB%E4%B9%89/254506?fr=aladdin.

感来实现。爱国主义情感并不是与生俱来的，它需要不断地在公民心中进行长期的培植和教育。

爱国主义教育属于维护国家安全教育的前端教育，属于维护国家安全的间接教育行为，爱国主义教育的最终目的也是为了维护国家安全。爱国主义教育具有引导作用、警示作用和强化作用。[2]维护国家安全就要充分发挥好爱国主义的三个作用。加强对中小学生，尤其是大学生的爱国主义教育。在当今经济全球化背景下，互联网技术飞速发展，各种西方意识形态对中国大学生爱国主义思想教育带来了冲击。改革开放以来，以经济建设为中心，经济快速发展，和平年代使人们对国家的情感意识降低了。极端自由主义、利己主义、拜金主义、享乐主义、奢靡之风等各种思想严重腐蚀了人们的爱国主义意识，这对国家安全的维护是不利的。

爱国主义教育的方式、内容可以为国家安全教育所借鉴。爱国主义教育的方式手段多种多样，爱国主义教育的方式手段可以运用到国家安全教育活动中来。爱国主义教育中的课堂教学、课外活动、外部宣传、参观考察等教学手段可以运用到安全教育中。爱国主义教育的内容可以安排国家安全教育活动；国家安全教育的内容也可以贯穿到爱国主义教育、思想政治教育中去。

爱国主义教育载体平台和基地也可以用作国家安全教育基地。当前中国利用红色历史文化建立了不少爱国主义教育基地或是类似爱国主义教育的场馆、纪念馆（纪念碑、塔）、烈士陵园、基地等场所。比如侵华日军南京大屠杀遇难同胞纪念馆，这是一个既可以用作爱国主义教育的场馆，也可以对公民进行国家安全教育。随着时代的发展变化，尤其是信息技术使用，爱国主义教育基地它的功能也要不断的更新、变化、修改、增加；创新爱国主义基地教育和展示的方式，让基地的功能发挥多

2　林娟：论爱国主义教育的重要意义，《职业》，2015（12）。

种作用。在爱国主义教育基地进行国家安全教育是最合适不过了。全国多数省份都有国家重点爱国主义教育基地，绝大多数基地可以直接为国家安全教育所使用或者增加国家安全教育部分的体验功能。根据网络资源信息统计出的全国重点爱国主义教育基地名单。

表 9　全国重点爱国主义教育基地一览表

北京	天安门广场　中国历史博物馆　中国革命博物馆　中国人民革命军事博物馆　中国人民抗日战争纪念馆　故宫博物院　圆明园遗址公园　八达岭长城　周口店遗址博物馆　李大钊故居（文华胡同 24 号）　李大钊烈士陵园　焦庄户地道战遗址纪念馆　北京自然博物馆　中国航空博物馆　中国科学技术馆
天津	盘山烈士陵园　平津战役纪念馆　周恩来邓颖超纪念馆　天津自然博物馆　天津科学技术馆
河北	李大钊纪念馆　129 师司令部旧址　白求恩、柯棣华纪念馆　冉庄地道战遗址　西柏坡中共中央旧址　董存瑞烈士陵园　华北军区烈士陵园　潘家峪惨案纪念馆　中国人民抗日军事政治大学陈列馆　河北省博物馆　唐山抗震纪念馆
山西	“百团大战”纪念馆（碑）　八路军太行纪念馆（八路军总部旧址）　刘胡兰纪念馆　黄崖洞革命纪念地　太原解放纪念馆　平型关战役遗址　太行太岳烈士陵园　山西国民师范旧址革命活动纪念馆
内蒙古	乌兰夫同志纪念馆　内蒙古博物馆
辽宁	“九·一八”历史博物馆　万忠墓纪念馆　辽沈战役纪念馆　抗美援朝纪念馆　抚顺雷锋纪念馆　丹东鸭绿江断桥　沈阳抗美援朝烈士陵园　黑山阻击战烈士陵园　塔山烈士陵园　关向应故居纪念馆
吉林	杨靖宇烈士陵园　四平战役纪念馆暨四平烈士陵园　延边革命烈士陵园　“四保临江”烈士陵园
黑龙江	侵华日军第七三一部队罪证陈列馆　东北烈士纪念馆　铁人王进喜同志纪念馆　瑷珲历史陈列馆　哈尔滨烈士陵园　马骏纪念馆
上海	中国共产党第一次全国代表大会会址纪念馆　宋庆龄陵园　龙华烈士陵园　上海博物馆　“南京路上好八连”事迹展览馆　海军上海博览馆　陈云故居暨青浦革命历史纪念馆　鲁迅纪念馆

续表

江 苏	中山陵　周恩来纪念馆（故居）　新四军纪念馆　侵华日军南京大屠杀遇难同胞纪念馆　雨花台烈士陵园　淮海战役烈士纪念塔（馆）《南京条约》史料陈列馆　梅园新村纪念馆　沙家浜革命历史纪念馆　茅山新四军纪念馆　南京博物院
浙 江	鲁迅故居及纪念馆　禹陵　南湖革命纪念馆　镇海口海防遗址　河姆渡遗址博物馆　解放一江山岛烈士陵园　四明山革命烈士陵园　舟山鸦片战争纪念馆
安 徽	陶行知纪念馆　新四军军部旧址纪念馆　皖南事变烈士陵园　王稼祥纪念园　淮海战役双堆烈士陵园　安徽省博物馆
福 建	古田会议纪念馆　林则徐纪念馆　陈嘉庚生平事迹陈列馆　郑成功纪念馆　泉州海外交通史博物馆　福建省革命历史纪念馆　毛泽东才溪乡调查纪念馆　瞿秋白烈士纪念碑　“二七”烈士林祥谦陵园　华侨博物院
江 西	安源路矿工人运动纪念馆　八一起义纪念馆　井冈山革命纪念馆　中央革命根据地纪念馆　秋收起义纪念地（萍乡秋收起义纪念碑、秋收起义铜鼓纪念馆、秋收起义修水纪念馆）　三湾改编旧址　兴国革命历史纪念地（纪念馆、烈士陵园）　上饶集中营革命烈士陵园　方志敏纪念馆（烈士陵园、赣东北特委、红十军建军旧址等）
山 东	孔繁森同志纪念馆　台儿庄大战纪念馆　中国甲午战争博物馆　孔子故居　华东革命烈士陵园　中国人民解放军海军博物馆　济南革命烈士陵园　莱芜战役纪念馆　山东省博物馆
河 南	红旗渠纪念馆　焦裕禄烈士陵园　殷墟博物苑　新县革命纪念地（中共中央鄂豫皖分局、鄂豫皖军委、鄂豫皖苏区首府革命博物馆、鄂豫皖苏区首府烈士陵园、箭厂河革命旧址等）　河南博物院
湖 北	二七纪念馆　辛亥革命武昌起义纪念馆　武昌中央农民运动讲习所旧址纪念馆　李时珍纪念馆　黄麻起义和鄂豫皖苏区革命烈士陵园　“八七会议”会址纪念馆　闻一多纪念馆　湖北省博物馆
湖 南	毛泽东同志纪念馆　刘少奇同志纪念馆　炎帝陵　平江起义纪念馆　湘鄂川黔革命根据地纪念馆　秋收起义文家市会师旧址纪念馆　中共湘区委员会旧址　湘南暴动指挥部旧址　彭德怀纪念馆　湖南省博物馆

续表

广东	孙中山故居纪念馆　广州起义烈士陵园　三元里人民抗英斗争纪念馆　鸦片战争博物馆（虎门炮台）　毛泽东同志主办农民运动讲习所旧址　叶剑英元帅纪念馆　叶挺纪念馆
广西	中国工农红军第七军军部旧址　红军长征突破湘江历史纪念碑园　龙州县红八军军部旧址（红八军纪念馆）　八路军桂林办事处旧址　百色起义纪念馆
海南	中国工农红军琼崖纵队改编旧址　琼海市红色娘子军纪念园　母瑞山革命根据地纪念园
四川	邓小平同志旧居　朱德故居暨朱德铜像纪念园　赵一曼纪念馆　黄继光纪念馆　都江堰水利工程　红四方面军指挥部旧址纪念馆　泸定桥革命文物陈列馆　红军四渡赤水太平渡陈列馆　安顺场红军强渡大渡河纪念地　苍溪红军渡纪念馆　万源保卫战战史陈列馆　陈毅故居
重庆	红岩革命纪念馆　邱少云烈士纪念馆　歌乐山烈士陵园　刘伯承同志纪念馆　聂荣臻元帅陈列馆　赵世炎烈士故居
云南	“一二·一”四烈士墓及“一二·一”运动纪念馆　扎西会议纪念馆
西藏	山南烈士陵园　江孜抗英遗址
陕西	延安革命纪念馆　八路军西安办事处纪念馆　西安事变纪念馆　陕西历史博物馆　西安半坡博物馆　秦始皇兵马俑博物馆　黄帝陵　洛川会议纪念馆
宁夏	宁夏博物馆　三烈士纪念碑　中国工农红军长征将台堡会师纪念碑
甘肃	会宁红军会师旧址　敦煌莫高窟　哈达铺红军长征纪念馆　八路军驻兰州办事处纪念馆　兰州市烈士陵园　南梁革命纪念馆　高台县烈士陵园
青海	中国工农红军西路军纪念馆
新疆	乌鲁木齐市革命烈士陵园　新疆维吾尔自治区博物馆　伊宁烈士陵园　周总理纪念馆　石河子军垦博物馆　八路军新疆办事处纪念馆
贵州	遵义会议纪念馆　息烽集中营革命历史纪念馆　王若飞故居　张学良将军幽禁地旧址　赤水红军烈士陵园

资料信息根据百度文库和其他网络资料资源整理而成。https://wenku.baidu.com/view/a352f6de5022aaea998f0fe1.html.

更多信息可参考欣欣旅游网：http://wan.cncn.com/guide_11349.htm.

（二）与国家安全教育相关的主要因素

1. 国家安全教育的主体 —— 师资力量哪里来？什么样人可以担当国家安全教育的“教师”呢？第一类是退伍军人。退伍军人的退伍安置问题一直成为国家和信访部门的热点问题。退伍军人其实是重要的国家安全教育、国防教育和爱国主义教育的师资力量。我们一直忽视了退伍军人这种资源，就是国家安全教育。许多退伍军人身怀绝技不说了，他们组织纪律观念强，讲政治，讲正气，对安全与和平的理解比一般人深刻。只要经过适当学习培训懂得教育教学方法是完全胜任国家安全教育的。第二类是现有的广大中小学和大学教师。这是完整的教师队伍体系，从这些学校部门中遴选部分教师从事国家安全教育的教学工作，比较适应时代发展的迫切要求。第三类人员是专家、学者或特殊行业高精尖人员。建立专门的国家安全教育师资库，对中层次国家安全教师、宣传人员、培训人员等进行教学培训。2014 年国家国防教育委员会从解放军四总部、各大军区、军队院校和学术机构、全国科研院所、中遴选专家，建立了首批国家国防教育师资库。根据国防部网站信息，首批国家国防教育专家有 230 名，其中军队专家 142 名，地方专家 88 名。江苏高校仅邢文革、齐春风、芮鸿岩、陆华（女）、陈仲丹、钮菊生等 6 名专家获此殊荣。[1] 有了专家就要充分发挥专家的作用，不能让专家的作用停留在名气上，要让专家走进学校，走进企业，走进工厂，走进农村，为广大人民群众讲课、搞讲座宣传、进行人才培养和现场指导等活动。

2. 国家安全教育的客体 —— 教育什么样的人？从中国《国家安全法》规定来看，国家安全的教育对象是全体国民。国家安全，也是每一个国民的安全。所以，安全教育必须是全民的，这个全面包括在国内的

1　专家信息详见国防部网站 http://www.mod.gov.cn/auth/2014-05/10/content_4508010.htm，（2014-05-10）[2017-05-30].

民、也包括港澳台同胞，也包括海外的华侨。所以国家安全教育的客体数量多，地域分布广。对于国内的民众或港澳台国民的国家安全教育实施相对来说较容易一些，而居住在海外的广大华侨，对于国家安全教育这一课题实施起来就比较复杂困难了。对于分布这么广泛的国民进行国家安全教育要分重点、分区域、分人群开展。另外，由于国家安全教育的经费、人员、内容等资源的不足，还不可能做到每一个国民都能得到细致详尽的教育。尽管国家设立了“国家安全教育日”也仅仅是从国家安全意识的角度做出宣传。上升到教育体系层面，国家安全教育必须既要全面教育又要有重点培养，分层次，有重点，有步骤地开展国家安全教学工作。

3. 国家安全教育的内容与时间。安全犹如附上一切物体上的恶魔幽灵，威胁随时都有发生的可能。正是因为安全问题具有这种极大的不确定性，它随时随地都可能会出现发生，这就给安全教学带来了困难。国家安全教育更是如此。国家安全教育从内容上看必须是全面教育与重点教育相统一；从时间上看是全程教育与分时段教育相统一。习近平在论述总体国家安全观时强调，国家安全既重视传统安全又重视非传统安全，国家安全时空领域比历史上任何时候都要宽广。国家安全的领域非常丰富，习近平在论述总体国家安全观时重点列举了政治安全、国土安全、军事安全、经济安全、文化安全、社会安全、信息安全、生态安全、资源安全、科技安全、核安全 11 个领域的安全问题。这 11 个领域仅仅只是安全关注的重点领域，并不代表着安全教育仅仅就是这 11 个方面的内容，安全教育的内容远不止这些。从安全理论、到实践、到安全保障体系、到安全法律法规等都是安全教育的内容。当前，中国在国民教育中明确安排国家安全教育内容的主要体现在一下几个方面：

第一、在中学阶段开设安全教育体验课。中学阶段开设国家安全教育课旨在培养中学生的国家安全意识，获得初级阶段的安全理论知识和安全防护技能，激发学生爱国学习的激情。这种国家安全教育的行为和措施是应该得到肯定的，应该得到大力弘扬和推广。2014 年 5 月 29 日，中国政策科学研究会国家安全政策委员会在江苏省南通市如东县为如东高级中学和栟茶高级中学“国家安全教育示范基地”授牌。这是中国首批在中学建立的“国家安全教育示范基地”。[1] 目前还有北京市、山东省、陕西省、四川省等省份的中学也被评为“国家安全教育示范基地”。基地定期开展了安全教育主题体验活动。他们定期邀请军事专家、国防专家、社科院专家、或是行业中的专家为学生开展国家安全教育讲座等活动。活动内容与国家安全主题紧密联系，贴切国家安全生活现实，比如，中国核试验基地原副总工程师康力新少将（2016 年）6 月 24 日至 25 日分别为延安中学高二、高一年级各 600 余名师生做“核与国家安全”专题讲座。[2] 国防科学技术大学秦宜学教授（2016 年）5 月 20 日做客北京第八中学，以《网络与信息安全》为主题，为该校师生做专题讲座。[3] 行业领域的专家为中学生开展国家安全教育，生动鲜活，学生爱听，教学成效显著。这种模式高校也可以借鉴。

据媒体统计，目前“国家安全教育示范基地”在全国总数达 10 多所，这与当前国家安全教育的需求是远远不够的。从挂牌成立的机构上看，中国政策科学研究会国家安全政策委员会，机构的分量级别不是太高，影响力也不是太大。教育部应与该机构联合牵头，成立更多“国家安全教育基地”，而不仅仅是“示范基地”。

第二，高校设置安排国家安全教育的内容。高校中国家安全教育可

1 首批中学“国家安全教育示范基地”在江苏如东建立，新华网，http://www.xinhuanet.com/world/2014-05/29/c_1110922543.htm.

2 参加新华网：康力新少将在延安中学开讲“核与国家安全”，http://news.xinhuanet.com/world/2016-07/04/c_129107917.htm，（2016 年 07 月 04 日），[2017-08-01]。

3 参加新华网：秦宜学教授在北京八中开讲“网络与信息安全”，http://news.xinhuanet.com/world/2016-05/25/c_129014549.htm，（2016 年 05 月 25 日），[2017-08-01]。

分为三种形式，第一，在大学生思想政治课中加入国家安全教育内容。在高校里，国家安全教育的部分内容被编排在了大学生思想政治教育课中，一些教材的章节设置了国家安全或国际战略环境等内容。有关内容不是太多，基本上是象征性的。第二，在军事训练课和国防教育课中增加国家安全教育内容。军事训练多以会操演练科目为主，目的是使学生掌握军事技巧和某种单一技能。在有些高校使用的军事训练教材中，比如李有祥和杨新主编的，东南大学出版社 2016 年出版的《大学军事教程》，第四章编入了“国际战略环境”，第五章编入了“信息化战争”。这些内容使学生部分地掌握了有关国家安全方面的知识。第三，开展国家安全教育讲座论坛等活动。这类活动多是邀请国际战略专家、国防教育专家或军方人士深入高校开展国家安全与战略讲座活动。这种讲座的方式比较受到学生们的欢迎，教学效果比在班级上课形式好。当然，高校开展的国家安全教育也存在一定问题和不足。首先就是没有完整的成体系的国家安全教育教学大纲，教师教学的随意性很大。第二，从高校国家安全教育整体来看，没有专职的国家安全教育师资，从事国家安全教育的教师是思想政治教育课的教师和军体部的教师在上有关国家安全教育的内容。高校需要设立国家安全专业，培养和遴选一批国家安全教育名师。第三，安全教育仅仅是理论上教学，学生可参观、可学习和可实践的场地平台载体不断，教学资源严重不足。

第三、社会新媒体与网络的宣传与报道。新媒体的出现给国家安全教育插上了翅膀。新媒体平台有效地拓展国家安全教育的时空和内容，而且收到了意想不到的效果。这里值得关注的有国防大学金一南教授在中央人民广播电台举办过《一南军事论坛》，人民网 — 军事有“金一南专栏”，中央电视台的“国际观察”和“海峡两岸”，国防大学教授戴旭的微博和博客，罗援将军的讲座等等。这些专家学者利用新媒体平台开展国家安全教育，在社会上形成了较大影响，给国家安全教育带来新的视角。

第四、针对特定群体的国家安全教育。针对国家安全部门、情报部门或者公务员机构中的这些特殊的人员开展国家安全教育。这些人员兼顾着保卫国家的特殊任务和特殊使命，是中共和政府的各级领导干部和公务要员，要对他们开展专门的国家安全教育。2016 年 4 月，人民出版社出版了《总体国家安全观干部读本》一书，及时弥补了中共党员干部对国家安全教育知识的掌握，使他们掌握了国家安全的态势，便于切实履行维护国家安全的神圣使命。

4. 国家安全教育的体验平台与实践载体建设。国家安全教育是理论与实践相结合的教育，是历史与现实相结合的教育，也是思想意识与行动能力相结合的教育。国家安全教育在理论上做到实用、简单、明了，易于广大人民接受。国家安全教育重在使公民获得维护国家安全的意识和在特殊情况下维护国家安全的能力。所以，国家安全教育要做好体验平台、实践载体和训练场所的建设和使用。当前中国大陆地区的国家安全教育实践平台载体建设还在起步建设阶段，全国大范围的安全教育平台载体数量上严重不足，质量上也有待提高。2017 年 10 月 12 日，经中央军委批准，中央军委办公厅印发了《中国人民解放军军营开放办法》，"这是新形势下发挥军队资源优势推动全民国防教育普及深入的重要举措，为各部队规范有序组织军营向社会开放提供了基本遵循。"[1]《办法》的出台必将对促进中国国防教育、国家安全教育事业的发展起到巨大推动作用。国家安全教育可以充分发挥部队的资源和平台优势，开展形式多样的教育、实训、培训、安全感知和安全训练活动。此举可大大提升公民的国家安全意识和维护国家安全的能力，是一举多得的好方法。

---

1 新浪新闻：中央军委批准发布中国人民解放军军营开放办法，(2017 年 10 月 12 日)，http://mil.news.sina.com.cn/china/2017-10-12/doc-ifymviyp0407961.shtml，[2017 10-15]

国家安全教育体验平台可以采取以下一些探索的方式：

第一、直接创新创立国家安全教育体验馆。根据本地区的革命历史特点、人文资源情况和地理环境情况，有主题有重点地创立国家安全教育体验馆、场所、基地。2017年南昌市建立了“军事主题公园”，建成后的军事主题公园分为军事装备展示中心、经典战例演示中心、军事文化培训中心、装备模拟体验中心、军事旅游文化旅游集聚中心五大板块。尤其是军事文化培训中心和装备模拟体验中心对提高参观者的安全防护知识和安全技能具有良好的促进作用。再比如可以在山地地区开展山地训练，草原地区开展射击、射箭训练，江河湖海地区开展水上项目训练等等。

第二、充分利用驻军部队的退役军事训练设备设施。军队中的军事设施设备是比较充足齐全的，退役的飞机坦克大炮等军事装备设施可以赠送给地方学校或民间做展示教学使用。部队也可以定期邀请中小学生、大学生、民兵、社会重点人员等人群参观部队军事设备设施，感悟军事力量。军队也可以对他们开展一定形式的武装训练、军事救助训练或逃生训练。

第三、高校可利用实验室、实验基地、拓展中心、体育设置开展安全体验训练。高校资源丰富，在对场馆基地适当改造之后增加安全体验、安全训练、军事技能、安全救助逃生等功能，培养能够适应未来战争和安全形势需要的高素质人才。

第四、转化改建或增加国防教育基地爱国主义教育基地的功能。当前爱国主义教育基地动态展示性较强，历史题材翔实丰富，比如淮海战役纪念馆和沙家浜爱国主义教育基地对当时历史事件的阐述比较丰富翔实了，但是它的现代功能和与受众的互动功能不足。可以考虑在原功能设置不变的情况下，结合城市的安全定位、战略定位增加公民感受和体验安全防护的技能，这样就使得“严肃而沉重”的历史建筑活了起来。在合适的地方增加公民训练打靶、射击、救助和核躲避的功能。

（三）典型国家或地区的国家安全教育

1. 美国国家安全教育 在国际政治中，从词源上讲“国家安全”（national security）是个美国概念。国家安全的现代用法出现在美国专栏作家沃尔特·李普曼的著作《美国外交政策》中。相应地，现代意义的“国家安全教育”也是美国最早提出来并实施的。冷战时期美国政府曾向国民推广应对核打击安全教育片。美国的国家安全教育首先是通过立法的方式开展的。“以维护美国国家安全利益为最高目的是美国出台《国家安全教育法》的战略导向，反过来，《国家安全教育法》的实施又为美国确保世界霸权提供了战略性资源。”[1] 美国的国家安全教育法是在冷战结束后不久，1991 年 11 月份颁布，1992 年开始实施的。美国从安全战略、经济、外交、文化输出等诸多因素出发颁布的一项法律。该项法律的核心内容是对国家安全教育计划、国家安全教育委员会和国家安全教育信托基金等内容做出详细规定。在教学内容上主要是“关键地区的语言文化学习（俄语、阿拉伯语和汉语）、地区研究、反扩散化、国际问题研究”。[2]

美国的《国家安全教育法》的实施对美国安全的维护与保障产生了重要影响。1. 为美国国家安全教育发展提供了根本保障。2. 为美国安全部门输送了大批优秀人才。3. 为增强美国经济全球竞争力提供了重要资源。4. 为美国国际教育复兴发展注入新的动力。[3]5. 使美国的教育体系结构更加完备，国家安全文化影响深入人心。

此外，美国还有《国家安全法》和《普通军训和兵役法》等系列法律，这从组织上、物质上和人力资源等方面对国家安全教育给予保障。“9.11”事件之后，美国政府也加强了对群众的反恐安全知识教育。2010

1 曹晓飞，唐少莲：《美国国家安全教育法》的颁布及其影响，《重庆高教研究》，2015 年 7 月。
2 同上。
3 同上。

年 7 月，发起了全国性的“可疑即报告”的全民安保运动，国家安全教育成效深入人心。

美国的国家安全教育机制与措施是值得中国学习借鉴的。首先是开展广泛调研，着手颁布实施《国家安全教育法》，规范国家安全教育的各项行为。其次是确定国家安全教育的主管部门，是教育部门还是国防部门还是两者的联合。再次，教学目标和教学成果的评价体系要明确。国家安全教育要围绕着保障国家安全这个本质问题来开展。

2. 俄罗斯国家安全教育 俄罗斯人对安全的问题是极为敏感，是渗透到基因里面的。2012 年 2 月普京在竞选总统时曾发表过极具感染力的演讲，他说：“我们所有人都愿意为造福我们伟大的祖国而工作！不仅愿意为她工作，而且愿意保卫她！无论何时，永远保卫她！……这一意志总是帮助我们取得胜利！我们是胜利的人民！在我们身上有这样的基因，有这样的遗传密码！这将代代相传！”[1] 俄罗斯整体国家安全意识是战争的历史与现实的生存危机教育出来的。俄罗斯民族可以说是战斗的民族。俄罗斯民族的国家安全意识极为强烈，从小孩到老人都具有浓厚的国家安全意识。这除了民族性格、民族文化和两次世界大战的历史原因之外，与该国的国家安全教育是分不开的。俄联邦青年事务署署长波斯佩洛夫说：“国家安全教育不能生搬硬套和强行灌输，而应该告诉年轻人，如果不尊重自己的国家，不尊重国家的历史和曾经取得的成就，就意味着毁灭自己的未来。”[2] 俄罗斯对国民的国家安全教育是极为重视的。据《解放军报》报道，俄罗斯的国家安全教育是“通过法律规定，20 至 70 岁的公民，均须接受法定的国防教育，同时还规定，16 至 60 岁

1 ［俄］普京：在“我们保卫祖国”机会上的讲话，《普京文集》，世界知识出版社，2014 年 5 月，第 98-99 页。

2 温馨：俄罗斯高度重视国家安全教育，2016 年 04 月 15 日，新华社，http://news.xinhuanet.com/world/2016-04/15/c_1118632452.htm，[2017-08-05].

的男性和16至55岁的女性，均须接受民防义务训练，对大中学校的学生，则根据《宪法》把国家安全教育和训练列为正式课程，并把军训成绩记入学分”[3]。

俄罗斯的国家安全教育在内容上重视对英雄人物的宣传和对国家政治文化认同教育。俄罗斯中小学生里《生命安全基础》成为必修课。2015年又加入“网络安全”课程知识的内容。课程除了学习救助和保护技能外，还加入各种枪支、模拟、体验、演示、训练等活动。学习结果要计入毕业成绩。俄罗斯人还加强对英雄人物和胜利日纪念，并举办各种活动。

俄罗斯还设置了不少特殊的日子以纪念国家历史上的英雄和特殊事件。俄罗斯每年4月12日是宇航节，纪念人类第一个登入太空的苏联宇航员加加林进入太空；5月9日卫国战争胜利日；5月28日边防战士节；11月7日十月革命节等。对比俄罗斯的英雄人物的宣扬和特殊纪念日的设置，中国这方面做得还比较欠缺。尤其是改革开放以来，我们一直强调以经济建设为中心，忽视了国民信仰、诚信、道德等精神文明要素的教育，导致出现了不少严重问题。尤其是近年来网上出现了不少诋毁辱骂领袖毛泽东、诋毁英雄人物、嘲笑雷锋精神等一些摧毁中华民族精神最本质的东西，这是非常危险的行为，任其发展下去后果不堪设想。

3. 日本的国家安全教育　日本的国家安全教育从它们整个国家发展历史来看是“不教自育”，所谓“不教自育”的意思体现在一是日本大和民族本身具有尚武传统，具有教育下一代爱军习武的精神历史，日本社会好胜，崇尚强者。二是日本国土面积小，资源贫乏，加上地震海啸等自然灾害较多，这就形成了日本国民天然的危机意识。这两方面——尚武精神和危机意识——对中国来说不太充足，或者说曾经拥有过，现在

3 《解放军报》：国外如何开展国家安全教育，2016年04月14日，第07版。

已显得严重不足了。探讨日本的国家安全教育对于中国来说具有重要的借鉴和防范意义。

日本的国家安全教育体现的是外向型、侵略扩张型和互助自救型相结合的复合型安全教育，这与中国、俄罗斯、美国等其他国家的防御型安全教育是不同的。日本的国家安全教育从内容上看分为国防教育、安全自救教育和历史观教育。教育的对象是全体国民，以青年为主。教育围绕着军国主义、危机意识和灾难自救核心展开各种教学。手段多样，教育载体丰富，教学目标明确，效果显著。

第一、日本的国防教育。日本的国防教育重在利用不利的地理环境因素和旧日军的遗物、资料馆、纪念馆、神社和战争史对青少年进行国防教育，以增强他们的爱国忧患意识。让青年一代了解日本老一辈的“光荣历史”。值得关注的有日本军事博物馆和靖国神社。日本军事博物馆内陈列着二战时期及以前的战死勇士的遗像、遗物等资料。日本的靖国神社也是日本教育国民的另一个重要的场所。这里供奉的不仅仅是一般战死的士兵，也供奉着二战时期经过东京国际审判的甲级战犯。长期以来，日本政府对靖国神社的态度成为了日本外交政策和对外关系的风向标或导火索。自 1978 年至今，共计有 7 位在任的首相参拜了靖国神社。具体情况如下：

1977 年 — 1978 年，福田赳夫两年内连续四次参拜。

1979 年 — 1980 年，大平正芳一年内连续三次参拜。

1980 年 — 1982 年，铃木善幸三年内连续九次参拜。

1983 年 — 1985 年，中曾根康弘三年内十次参拜。

1996 年，桥本龙太郎以首相身份，在自己生日当天参拜了靖国神社。

2001 年 — 2006 年，小泉纯一郎共六次参拜。

2013 年 12 月 26 日，安倍晋三在二次执政满一年之际，参拜靖国神社。[1]

日本首相与高官参拜靖国神社给日本右翼势力带来极大鼓舞，但却对亚洲国家，尤其是中国和韩国来说是不可接受的。外交上中国必须进行义正辞严抗议，同时对本国的青少年要及时地进行正面教育，了解历史，了解现状，把握住两国关系的未来。

第二、歪曲历史观教育。日本的历史观是歪曲的历史观，它根据日本政客的需要而随意编纂出违背历史事实的东西。日本在教育下一代的过程中过度强调自身的勇敢、开拓进取和不怕牺牲精神，即所谓的“武士道精神”。在历史教学过程中，他们不提其前辈惨无人道的烧、杀、抢、掠、奸淫妇女等等令人发指的行为。严重歪曲历史事实的“教科书事件”令亚洲人民感到愤慨。历史教科书事件反映出日本右翼势力抬头，对历史不是忏悔和道歉，而是继续把过去军国主义那一套教授给下一代，这种安全教育行为令亚洲各国感到不安，也只会给亚洲未来的安全制造了隐患。

第三、注重安全实用技能的获得教育。日本的国家安全教育另一个显著特点就是特别注重让受教育者获得对外防御和安全自救的实际能力。学会在地震海啸等灾难来临时如何逃生与自救是每一个国家都应该教授给学生的。这一点，日本的做法是值得肯定的，也应值得其他国家学习。另外，日本比较注重训练学生的实际军事技能。日本自卫队经常邀请青年学生参加军营活动或者积极参与学校的各类活动。日本通过这些活动潜移默化地灌输国防教育理念，有助于学生对未来战争的感悟与处理应对。

总体来说，日本的国家安全教育的可取之处是崇尚尚武精神、危机

1　资料来源：百度百科．靖国神社，[2017-08-06]https://baike.baidu.com/item/%E9%9D%96%E5%9B%BD%E7%A5%9E%E7%A4%BE/1096?fr=aladdin.

意识教育和获取实际应对能力。中国与之相比还相差很大的距离，现在进行什么样的国家安全教育，未来国家就是什么样的安全结局。中国应抓紧围绕着这三个方面做好补救教育工作。

4. 台湾地区的“国防”与“国家安全”教育 台湾地区“国防教育”由于受到两岸多年政治环境、美台特殊关系、日台关系的影响，“国防教育”一直都受到重视，而且从根本上说与大陆的国防教育是对立的。与大陆国防教育相比，台湾高校“国防教育”实施较早，内容丰富，形式多样。台湾地区高校的军训更注重军事技能的获得，大陆地区高校军训注重军事知识的获得，两者反差很大。从物资经费保障上看，台湾地区投入的物资经费相对较多，大陆地区的国防教育无论是人员，还是场地、资金、资源都是缺乏的。大陆高校里的军事训练越来越流于形式了。台湾方面即使对社会人员的宣传教育也是能够积极利用现代科技手段加强对一般民众的影响。

5. 互联网＋国家安全（教育） 毫不夸张地说没有网络安全就没有国家安全，互联网安全是国家安全的重要内容之一。反过来，互联网技术又可以成为维护国家安全的重要手段。所以互联网和信息技术既是目的也是手段。互联网在国家安全领域中的重要性也就不言而喻了。接下来着重分析互联网技术对于国家安全的保护作用，以及如何利用网络开展国家安全教育。

第一、互联网与国家主权。互联网技术的发展，使整个国家都“搬入”了互联网虚拟世界。国家的政权、政治制度、政务管理、公民信息、地理数据、自然资源信息、通讯交流、生活娱乐、信息传输等，基本上实现了网络化。每个国家、社团、企业都有一个虚拟单位。这种虚拟单位与现实世界的实体单位几乎没有太大的区别了。所以一个国家的数据、网站、网络世界与实体国家的一切也是一样的。从政治学的角度看，互联网具有一定的国家主权特征，“网络主权”概念便应运而生。

互联网主权是国家主权在互联网上的扩张延伸，任何国家、单位、公民不得随意侵害一个国家的网络、网站和网络平台管理信息，偷盗、篡改或删除一个国家的数据与侵犯国家主权一样严重。因此必须重视网络主权，维护网络主权，保障网络安全。

第二、互联网与国家安全。互联网或信息技术既然成为了一个领域，成为了国家主权的延伸，有了网络主权，那就同样存在着信息安全的问题。“制网权”的概念也便接着产生。制网权与制空权、制海权的概念一样是一个战争空间领域不断拓展的名词，是一个与战争相关的概念。科技的发展导致人们对权力观、战争观的认知在不断拓展。“互联网安全已成为信息化时代国家安全的战略基石。”[1] 谁占领制网权谁就赢得了未来。让每个公民拥有网络安全意识和维护网络安全的能力就成问题的关键。

第三、互联网与国家安全教育。公民获得互联网安全意识和互联网安全维护能力要通过网络安全意识教育和培训才能实现。“网络安全方面最大的风险，是没有意识到风险。”[2] 目前中国正式把计算机或信息技术教育课程纳入到全民教育体系也就二三十年的时间，中国网民数量达到上亿级的规模。据有关机构统计，2016 年中国网民数量达 7.31 亿人，其中手机网民数达 6.95 亿人，占比 95.1%；预计 2017 年中国网民规模将接近 7.6 亿人，手机用户占比 98%。[3] 但是中国网民的网络安全意识、国家安全意识并不高，必须高度重视网络安全意识的宣传教育。

1. 加强对大众网民的安全意识安全技能宣传教育。利用互联网和新媒体技术开展对广大网民的安全意识教育。这在技术上是完全可以实现

1　总体国家安全观干部读本编委会：《总体国家安全观干部读本》，人民出版社，2016 年，第 147 页。

2　同上，第 155 页。

3　新华网：中国网民数量将达 7.6 亿人“网红经济”趋多元化，（2017-02-27）http://news.xinhuanet.com/2017-02/27/c_1120538851.htm, [2017-08-13].

的。新华网、人民网、百度、腾讯等知名媒体通过公共服务平台向网民推送国家安全知识、国防教育知识、灾难救助知识、识别网络诈骗知识等各类安全知识，提高网民的爱国意识、国家认同意识和民族自豪感。单位与社区定期举办网络安全宣传活动，提高对违法犯罪活动的鉴别和防御能力。

2. 学校安全教育要充分发挥网络技术作用。高校和中小学中的国家安全教育要让网络成为国家安全教育的新载体。利用网络技术手段增强国家安全教育的时效性、趣味性和影响力。要建立国家安全教育网站，把国家安全教育优秀教案、国家安全知识、技能、法律法规上网，课堂教育内容以多媒体方式展示出来。高校可发挥科研优势、人才高地优势、专业优势、实验室优势等各种优势资源合理转移到国家安全教育活动中来，把国家安全教育向课外延伸，向校外延伸，形成多元立体的国家安全教育整体格局。

3. 组建"网络民兵"以备国家特殊时期使用。"网络民兵"是战争时代发展的需要，也是军民融合实现的一种方式。在现代化战争中，网络民兵已经显示出它的强大作用。"从科索沃战争中的信息瓦解战，到俄格冲突中有组织的'民间'网络进攻，再到乌克兰危机期间公开招募民兵进行网络舆论战，网络安全对抗呈现出全民特性。"[1] 国家应快速组建网络民兵机构，为国家特殊时期或危难时备用。网络民兵组成来源，一是在现有民兵基础上实现民兵信息化，加强民兵信息化培训，提高民兵的信息化战争水平。二是各单位组织中的计算机或网络技术专业人员，培养成特种"网络尖兵"，在未来信息战中发挥独特作用。这些人本身具备网络技术知识，只要经过合理的有组织的领导和培训，即可成为网络战场的战士。三是把网民训练成网络民兵。中国网民数量是世界最多

1　马建光：网络民兵：信息战争时代的全民皆兵，《光明日报》，2016 年 10 月 05 日，第 08 版。

的，这么多数量的网民既是一种市场资源、媒体资源，也是未来战争战斗资源，是未来战士。我们虽不主动发动网络战，我们要有应对网站战的“兵”。

（四）国家安全意识的获得

国家安全如同生活中的阳光、空气和水一样，一刻都不能离开。正因为阳光、空气和水是司空见惯的东西，不觉得它重要，国家安全在和平稳定的时代也成了被人们忘记了的东西。长期生活在和平、安宁、稳定状态下的国人大多数体会不到战乱、瘟疫、流离失所的感受。许多国家的人羡慕中国人，可以正常地上班、学习、娱乐、看电影、家庭旅游、出国旅游。不会有早晨去上班下午不归的情况发生。正是因为我们太安逸了，忘记了四周的豺狼虎豹以及那群野兽曾经对我们民族的伤害。

看看国内，失去警觉的人、麻木的人、醉生梦死的人有多少。还有多少是“先天下之忧而忧”的人。那些在改革中富起来的一些人整日灯红酒绿；那些正在富起来的人也在舞曲中摇晃；那些曾经腐败和正在腐败的人内心彷徨；那些尚在为吃饭而发愁的人内心凄凉……还有谁在为国家的安全与未来惆怅？泡在酒与歌舞中的国人也该醒来，敌人已磨刀霍霍向牛羊。

国家生死存亡的意识我们一刻也不能忘却！

如何使一个民族长久地保持危机意识、存亡意识和战斗意识对国家来说是至关重要的。如果一个民族的精神萎靡不振，这个民族离灭亡也就不远了。“生于忧患死于安乐”是中国历代王朝历史更迭的魔咒。毛泽东接见民主人士黄炎培曾经豪迈地说过“中国共产党人是可以跳出历史周期率的”。不改朝换代，不亡国灭种，就得时刻保持着与狼共舞的警惕性，历练出狼的血性，而不是塑造培养看起来胖胖的、傻傻的、任人宰割的羔羊。

在中华民族的精神内涵中，我们有以爱国主义为核心的民族精神，但我们还缺少警醒的危机意识。“和平不是靠嘴说来的”，而是斗争来的。如何在保持经济持续发展的状态下，使整个民族继续拥有斗志昂扬的精神、奋发向上、不畏强敌的精神才是国家长久生存的关键。也就是说让我们的物质力量和精神力量始终保持在最大化，那么什么样的来犯之敌，我们都会无所畏惧。

培养公民的国家安全意识、民族危亡意识、生存意识是需要持久地规划和建设的。2017 年 4 月 14 日，也就是“国家安全教育日”的前一天，《法制日报》社组织了一次网上国家安全意识、知识调查问卷，调查下来的结果不容乐观。调查结果见图 6。93% 的人认为国家安全与公民信息相关；10% 的人能够回答出 11 种安全领域，33% 的受访者没有受过国家安全知识教育。对于知道全国统一的国家安全受理电话 12339 的只有 50%。在 67% 受过国家安全知识教育的调查者中，他们获得知识的渠道和人数比例也是大不相同的。具体情况见表 10。

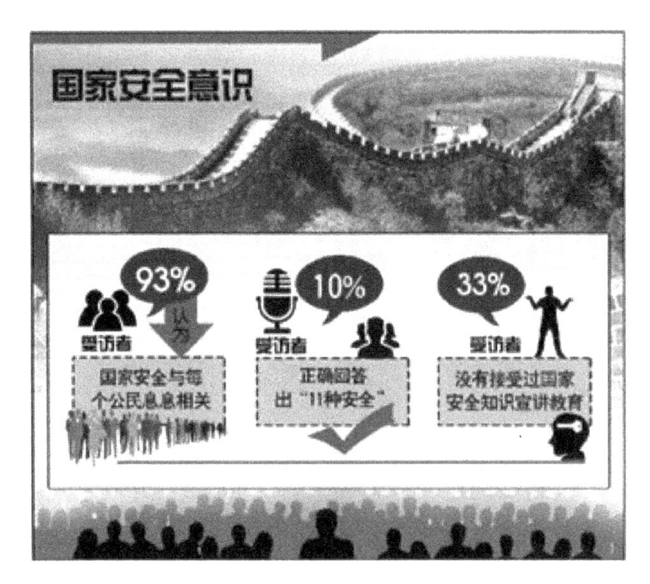

图 6　公民国家安全意识调查

表 10　公民获得国家安全知识渠道情况表

序号	获得国家安全知识渠道	占比情况
渠道 1	广播电视报刊杂志等传统媒体	25%
渠道 2	影视剧	14%
渠道 3	微博微信等新媒体	25%
渠道 4	街道宣传	10%
渠道 5	单位专项培训	11%
渠道 6	学校课程	15%

说明：表格数据来源于 2017 年 4 月 14 日《法制日报》调查数据，调查范围为网上调查，未考虑中老年及未上网人群。

根据调查情况来看，中国公民对国家安全意识是存在的，但是没有反映出安全意识的强度。同时，从被调查人员情况看，他们掌握的国家安全知识还不够全面，现有的渠道还不够畅通，个别获得知识的渠道使用效果不是太好。以学校为例，学校本该是发挥传播安全知识、教授安全技能的场，但却没有发挥出应有的作用。其他的渠道还有待于进一步开辟。接下来的问题就是要解决好渠道和受众之间的对接问题。

意识是无法凭空产生的，某种意识只有通过物质活动的刺激才能慢慢地形成。要使公民获得国家安全意识还要通过长期的多种方式来开展。

第一种途径：国家安全教育的学习模式。这部分内容在本节第一部分已经阐述，这里不再赘述。

第二种途径：新媒体传播教育模式。新媒体模式，就是国家安全教育、安全思想的传播、安全知识学习等安全行为或安全信息通过多媒体以及互联平台方式实现安全信息传播的方式。互联网、大数据、云平台、APP 等新媒体的出现为安全信息的学习、交流和传播提供了快速便捷的渠道。但是，新媒体渠道模式也给国家安全带了负面作用，新媒体平台可能成为敌对势力对中国公民进行反思想宣传的阵地，新媒体平台也可能成为广大网民不经意间泄露国家机密的平台。所以新媒体平台的利用存在较大安全隐患。

第三种途径：传统安全教育模式。传统安全教育使公民获得国家安全意识是效果持久、方式多样的教育模式。城市街道常用横幅、展板、传单、雕塑等形式开展安全意识传播活动。农村地区因安全重要程度相对较低，农村地区的国家安全教育行为目前并不多，仅仅是国家大众媒体平台的教育，自发教育和自主教育尚未进行。农村地区由于面积大，人口多，文化程度相对较低等特点，农村的国家安全意识相对不高。农村由于担负着国家粮食生产责任、环境保护责任、耕地资源保护责任，农村的国家安全工作形势尤为严峻，国家安全教育迫在眉睫。针对农村地区的国家安全教育传统模式比较适合。对农村地区开展国家安全教育利用老百姓喜闻乐见的方式比较容易接受，比如墙体标语、快板、戏曲、大鼓、扬琴等等。沿海地区民众应重点开展经济保密工作、互联网信息甄别、环境安全保护、核战状态下逃生救助知识宣传教育等形式。

（五）国家安全能力的获得

公民仅有国家安全意识还远不能满足安全需要的。在全球化背景下公民还要具有适当的国家安全维护能力、个人生命财产安全保障能力、个人救助和救他能力、危机的处置与应急能力。这是国家安全形势发展的客观要求。习近平在中国共产党第十九次全国代表大会所做的工作报告中，在论述“维护国家安全”部分时强调“提高防范和抵御安全风险能力”，没有防范和抵御能力国家安全也是空谈一场。

维护国家安全的能力与公民在日常工作和生活过程中的维护安全能力既有区别也有一定的联系。这里的维护国家安全能力保护的客体是国家，而保卫国家的安全主体是多元的，最大的主体就是国家安全主体，其次是国家的暴力机构和安全机构，比如军队、警察、国家安全系统、民间武装力量等；再次是民族、团体、社会组织机构；最后是家庭、家族或个人。不同的安全行为主体围绕着共同的安全客体 —— 国家的安全 —— 通过各种途径方式、方法、措施，努力获取实现国家安全的能力。

那么公民如何才能获取维护自身安全、维护家庭社会安全和维护国家安全的能力呢？也就是说维护国家安全的能力要从哪里来呢？

要知道维护国家安全能力从哪里来，就要先了解能力的涵义、它的特点和构成，以及如何获得一种能力。首先我们先来了解一下能力的涵义。能力，《现代汉语词典》的解释是"能胜任某项工作或事务的主观条件"[1]，百度百科的解释是"能力，是完成一项目标或者任务所体现出来的素质"，"能力总是和人完成一定的实践相联系在一起的。离开了具体实践既不能表现人的能力，也不能发展人的能力。达成一个目的所具备的条件和水平"。[2] 维基百科对能力（ability）的解释更是丰富，能力指一个人要完成一件事情所具有的态度、观点、知识、技能、力量等。[3] 从能力的各种定义来看，能力具有以下几点特征，一是它与客观世界相联系的，与具体的事件相关联，没有事件活动就没有能力的产生；二是能力与人的大脑机能有关；三是能力的获得需要外界的刺激和内在的主观能动性共同作用。四是能力有大小、层次和种类之分，不同的个体在外界刺激作用下可能会产生不同的能力。

根据能力所表现的不同领域，能力具有不同的分类，能力可分为一般能力、特殊能力、创造能力、认知能力、元认知能力和超能力等。[4]

---

1 中国社会科学院语言研究所词典编辑室编：《现代汉语词典》（第 7 版），商务印书馆，2016 年版，第 947 页。

2 百度百科：能力 https://baike.baidu.com/item/%E8%83%BD%E5%8A%9B/33045?fr=aladdin

3 Ability: https://en.wikipedia.org/wiki/Ability

4 李悦：对外汉语教师教学能力结构及培养策略，《语文学刊》，2016（11）。

了解能力的基本概念和理论对于认识和建构维护国家安全的能力具有重要的借鉴和帮助作用。

维护国家安全能力属于特殊的能力。安全主体不同安全维护能力的要求也不一样，如果国家安全意识在每一个个体中存在差异，那么获得或追求维护国家安全力量的动机也是不一样的。比如东晋时期的将领祖逖和刘琨，他们二人年轻时立志报效祖国，正是有了这样的爱国意识、国家意识，才有了“闻鸡起舞”这样的个体获得维护国家安全能力的超常规行为。当代社会维护国家安全的主体是多种多样的，有个人安全主体、有家庭家族安全主体、有组织企业安全主体、有警察军队、有国家安全和国家集团安全主体等等。不同的国家安全维护主体获得的能力要求和标准是不一样的。不同的主体在特殊时间轴上发挥着不同的作用，小主体有时候也可以发挥大作用，也可以发挥枪炮所不能发挥的作用。维护国家安全主体的能力类型和比重情况具有一定的差异，具体情况见下表 11：

表 11　维护国家安全主体能力类型及权重表

维护国家安全主体类型	能力的类型及作用形式	能力的权重
个人	个人防卫及救助能力，信息安全防护能力，特殊防卫器材使用能力，贯彻国家安全执行力等	0.05
家庭族群	族群力量，集合力量	0.15
学校和教育培训机构	创新和传授安全技能能力	0.25
社会组织与企业	协调、配合、辅助与技术输出能力	0.1
政府	主导、引领和组织能力	0.2
国防军队警察	直接维护国家安全能力	0.25
国家	整体力量	1

根据不同主体的能力类型要求，各级安全主体和不同安全主体之间密切配合，相互协作，促进维护国家安全的整体实力共同提升。

在维护国家安全的各种类型安全主体中，个人安全主体数量最多，级别最低，或者说最不出众显眼，但是个人的维护国家安全的能力素养是决定国家安全的最基础、最根本的安全维护力量。因为其他的安全主体的维护力量几乎是个人维护力量的延伸和扩张。大力提升个体的安全维护能力，在国家安全维护能力整体上就会有质的提升。在第二章中我们论述了国家安全的根本要素，那就是人，就是高素质的人，是国家安全的根本，所以说从根本上解决国家安全维护的问题其他问题也就相对容易了。

提升个体人的维护安全能力可从以下几方面开展实施：

一、首要的能力就是自救的能力，因为只有自救才能救他。个体只有学会在危急时如何处理和应对各种威胁，如何在地震中、在灾难时、在海啸时、在异国他乡、在面对恐怖袭击时，等等，各种危险环境下时，只有先能够救助自己，接下来才能谈得上救助他人、救护家人、保护国家的财产与同胞的生命。

获得自救能力的方式首先是锻炼身体增强体质。通过学习拳术、武术、搏击术，增强自身机能，增强体魄和抗击能力。其次，通过学校、培训、网上自学等途径学习救助、救护和保护自己的知识。再次，在危机来临时想办法与外界沟通保持联系，在国外境外旅游学习遇到问题及时与家人、组织、团队或驻外机构、大使馆保持联系，必要时向他们求助。

二、救助他人他物的能力。个人除了要自我救助，有时可能还需要救助他人他物。人是社会性动物，脱离不了这个社会。在他人他物面临威胁、面临绝境、面临危险的时候一个人还要能够拥有挺身而出的本领。救助他人既是中华民族的美德，也是时代发展的需要。见义勇为是勇气也是一种能力。在社会生活中，在国外境外要能够帮助同胞脱离险境，救助同胞，为维护世界和平正义贡献力量。

三、学习维护国家安全的特殊技能。公民维护国家安全的能力构成是多种多样的。在冷兵器时代国民可以学习射击、射箭、马术、练习武艺和十八般兵器，而在和平时期，这些技能似乎不需要了。现代国家从社会稳定的角度，也不允许一般公民持有枪支弹药、匕首、弓弩等有可能给社会造成伤害的器物。然而，社会的发展，还是存在着太多的危险和不安全因素。安全状况在客观上要求公民掌握一定的维护国家安全技能，这是针对特殊问题、或某些群体、或某些行业所具备的维护国家安全的能力。比如，公民鉴别危害国家安全行为及防护知识、公民的一般网络安全知识；军人的使用一般武器、或特殊武器、或战略武器的技能等。

四、国家应培养国家安全专业人才。形势的发展迫切需要设立和培养国家安全专业的专门人才。目前，国家安全教育系统工程已开始启动，2016 年，教育部副部长刘利民指出，教育部将认真落实"将国家安全教育纳入国民教育体系"的法定要求。"把国家安全法教育纳入《青少年法治教育大纲》，编写国家安全教育学生读本，系统规划和科学安排国家安全教育的目标定位、原则要求、实施路径。"[1] 此外，各高校还要大力培养国家安全教育各领域、各层次、各类型的专门人才，如安全师资人才、计算机安全人才、国家安全形势宏观分析人才等。在人才的层次上，培养本科、硕士和博士人才，建立完备的高层次人才培养体系。北京国际关系学院 2018 年已开始招收"国家安全专业硕士研究生"，这对于一些有条件的高校来说也是个示范。

二、重塑民族精神在民族精神中注入国家安全的基因

（一）民族精神为何要注入国家安全的基因

生产力要素对于国家崛起确实是重要的，生产力要素解决的是物质

1 刘利民：把国家安全教育纳入国民教育体系，《光明日报》，2016 年 04 月 16 日，第 06 版。

力量问题，而国家崛起的另一个要素 ——“精神要素”与生产力要素一样是同等重要的。物质要素与国民的精神要素的最佳结合才是保障国家安全的最佳状态。经典现实主义大师汉斯 · 摩根索对精神作用的认识是“总体上，一个民族越是与其政府的行动和目标保持一致 —— 当然，特别是外交政策 —— 国家士气高昂的机会就越大，反之亦然”[2]。精神力量在国家安全维护中起着十分重要的作用，在特殊情况下，精神力量要超越物质的力量。改革开放以来，“科学技术是第一生产力”一直被我们高度重视，然而我们却忽略了精神要素的培育 —— 民族精神 —— 生产力的倍增器这个重要的因素。民族精神由多重精神要素构成，长久以来，我们国家塑造了以爱国主义为核心的民族精神。改革开放以来，虽然我们的民族精神核心没变，但是我们民族精神中那些刚毅、正直、血性、勇气、担当、拼搏、顽强的精神明显不足了。民族精神应该是随着时代的发展而不断更新扬弃，好的品质永远都不能丢弃。在保留民族精神优秀的核心价值情况下需要不断地重新塑造民族精神。

在全球化快速发展的背景下，在国际安全问题突出的情况下，我们该塑造什么样的民族精神？是那种温文尔雅，彬彬有礼，还是果敢刚毅、自信担当；是在强敌面前退缩逃避，还是勇敢地冲向前？电视剧《亮剑》，老百姓为什么那么喜欢？因为它给我们树立了为了家国正义事业而不怕死的精神，树立了在面对强敌面前敢于亮剑的精神，树立了骑兵连只剩下一个人的时候依然敢于“进攻”的精神！　2017 年火爆全国的电影《战狼 II》为什么能够创造电影票房的历史？那是因为它再一次触碰了我们民族血性的燃点，让观众看到了全球化背景下个人维护生命财产安全能力的不足和缺失，也看到了祖国强大给公民生命带来的保障。从这两部影视剧作品来看，我们的民族太需要这样的精神了。改革开放不能丢

2　汉斯摩 · 根索著：《国家间政治》，孙芳译，海南出版社，2008 年版，第 172 页。

失血性精神，不能让我们的民族或国家成为任人宰割的肥羊！历史长河中曾经失去的血性必须找回。重塑民族精神是时代的发展呼唤，是国家安全保障的呼唤。重塑尚武精神和民族血性是时代发展的强烈要求。

（二）国家强弱与尚武精神联系紧密

1. 尚武精神曾经渗透到中华民族的血脉。"中华民族在血与火的洗礼中，铸就了悠久的尚武传统。"[1] 尚武精神曾经是我们民族精神的主要组成部分，它在国家的疆域形成、抵御外敌、强身健体、保国卫家的进程中发挥过重要的作用。"（尚武）顾名思义，尚是尊崇，武指武术或军事；尚武就是尊崇武术、军事的意思。尚武精神更深层次的含义还包括一种精神价值，指在崇尚武力、使用武力战胜对手的过程中所具备的种种精神品质。它的核心是尚武崇德、爱国奉献、奋发进取、自强不息、英勇顽强、志向坚定、保家卫国的一种精神表现。"[2] 尚武精神还渗透到中国的语言文字当中。比如"止戈为武""闻鸡起舞""文武双全""文治武力""英雄无用武之地""文能兴邦，武能报国""武举人"等等。而随着时代的发展，以及战争中新式武器的不断出现，不会武艺也可以"杀敌了"。武器的升级让武术拳击几乎退出了战争的场地，武术沦为了一种艺术表演。中华武术原本博大精深，而时代的发展导致会武术懂武术的人越来越少，甚至连这种精神思想也随着时代的发展逐渐消失了。

2. 中华民族的尚武精神逐步走向没落。中国人尚武精神消失的原因是多方面的。需要从中国传统思想、王朝更替和执政者的私欲去挖掘探寻。中华民族的尚武精神经历了从滚滚洪流、到静水深流，再到涓涓

1　程远：中华民族尚武精神的历史轨迹及文化启示，《西安政治学院学报》，2016 年 6 月，第 109 页。

2　李爱红：关于民族尚武精神弱化的历史根源及对策思考，《体育研究与教育》，2015 年 4 月，第 86 页。

细流，最后发展到无水断流的地步。现在还有谁全部见过或者能说得出“十八般兵器”名称呢？造成这种现象的原因是多方面的。从历史角度看武术衰微首先是受到传统思想文化的影响。传统思想文化以儒家思想文化为主流，主张仁和，反对武力。其次是统治阶级重文轻武的治理需要。中国封建社会统治阶级自身通过武力夺取天下，害怕民众通武用武，夺取其天下，采取各种措施限制国人练武的。同时主张舞文弄墨，削弱百姓的“造反”思想。再次是宗教消极思想的深刻影响。佛教传入中国后其思想主张核心为“空”，就是要百姓放弃进取精神，无所求，一切都有定数。“尚武精神、竞争和对抗意识的消弭，造成了上古时期崇尚武力的民族传统心理结构的解体。从这个意义上说，佛教思想对中国尚武精神的影响是显而易见的。”[3]

从现实角度看，“尚武精神”的核心并非是击倒敌人，而是战胜自己，培养自强不息的意志品质。[4]当今社会“盛世和平”很多人认为不需要舞枪弄棒了。即使国家之间发生了战争也不需要“练武之人”。再说了人们整天忙于“经济建设”，无暇顾及国民的思想是否“刚毅、果敢、坚强、英勇、无畏”。当今社会物欲横流，当歹徒、坏人、恐怖分子出现在面前时又有几人能挺身而出，即使挺身而出了又有几个能与坏人殊死搏斗的呢。坏人有时很坏，好人却普遍无能。从尚武的实践来看，当一个民族或国家尚武精神十足，完全可以创造出历史的丰功伟绩。战国时秦国尚武，统一了中国；同样是秦国，穷兵黩武毁了秦国。汉武帝厉兵秣马，彻底消除匈奴的祸患，汉将李广、卫青、霍去病让匈奴闻风丧胆。“如果说汉唐把中华民族的尚武之风推到了极致，那么，宋代则把尚武精

3　李爱红：关于民族尚武精神弱化的历史根源及对策思考，《体育研究与教育》，2015 年 4 月，第 88 页。

4　网易体育：从习近平谈拳说起 尚武精神助力“中国梦”，作者不详。

神拖向了深渊。”[1] 自北宋开始，民族尚武之风每况愈下，汉族政权两次被马背民族推翻，改朝换代。直至晚清，国家积贫积弱，人民被污蔑为“东亚病夫”，我们的民族精神萎靡了，接踵而来的就是灾难深重不平等条约。1927 年后，中国共产党靠的就是为着正义的事业敢打的精神赶跑了日本帝国主义、推翻了三座大山，新中国就是中国共产党领导着人民以大无畏的气概打下的江山。

近代剧烈动荡的中国，重新孕育了尚武精神和强民之风。一批民族脊梁或有识之士提倡要恢复尚武精神。严复提倡“鼓民力”。甲午战争失败后，梁启超从民族精神层面出发提出“尚武”思想。民主革命的先行者孙中山，他认为日本之所以敢侵略中国，在精神层面上是因为有尚武精神（武士道思想）。鲁迅先生提倡“尚力”。陈独秀的《今日之教育方针》提倡“兽性教育”，厌恶无缚鸡之力的白脸儒生。毛泽东在早年《体育之研究》一文中对我们民族体育的要求是“文明其精神，野蛮其体魄”。仁人志士对尚武精神的说法虽然不同，他们在不同层面上对尚武的目的或许也有很大不同，但是他们的对尚武精神的本质要求是相同的，都是希望国民身强体壮，民族精神健康，国家强盛起来。今天我们虽然不再是“东亚病夫”，变成体育大国，但是从体育的角度来说，我们还不是体育强国，全民健身运动还要大力弘扬开展。而从国家战略的角度来说，民族精神需要重新塑造，尚武精神需要再次弘扬，为实现中国梦提供强大的精神动力支持。

（三）重塑民族气魄让尚武精神领跑中华崛起

民族精神、民族性格、民族气魄是一个国家崛起不得不考虑的重要

1　程远：中华民族尚武精神的历史轨迹及文化启示，《西安政治学院学报》，2016 年 6 月，第 109 页。

因素。经典现实主义认为评估一国力量不得不把一国的民族性格考虑进去，无论评估这样一个难以捉摸的无形的因素多么困难。[2]德国在一战之后，尽管《凡尔赛条约》削弱了德国许多物质力量，但是没有削弱德国人的民族精神和思想意志，失去的一切很快被德国人重新制造了出来。今天中国正走在实现中华民族伟大复兴的道路上。而这条路并不平坦，这条路充满艰辛坎坷，必须有伟大的精神指引才能实现我们的梦想。我们要重塑我们的民族气魄，以尚武精神引领中华民族实现伟大复兴。国防大学教授著名军事专家戴旭说过，"放眼世界，凡是创造了辉煌历史的国家，无一不是尚武之国！"今天的中国要想成为世界强国必须重塑民族精神，弘扬尚武思想。尚武，不是黩武。当代尚武精神是敢于担当，敢于挺身而出，不畏劲旅强敌的精神。

1. 大力弘扬尚武精神助力中国梦。2014年8月，夏季青奥会期间，习近平观看跆拳道、摔跤、柔道、拳击等项目组的训练。他勉励参赛选手不要有锦标思想，要放下包袱，要放松心态，甩掉包袱，赛出水平，展示风采，让外国朋友看到中华体育精神和中国人民的意志力。[3]习近平强调金牌之外的体育精神、拼搏精神，这也正是尚武精神的一种体现。习近平青年时期练过武术，对武术的真谛多少有些把握。习近平对体育精神的发扬，就是对尚武精神的弘扬。中国梦的实现要靠民族精神。习近平在十二届人大一次会议发言指出，"实现中国梦必须弘扬中国精神。这就是以爱国主义为核心的民族精神，以改革创新为核心的时代精神。……全国各族人民一定要弘扬伟大的民族精神和时代精神，不断增强团结一心的精神纽带、自强不息的精神动力，永远朝气蓬勃迈向未

2　汉斯摩·根索：《国家间政治》，李晖译，海南出版社，2008年版，166页。

3　新华网：习近平寄语中国参加青奥运动员　不重奖牌重精神；2014年8月18日；新浪网体育频道：从习近平谈拳击说起　尚武精神助力"中国梦"，http://sports.sina.com.cn/o/2014-08-18/09447296258.shtml.

来。"[1] 这种"团结一心的精神纽带、自强不息的精神动力、朝气蓬勃的气象"唯有尚武精神、体育精神、奋进精神才能够锻炼得出。"武术只有在它体现了优秀传统文化的价值，才有可能成为实现中国梦·武术梦的精神力量。"[2] 大力弘扬尚武精神对实现中国梦具有强大的助推力，是中华民族奋进远航的助推器。2017 年 1 月 20 日，习近平在瑞士达沃斯出席世界经济论坛时铿锵有力地向世界宣布"历史是勇敢者创造的"，这是具有"勇敢的心""勇敢的人"才能说出这样震撼世界的话语。

2. 个人出国出境游学或工作需要安全防卫知识和技能。尚武精神不仅关系到国家民族的兴衰，也与公民个体生命财产安全息息相关。非传统安全的不可预测性在个人安全方面表现得尤为突出。俗话说"天有不测风云，人有旦夕祸福"，生命有时显得非常渺小和不堪一击。在经济全球化背景下，公民在世界范围流动性频繁。当前世界每个国家几乎都有中国公民存在。特别是 2017 年，有几起让中国人扎心的残害中国公民事件。案件的发生敲响了公民如何防卫、自卫，保护生命财产的警钟。2017 年 6 月，北京大学毕业的女硕士研究生章莹颖在美国惨遭杀害。2017 年 7 月 18 日，福建省女教师危秋洁赴日本旅游失踪。2017 年 8 月 4 日，德国法院审判了杀害中国籍女孩李洋洁遇害案。2017 年 11 月有四名中国游客在巴黎遭到抢劫。未来还有多少中国公民会在海外遇害？我们不得而知。华人华侨在海外面对歹徒时毫无反抗之力。为什么受伤的总是我们？长久以来我们的国家对外讲道德、讲和平、讲友谊、讲国际奉献，不讲对国民的安全教育，不传授安全防护技能，到了政局较为混乱的国家受伤受害就在所难免了。

3. 当代社会培育尚武精神的措施。一种精神信仰在头脑中形成需要

1 习近平著：《习近平谈治国理政》，北京：外文出版社，2014 年版，第 40 页。

2 张世昌：对武术文化价值的学习与思考，全球功夫网，2015 年 02 月 28 日，http://www.qqgfw.com/News_1Info.aspx?News_1ID=24796，[2017-08-31].

长久的时间。尚武精神的培育需要政府、民间、社会、学校等机构单位共同努力，协调开展。

首先在政府层面上要有顶层设计，把武术融入全民健身计划当中。民间社会层面上，发挥民间的武术资源优势，大力开办武术运动会、武术活动、武术论坛、武术擂台赛、民族特色体育运动会等活动。学校与社会开办从少年儿童开始的各等级人群都可参与的各项武术体验式教育或活动。

在这里顺便谈到一个“牙签弩”的案例。禁止孩子玩牙签弩就是典型的因噎废食行为。2017 年长沙市中小学里面出现了不少学生玩牙签弩现象，这导致家长们的一片紧张，要求文具店禁止出售牙签弩，禁止网络销售牙签弩。当然这也有相关的法律支持，根据《治安管理处罚法》第三十二条规定：“非法携带枪支、弹药或者弩、匕首等国家规定的管制器具的，处五日以下拘留，可以并处五百元以下罚款；情节较轻的，处警告或者二百元以下罚款”。这个问题甚至也上了中央电视台。其实我们是否冷静思考过这个问题，我们该怎样安全地让孩子去尽情玩射击游戏，这种限制少年儿童玩牙签弩的行为，从培养少年儿童的尚武精神、进击精神、学习射击技术等方面来说是很可惜的。尚武精神需要从小开展教育，只是我们的教育场合、教育方式、教育理念出了问题。我们为何不建立射击技能体验馆呢，对儿童有序规范地开展射击体验尝试和教育呢，比一下子掐死他们的安全技能学习欲望要好得多。专门场馆设施既可以避免儿童伤身的危险，也能训练儿童的安全防护和保卫技能，在未来的安全防护中可能运用到各种安全措施和射击技能。另外在中国，一般公民持有枪支是非法的，但是我们为何不合法地教会他们使用枪支呢，我们应该管理好的是枪支，而不该限制公民学习用枪的需要。

其次，开展形式多样的体育运动和全民健身运动。2017 年在天津举办的全运会增加了非专业运动员项目。普通百姓参加为全运会增加不少亮点，真正体现了“全民参与”的性质。此外，要看到当前全民健身运动存在的一些问题，如健身器材数量不足；社区、小区的健身器材毁坏较严重；跳广场舞不等于全民健身。跳广场舞的多是年龄偏大的人，广场舞另外还容易引起噪音污染等社会问题。广场舞承担不了民族精神的培育。当前全民运动的资源投入不均衡，城市投入资金多，农村投入较少；体育健身资源分布不均衡，专业建设场所价格昂贵。各地要结合地方的、民族的健身特色创造性开展全民健身强体运动。健身要突破单纯健身强体的目的，体育健身锻炼的不仅是身体，还有思想精神体魄。健身如果忽略了精神教育，最终也仅仅是练出个“四肢发达头脑简单”的粗人。强身健体的终极目的是使民族的灵魂变得强大而不可战胜。

再次，建设丰富多彩的尚武文化，使武术精神发扬光大。陕西省武术协会副秘书长认为，“武术在当代的发展，首要的问题是树立大武术观。大武术观就是马克思主义应用到武术领域的世界观和人生观，就是要用人类创造的一切优秀思想文化成果武装自己。”[1] 所以，弘扬武术精神不能停留在健身上，它还是一种文化现象，也是一种经济现象。我们要以大武术观、武术文化观指导尚武精神的弘扬。上个世纪 80 年代的一批武术电影《少林寺》《武当》《功夫小子》《木棉袈裟》等引起了全国武术热。相应的，与武术相关的武校、武术培训班、书籍、电视剧、电影如雨后春笋般涌现，极大地丰富和影响了几代人的精神思想。河南登封少林寺也成了练武人士的精神圣地。武术文化市场除了自发发展之外，政府也要加强监管和治理，让武术文化市场科学、合理、良性发展。让竞技武术和群众武术成为两匹骏马并驾齐驱。

1　张世昌：对武术文化价值的学习与思考，全球功夫网，(2015-02-28)，http://www.qqgfw.com/News_1Info.aspx?News_1ID=24796，[2017-08-31]。

三、弘扬爱国主义精神增强国家认同

国家安全与爱国主义之间存在紧密的联系。一个公民的爱国情感越是深刻，他对国家的忠诚度也就越高。当一个公民热爱他的国家时就会为保卫国家采取行动，付出一切，甚至是生命。中国历史上杰出的爱国者在国家危难时能挺身而出的有很多。如祖逖，他为他的祖国"闻鸡起舞"。陆游，一生过着"夜阑卧听风吹雨，铁马冰河入梦来"的生活，临死前仍不忘叮嘱家人"王师北定中原日，家祭无忘告乃翁"。岳飞一心"精忠报国"。辛弃疾"想当年，金戈铁马，气吞万里如虎"。林则徐"苟利国家生死以，岂因祸福避趋之"。正是由于这些爱国人士对国家的忠诚与热爱，才会在国家危亡时刻抵御外敌，为国捐躯。只有对国家的热爱和忠诚，才会有保家卫国坚贞不屈的行动。所以，保卫国家安全就要提倡爱国主义。

经济全球化背景下弘扬爱国主义依然具有它的必要性。经济全球化背景下对爱国主义精神的弘扬确实具有一定困难和阻力。"全球化是一个包括经济、政治、文化和社会动态的综合过程。超国家权威的政府间国际组织影响的扩大，以大型跨国企业的全球竞争为代表的经济全球化浪潮，以互联网等新兴传媒为载体的文化全球化浪潮，以美国为代表的西方发达国家的政治、经济与文化的先发优势，都对发展中国家传统的身份认同、文化认同特别是国家认同带来巨大的冲击。"[2] 经济全球化背景下，互联网、跨国公司，国际组织，NGO 在世界各国建立对公民的国家认同构成了挑战。每个国家的都有公民在非母国单位工作效力的情况，公民对公司的忠诚度和对祖国的认同在一定的情况下发生冲突，对祖国、国家的认同就会淡化变弱。尽管如此，全球化背景下国家的作用、

2　金太军、姚虎：国家认同：全球化视野下的结构性分析，《中国社会科学》，2014（6）。

性质、存在的必要性没有发生改变。

爱国主义是一个国家公民的最基本的国家观。国家是什么？在《国家》这首歌里唱到，“一玉口中国，一瓦顶成家，都说国很大，其实一个家，一心装满国，一手撑起家，家是最小国，国是千万家……”国家是祖辈开拓出来并长久生活在上面的一定范围的土地及衍生的一切。国家给了世代的生命和资源，祖国犹如母亲一般呵护着她的儿女。在任何时候任何情况下都不能背叛自己的祖国。即使你不在这块土地上生活，即使你远走高飞到了异国他乡，你的先辈们曾经在这片土地上耕作也值得你去尊重。所以一个公民热爱自己的国家，热爱祖国的领土、人民、历史是义不容辞的责任。

爱国与全球化并行不悖。真正的爱国者是不需要理由也不会随着时空的变迁而改变对祖国爱恋的意志。经济全球化可能让许多人漂洋过海，有的可能定居海外，但是心还是一颗“中国心”。全球化有削弱国家主权的危险性，全球化也有加强国家主权巩固国家安全的作用。在全球化进程中，我们也可以利用各种时机、场合、国际会议，或者所在地区阐述我们的观念、思想、文化和价值。走出去，到世界各地去，去战乱国家维护和平，到瘟疫国家救助苦难，到发展中国家架桥铺路，这些都会为中国赢得国际赞誉，这也是一种全球化背景下的爱国主义的国际展示。这种爱国主义行为将会赢得良好的国际形象，间接地为维护国家安全做出了贡献。

增强国家认同、民族认同和文化认同可以减少对国家的错误认知或者认知偏差，这对于增强国家安全稳定性、凝聚力、向心力具有重要的作用。这是因为国家认同存在着功能性力量。“认同”是民族国家中不可缺乏且无可比拟的软权力。[1] 而且“中国崛起与其全面参与全球化进程息息

1 张小明：约瑟夫·奈的“软权力”思想分析，《美国研究》，2005 年，第 1 期。

相关，国家认同自然是一个必须高度重视的现实问题”[2]，“国家认同虽然不能包治百病，但的确具有某些实在性力量，在保证个人的本体性安全、维系国家和谐发展以及在全球化时代的‘维系’国家认同上，都能够发挥非常重要的作用。”[3]自香港澳门回归以来，他们逐渐感受到了国家的存在，感受到当家作主行使权力的“主人意识”。但是，由于香港澳门与内地长期分离，他们是在不同政治制度、经济制度、多元文化环境下成长生活，尤其是广大青少年缺乏国家意识，缺乏对祖国的认同，对民族的认同，需要加强港澳同胞的国家意识，民族意识。香港年轻议员搞“港独”、“占中运动”、挑战《基本法》都是对国家认同的不足和不够深入造成的。“现在仍然存在认同危机的是台湾，这里的问题是由于内战所造成的分治产生的。台湾与大陆之间民族文化认同是基本重叠的（尽管也存在地域的差异），但是国家认同就出现复杂的现象。很多人仍然认同中国，但对中国的表述出现多种形式；也有部分人采取台独的立场。”[4]台湾地区的民众虽然存在着“国家认同”，但是在不同政权统治下，对“国家”的理解不同，因此出现不同的“认同”，这就造成了“一中各表”和“台独”势力的出现。这给祖国和平统一带来了麻烦。只有当两岸的“国家认同”一致时或趋向一致时，两岸的和平统一才不远了。

四、建设中国特色的社会主义国家安全文化

国家安全文化建设是维系国家长治久安的良策。国家安全的获得既需要物质力量也需要精神的力量；国家安全的实现需要物质力量的不断建设，也需要精神力量的不断更新。在这物质力量和精神力量获取的

2　门洪华：两个大局视角下的中国国家认同变迁（1982 — 2012），《中国社会科学》，2013 年 9 月。

3　金太军、姚虎．国家认同：全球化视野下的结构性分析，《中国社会科学》，2014 年，第 6 期。

4　韩震：论国家认同、民族认同及文化认同，《北京师范大学学报》，2010 年第 1 期。

过程中，对国家安全的观念、追求国家安全的实践经验、国防建设的经验、抗击外敌和侵略者的经验、对国民国家安全的教育措施、外交政策的实施等等的积累，这就形成了国家安全文化。国家安全文化是一个国家在发展史上为追求安全利益而采取的一切物质与非物质方法途径的总和。中华民族五千年的历史发展表明，国家安全文化繁荣昌盛的时候也是国家崛起和民族强大的时候，也是国泰民安的时候。

国家安全文化建设首先要尊重和考虑现实世界的物质或文化结构。“国家安全文化正是一种在大历史背景下，以国家为基本单位对安全认知的衍生和影响过程进行原理性的一种归纳研究范式。”[1] 国家安全文化建设要根植于本国所处的地理位置、时代任务、民族经历、邻国数量、邻国发展状况，根据这些不变的因素来确定建设什么样的安全文化。也就是说，明确一个国家所处的地缘政治条件，是处理好与周边国家、区域国家安全关系的基础。地缘政治条件简单的国家，周边的国家安全形态相对简单。比如美国，真正的邻居就是南北两个，墨西哥和加拿大，东西方向就是太平洋与大西洋，处在天然的海洋保护中，它的地缘政治相对简单，避免了与太多邻国的领土纷争和干扰。与美国相比，中国的地缘政治条件就复杂得多。陆上邻国、海上邻国数量较多，国际关系复杂多样，这给中国的国家安全文化建设增加了很大难度。处理好与周边国家之间关系首要的问题就是把地缘政治搞好。

国家安全文化建设其次要考虑到国家之间的安全价值观判断。安全价值观是人的主观因素，一个国家如果对另一个国家的安全价值认知出现了问题，那就可能会形成一种错误的安全价值判断，这就会产生或带来一系列错误的后续决策。比如日本，在历史上多次对中国发动侵略战争，意图吞并中国。二战失败后依然没有认真反省战争中的错误。现在

1 袁野：注重国家安全文化培育，《世界知识》，2012(12)。

他们看到中国逐渐强大，总是带着不正确的心态来认知中国，认为中国的发展对它是一种威胁。他们就得出了“中国威胁论”的安全价值判断。美国对中国的安全判断与日本基本相似。所以，对中国来说要处理好与其他国家的安全认知比解决安全问题本身更重要。

第三节　落实“一带一路”倡议营造良好地区环境

“一带一路”倡议是近年来由中国提出的旨在促进中国与周边国家、亚非欧国家和全球经济发展的一项重大举措。它的原则是“共商、共建、共享”。经过数年的发展，“一带一路”倡议成果逐步得到显现，“一带一路”倡议的影响正在不断扩大，它给合作伙伴带来了实实在在的利益和福祉。作为“一带一路”倡议发起国必须要营造良好的周边环境，为国内稳定、地区安全和世界和平作出贡献。

一、“一带一路”倡议对于中国和平崛起的意义

“一带一路”倡议无论是对于中国的崛起，还是对于周边地区的稳定，以及化解地区安全问题具有重要的战略意义。“随着全球经济格局深度调整，原来带动经济的火车头 —— 美国以及欧洲实力衰退，中国作为新兴国家的代表力量上升。中国将在全球化 2.0 版中发挥重要作用，‘一带一路’将充当中国参与全球规则制定过程的一个有力抓手。”[2] 中国必将通过“一带一路”平台走向世界舞台中央。

第一、“一带一路”倡议有利于促进国内东西部地区的协调发展。“一

2　刘建兴：“一带一路”为沿线国家带来重大发展机遇，（2015-04-23），中国政府网，http://www.scio.gov.cn/ztk/wh/slxy/31215/Document/1431826/1431826.htm，[2018-01-15].

带一路”倡议的目的是促进中国与共建国家甚至是全球国家的共同发展，“一带一路”对于带动西部地区实现跨越式发展具有重大利好。“借助‘一带一路’倡议，将西部地区置于对外开放的前沿，积极融入其中，提高对外开放水平，构建新的发展格局，将西部地区建成富有活力的沿边开放开发新经济带。”[1] 中国西部地区人口稀少、人口分布较散、自然环境脆弱、产业结构不科学，这是造成西部地区落后的重要原因。由于国家发展“两个大局”战略造成了东西部之间发展的巨大差异。“经过多年的发展，西部地区的经济总量有明显提高，增速较为平稳。‘一带一路’倡议的实行能够对西部的经济发展起到重要的推动作用。”[2]“一带一路”倡议的实施，再结合原先的西部大开发战略和中部地区崛起战略，政策叠加将有利于促进发达地区的人才、资金、信息向西部地区流动，从而带动整个中西部地区的发展，有利于西部地区对外贸易和发展。西部地区也将成为对外开放的新窗口。

第二、“一带一路”倡议有助于减少东部地区安全压力有效应对海上安全挑战。中国沿海和东部地区人口密集、经济发达，珠三角、长三角和京津冀地区都是经济发达人口稠密地区。而东部地区在国家安全上处在多个极为不利的地方，不利于战略发展。京津冀地区处于东北亚安全压力范围，长江三角洲地区处于东海安全压力范围，珠三角处于台海、南海和中南半岛的安全压力范围，三个地区与冲突方有着陆连或海连的关系，一旦战争爆发这三个地区将会遭遇重大的安全打击。“一带一路”倡议的实施可以适度转移敏感行业和重要的产业，在战略上缓解东部地区的安全压力。

从海上角度来看，中国海洋贸易面临复杂的安全挑战和战略封锁。

1　宋萌、刘涵：借助“一带一路”推动西部大开发，人民论坛网，(2017-11-21)，http://www.rmlt.com.cn/2017/1121/503810.shtml, [2018-01-15].

2　张原天：“一带一路”对区域经济发展有何重大意义，《人民论坛》，2017-06-30。

中国海洋发展和海洋运输受到东南亚国家、马六甲海峡、印度洋、海盗等不利因素影响。陆路贸易尤其是中巴经济走廊贯通后将大大地减少了来自印度洋和马六甲地区的约束。

第三、“一带一路”倡议为周边国家和国际社会提供发展的机遇。发展“一带一路”倡议，中国具有优越的地缘政治优势，地缘政治优势带来的就是中国及周边国家的发展机遇。中国社会科学院张蕴岭认为，“西方国家崛起主要靠的是海洋优势，我国改革开放以后主要靠的也是依海的便利。然而，中国是一个陆海型国家，以陆地为基，如果陆上也便利了，就具备了新的和更大的地缘区位优势。”[3] 所以，“一带一路”倡议是中国的机遇也是世界的机遇。中国在改革开放四十年发展中积累了建设经验，尤其是在基础设施方面，中国具有丰富的建设经验。中国的高铁正在走向世界。2017 年中国的高铁、支付宝、共享单车和网购被“一带一路”沿线 20 国青年评为中国新的“四大发明”，这新的四大发明可为合作国家带去许多就业机遇和新的生活感受。另外，从中国市场、欧洲市场和中 - 欧之间经济带这三个区域来看，中国与欧洲市场具有高匹配性，中国市场为欧洲产品提供了广阔空间。中欧之间的欧亚腹地发展相对滞后，中国的资金、技术、产品、大量游客为这些国家带去了很多机遇。

第四、“一带一路”倡议将为世界和平全球稳定做出贡献。“一带一路”倡议不仅仅是经济发展的倡议，“一带一路”拓展的时空已完全突破“国际贸易”的范畴。“一带一路”的项目建设首先解决的是沿线国的基础设施和民生问题，民生问题是其他问题的根本性问题，这一根本性问题的解决对于其他问题的解决具有一定的缓解作用。其次，促进“一带一路”发展的“五通”措施有利于促进地区之间不同国家之间人民的交往，加深彼此的了解。尤其是其中的“民心相通”，它将会增加人民的相互了

3　张蕴岭：风物长宜放眼量——关于“一带一路”的再思考，《世界知识》，2016 年第 10 期。

解，增进彼此信任，有利于消除彼此间误解和隔膜。“五通”措施的作用“不仅会给‘一带一路’沿线国家及其人民带来实实在在的经济利好，也能为在其他领域进一步密切合作关系奠定坚实基础，为彼此之间妥善解决一些突出问题创造有利的氛围和条件”[1]。再次，由“一带一路”倡议所带动的各国之间的人文交流、教育交流、旅游和留学生交流将促进世界各国之间的进一步发展，这将为地区稳定，为世界和平稳定带来做出贡献。

二、“一带一路”沿线安全隐患及对区域安全影响

“一带一路”共建国家由于各国各地区的发展程度、政治制度、宗教信仰、宗教派别、民族文化、国内局势千差万别，这就造成了“一带一路”倡议在实施进程中将会遇到各种问题、风险和挑战。如果说“一带一路”不是中国一个国家的“独奏曲”，而是中国和共建国家的“大合唱”的话，[2] 如何使共建国家自愿接受倡议并积极参与建设也是一个挑战。具体说来有如下因素挑战着地区安全：

挑战一：个别国家内部局势的动荡不安。在“一带一路”沿线上，个别国家内部各种势力和派系争斗不断，既影响了自身国家政策决策与实施，也影响了其他国家的贸易、人员和资金的往来流通。这种类型国家内部经济发展落后，政局不稳，社会动荡不安，对外来投资与人员安全将构成严重威胁。

挑战二：国家之间的矛盾和冲突给“一带一路”发展制造了障碍。从大的方面看，伊斯兰世界与基督教文明和其他文明的冲突不断，西方国家在阿拉伯国家之间制造矛盾，在阿拉伯国家和伊朗之间制造矛盾，

---

1 郭锐：“一带一路”为世界和平发展增添新的正能量，新华网评，（2016-12-29），http://news.xinhuanet.com/comments/2016-12/29/c_1120204145.htm.[2018-01-15].

2 习近平：迈向命运共同体 开创亚洲新未来——在博鳌亚洲论坛 2015 年年会上的主旨演讲。

在巴以之间制造矛盾，有些矛盾在不断激化，局部地区战争影响了“一带一路”倡议的实施。

挑战三：恐怖主义和宗教极端势力构成了对“一带一路”倡议的最直接、最严重的冲击。“根据恐怖主义指数进行安全形势评估结果显示：一带一路沿线国家中40个处于和平状态，15个处于危险状态，11个处于震荡状态，伊拉克、阿富汗、巴基斯坦、印度、叙利亚5个国家处于高危红色区域。”[3] 造成这种状况原因是多方面的，有学者认为“由某个霸权国家支配的国际秩序比多元的国际秩序更容易产生和发展恐怖主义。这在一带一路沿线的部分区域范围体现得淋漓尽致”[4]。恐怖主义势力分布与“一带一路”地理空间重合较多，“从中东地区，到中亚地区、南亚地区，再到东南亚地区，形成了一条在世界范围内臭名昭著的‘恐怖主义弧形带’，周边国家及在此区域有重大利益的国家深受其害。”[5] 打击恐怖主义势力犹如割掉春天的韭菜，恐怖主义越反越恐。

挑战四：地区大国和全球性大国质疑和干扰“一带一路”倡议。“一带一路”倡议提出后国外的有些学者、政客把它和“马歇尔计划”相提并论，认为它是中国版“马歇尔计划”。国内有的学者也持此观点。[6] 其实“马歇尔计划”和“一带一路倡议”有着本质区别。前者是为了填补政治真空，争夺霸权，政治色彩浓厚，经济援助的对象是有选择性的；后者是促进亚非欧地区发展，没有政治色彩，是开放性的、平等的、自愿的倡议。前者的手段是向资本主义阵营国家提供资金和贷款支持；后者的方式平等自由贸易。“战后，美国为确立其全球霸主地位实施马歇尔计划，

3　赵敏燕、董锁成、王喆等：“一带一路”沿线国家安全形势评估及对策，《中国科学院院刊》，2016年，第31卷，第6期。

4　宫玉涛：“一带一路”沿线的恐怖主义活动新态势解析，《党政研究》，2016年2期。

5　同上。

6　国内著名经济学家林毅夫教授、全国政协委员许善达曾提出实施“新马歇尔计划”，它的目的不是对外扩张和寻求霸权，但该观点提出后也受到了其他学者的质疑。

对欧洲盟国进行了大规模的经济援助。他们把‘一带一路’类比为马歇尔计划，其结论必然是中国也要借此构建其霸主地位。”[1] 所以二者有着根本区别，如果把该倡议看成了“控制世界或占领势力范围”的倡议，那么未来“一带一路”倡议将会受到某些国家的抵制，最终必将走向终结。

对“一带一路”倡议有看法的国家还有印度、日本和美国。印度是南亚国家中对“一带一路”倡议持怀疑态度的国家。印度认为中国的“一带一路”倡议挑战了印度的南亚霸权。2017 年在北京举行的“一带一路”国际高峰论坛也没有参会。美印之间出于某种不可言语的目的，提出“印太战略”概念。“通过这一新的用词，特朗普政府希望强调一种观念，即这一地区应该超越中国和其他东亚经济体的后院的概念，并反映了美国加强与印度战略关系的意图和努力。特朗普政府将印度视为其亚太地区新战略的关键。”[2]“印太主义”有明显遏制中国崛起意图，对“一带一路”倡议建设不利。亚洲另一个对“一带一路”倡议持冷漠态度的是日本。该国早期对“一带一路”倡议是持怀疑观望态度，随着美国对“一带一路”倡议态度的改变，日本态度也发生微妙变化。个别大国在中东地区的争夺势力范围、争夺主导权、争夺石油资源对“一带一路”倡议也构成了挑战。

挑战五：来自海洋方面的威胁。在海洋上，美国对西太平洋与印度洋航线控制，东南亚恐怖主义势力猖獗，海盗出没频繁，个别海洋国家为追求海洋霸权和对重要航道掌握控制权，这些因素不利于海上贸易的往来。尤其是个别国家控制了马六甲海峡，犹如控制了通向西太平要道的咽喉，对中国、日本、韩国等国家的船只运输构成了战略威胁。

“一带一路”沿线存在各种不利因素、恐怖主义威胁和安全隐患，有些安全问题是长期的、跨地区的，有的又与宗教势力和域外大国的干预

---

1 李向阳：“一带一路”面临的突出问题和出路，《国际贸易》，2017 年，第 4 期。
2 《参考消息》：美日对华欲推“牵制 + 合作”战略，2017 年 11 月 8 日，第 16 版。

有关。解决“一带一路”沿线的安全问题，合作国家必须坚持“共商、共建、共享”的原则，大力弘扬“丝路精神”，努力为“一带一路”发展营造稳定和谐的国际环境。

三、落实“一带一路”倡议营造良好周边和地区环境

2017 年 5 月，在北京举办的“一带一路”国际合作高峰论坛上，习近平发表讲话时强调，要把“一带一路”建设成“和平之路”。而古丝绸之路曾经是“流淌着牛奶和蜂蜜的地方”，现在成了动荡和危机的代名词。“这种状况不能再持续下去。我们要树立共同、综合、合作、可持续的安全观，营造共建共享的安全格局。要着力化解热点，坚持政治解决；要着力斡旋调解，坚持公道正义；要着力推进反恐，标本兼治，消除贫困落后和社会不公。”[3] 在“一带一路”倡议建设过程中所有国家都应秉持这样的思想，弘扬“丝路精神”，共同努力为“一带一路”合作国家营造良好的周边和地区安全环境。

落实好“一带一路”倡议将对周边国家和合作国家的安全、发展和合作带来积极的影响，对未来亚、非、欧国家和全球经济的发展产生深远影响。在中共十九大报告中，习近平强调“一带一路”未来建设的指导思想是“积极促进一带一路国际合作，努力实现政策沟通、设施联通、贸易畅通、资金融通、民心相通，打造国际合作新平台，增添共同发展新动力。”[4]“一带一路”倡议建设好了对于维护周边安全、维护亚洲安全、稳定中东乱局具有重大意义。

---

3 习近平：携手推进“一带一路”建设 —“一带一路”国际合作高峰论坛开幕式上的演讲，（2017-05-14），http://news.xinhuanet.com/politics/2017-05/14/c_1120969677.htm，[2018-01-20].

4 习近平：决胜全面建成小康社会，夺取新时代中国特色社会主义伟大胜利 —— 在中国共产党第十九次全国代表大会上的报告。

落实“一带一路”倡议，必须坚持正确的义利观。在中国传统文化中提倡“先义后利者荣，先利后义者辱”精神，中国企业在走出去的过程中也要秉持这样的义利观。要给有关国家带去实在的利益，尤其是为落后国家的人民做实事、办实事，以项目建设带动当地就业和基础设施发展。让当地民众真实感受到中国的真诚，多做民生项目，做到“民心相通”。“一带一路”研究专家李向阳认为“这体现了中国作为一个大国的担当，也是中国实现和平发展或和平崛起的必然要求，更是‘一带一路’的标志”[1]。

落实“一带一路”倡议，必须对共建国家的安全形势进行评估。落实“一带一路”不是简单地到国外“做好事”，也不可刻意地展现出我们的热情，必须秉持“共商、共建、共享”原则，在相互理解和互利的基础上开展合作。中国在走出去时、在对外投资时，或实施项目建设之前，要对所在国家和地区的政局和政策环境进行评估，对该国和地区的安全形势进行评估，对项目实施的后果进行评估。多向地区相对稳定的国家投资，向双边或多边合作机制成熟的区域、领域投资。考虑尽可能多的不利因素和风险，尽最大努力降低风险，减少我们的损失，也避免给项目所在国带去不必要的损失和环境破坏。

落实“一带一路”倡议，要处理好与大国之间的关系。“一带一路”沿线上地区大国和全球性大国重叠存在，既要照顾“一带一路”共建国的利益，也要考虑地区大国和全球性大国的需求，使各方处于相对平衡的状态。共建国家既有像印度、伊朗这样的地区性大国，也有像俄罗斯、法国、德国、意大利这样的具有全球性影响的大国，还有像美国、日本、加拿大这样的间接性参与的大国。

第一，中俄密切合作共同建设“一带一路”倡议，为地区稳定发展提

1　李向阳：“一带一路”面临的突出问题和出路，《国际贸易》，2017 年，第 4 期。

供支持。当前中俄两国的关系是全面战略协作伙伴关系，两国关系处在历史最佳时期。通过“一带一路”倡议与欧亚经济联盟的战略对接，将进一步加深两国关系的发展。中国驻俄罗斯大使李辉对“一带一路”倡议中的中俄关系认为，“共建‘一带一路’是中俄双方共同利益所在，是深化两国全面战略协作伙伴关系的倍增器。无论从地缘毗邻优势，还是两国政治互信优势，俄方都是中方共建‘一带一路’构想最重要的国家之一。”[2]中国提出“一带一路”倡议后得到了俄国的大力支持。2017 年 5 月，在“一带一路”国际合作高峰论坛上，普京总统在开幕式演讲中专门提到，将上合组织、欧亚经济联盟以及“一带一路”的潜力联合起来，可以为欧亚伙伴关系奠定基础。[3]欧亚经济联盟与“一带一路”倡议对接将会激发出巨大潜力，这对改变欧亚政治经济格局也具有重要的战略意义。同时俄罗斯的支持与两国在全球问题上的战略合作的基调也是一致的，两国看到了“一带一路”倡议能够给地区和共建国家带来切实利益与和平，中俄战略再合作有利于平息中东地区各方冲突，避免西方大国过度干涉中东地区事务。未来两国要更加紧密合作，把“一带一路”倡议真正落到实处。

第二、中印加强沟通协商，在多边合作机制中发展两国关系。中国和印度都是亚洲具有重要影响的大国，都是新兴大国，两国人口多、地域广，具有相似的发展历史，两国都是金砖国家的成员国，也是“上海合作组织”的成员国，所以中印两国无论在什么情况下都没有理由视对方为战略竞争对手，更不应该发展成为敌人，尽管两国存在着领土争端问题。在“一带一路”倡议问题上，主要是印度对倡议存在疑虑。一是担心中国通过“一带一路”倡议增加在南亚地区的影响力。其次是担心中国拉

2　李辉：“一带一路”建设将促进中俄关系发展，新华网国际频道，（2015-02-14），http://news.xinhuanet.com/world/2015-02/14/c_127496679.htm.［2018-01-21］.

3　谨侬·“一带一路”开启中俄关系发展新局面，http://opinion.china.com.cn/opinion_93_167393.html，（2017-07-02），中国网，［2018-01-21］。

拢孟加拉国、斯里兰卡、巴基斯坦加入“一带一路”构成了对印度的包围圈。印度对“一带一路”的观点是出于中印竞争的视角，没有看到中印合作给南亚地区带来的安全和稳定的保障。鉴于此，中国应想法消除印度的疑虑，打消印度对中国地缘政治影响力扩大的不适，使“21 世纪海上丝绸之路”与“印度季风计划”对接，而不是成为对抗中国的一个计划。另外，从最坏的打算来看，即使印度不愿参与“一带一路”倡议，中印之间还有“金砖国家会议”“上海合作组织”“中印俄三国外长会晤机制”等多元合作机制平台，在这些机制平台内中印加强合作也会实现两国关系的发展。对于印度来说，改变自身的态度，消除误判，主动加强与中国合作和联系将会更加有利于自身的发展。

第三、中美在“一带一路”倡议中开展试探性合作。美国和西方国家对待由中国提出的“一带一路”倡议的态度是不同的，内心是复杂的，这就导致了它们在对待中国的态度上也是有差别的。欧洲国家本身就是“一带一路”倡议的共建国，也是地理空间上的相关国家，它们看到了“一带一路”倡议所带来的巨大机遇，所以欧洲国家大多数对“一带一路”倡议是积极的、主动的、合作的。从筹备“亚投行”到加入“亚投行”的先后顺序就能反映出欧洲国家的态度。在这一点上美日始终是持观望和否定态度的。随着“一带一路”快速发展，而且这个发展速度完全超出当初的预期，美日国家对“一带一路”的态度在慢慢发生着改变。具有代表性的事件就是特朗普政府派代表参加了 2017 年 5 月的“一带一路”国际合作高峰论坛。此后双方政府层面、学者层面围绕着“一带一路”合作中美之间开展不断接触。美国对“一带一路”态度发生变化的原因在于该倡议并没有损坏美国的利益，没有寻求地区的霸权，没有挑战世界的秩序，中国的倡议更具有包容性、建设性和和平性。中国人民大学重阳金融研究院执行院长王文教授认为，美国参与“一带一路”合作“也能为‘一带一路’提供区域安全、国际管理经验和软实力等，中美双方在‘一带一路’建设中的互助性非常强，美国理应成为‘一带一路’的利益攸关方（stakeholder），与中国合作，共同获利，也帮助他国获利，进而出现‘多赢’的多边主义局面。”[1] 参与“一带一路”合作将给美国带来更大利益。

从安全角度看，中美加强地区安全合作将给“一带一路”发展提供稳定环境。“一带一路”沿线热点较多、敏感问题多，个别地区冲突和动荡不断。在有些安全问题上，如朝核问题和伊核问题，中美已经开展合作。而在南海地区、在中东问题上、在印度洋上、在红海和波斯湾地区也可以开展安全合作。美国智库新美国安全中心研究员布里特尔·华盛顿建议中美在亚丁湾海域开展安全合作。“今年（2017）上半年，亚丁湾的海盗活动又开始频繁起来，这对美国和中国在非洲的利益是一个共同的挑战。”[2]“考虑到美国和中国在非洲和平与安全方面的共同利益，以及它们作为该地区主要海上力量在维护海事安全方面的能力，这样的国家应该在推动海上合作方面起到领头作用。”[3] 中美安全合作将会更加有利于“一带一路”倡议的发展，降低贸易投资、项目开发的风险，有利于共同打击恐怖主义和宗教极端势力，有利于消除地区国家之间的发展差距。

落实“一带一路”战略还要实施好语言发展战略。有人说语言在对外贸易中不是问题，或者说仅仅是个小问题。其实不然，语言在任何时候都是不容忽视的大问题。从大的方面说，语言的繁荣昌盛是国家或民族繁荣昌盛的表现；反过来看，语言的“人多地广”也代表了国家或民族的强盛。从国家或民族角度来看，语言使用空间范围的大小、时间的长短反映着语言使用族群的兴衰。强盛民族的语言往往是国家法定的语言或

1　王文：中美“一带一路”合作，或可从中国帮纽约修路开始。（2017-06-23），观察者网，http://www.guancha.cn/WangWen/2017_06_23_414693.shtml.[2018-01-21].

2　《参考消息》：美学者建言：中美可在亚丁湾开展安全合作，2017 年 11 月 8 日，第 14 版，海外视角。

3　同上。

者是统治阶级的语言。汉语为何能成为人口最多的语言，英语为何能成为使用地域最广的语言，这背后都反映着民族的强盛和国家的兴衰。

在全球化背景下，在对外开放环境下，在“一带一路”倡议背景下，实施和发展语言战略非常重要。语言学家李宇明说“‘一带一路’需要语言铺路。”[1]“一带一路”沿线国家存在着多种语言，[2]必须实施语言发展战略，“走出去”和“引进来”双向培养语言人才战略。“走出去”是指在共建国家建立“孔子学院”或在各国设立汉语专业，大力培养汉语人才，争取汉语成为“一带一路”沿线通用语言。“引进来”是指国内高校、语言培训机构、涉外企业内教授共建国家的官方语言。日常生活中，还可以使用网络平台、微信、翻译软件等互联网技术手段学习相关国家语言。

总之，不能让语言成为各国人民交往的障碍。

第四节　国家安全保障的全球安全治理

国家安全的时空是内外一体的，国家安全是相对的，它不是某一个国家就可以获得和实现的安全，国家安全与国际安全、世界安全和全球安全互相影响、密切联系的。一国内部若想要获得安全首先要让外部世界保持和平和稳定。根据安全的内外互动性特点，一国想要获得安全利益，保持安全状态必须放眼全球，内外兼顾；积极谋划参与全球治理和全球安全治理，努力为本国发展营造稳定、和平、没有重大威胁的外部环境。

1　李宇明：“一带一路”需要语言铺路，《人民日报》，2015 年 09 月 22 日，第 7 版。

2　根据相关研究，“一带一路”沿线的 64 个国家使用的语言约 2488 种，占人类语言总数的 1/3 以上。境内语言在 100 种以上的国家就有 8 个，数据来源：http://www.sohu.com/a/128121259_488431.

一个国家想要实现安全和获得安全，必须从世界和全球的视角去寻找安全出路。“危机重重的世界，除了美国人，真的准备好以‘新秩序’替代美国主导的旧秩序？能不能替代（有无替代方案）？如果没有替代的东西（‘束手无策’），是否将带来更多的混乱？如果有替代方案，这些方案到底是什么，它们可行吗？”[3]中国更希望平等地参与到全球治理当中去，愿意有所作为，但“绝不当头”。然而中国国力的发展和世界大多数国家对中国的期待，领导世界的作用和地位还是不断显现出来。

中国对于全球的安全和治理提出过“建设和谐世界”和“人类命运共同体意识”等重大思想。而当今人类社会发展面临的机遇与挑战并存，国际安全或世界和平的状态远未到来。在2017年5月14日，中国举办的“一带一路”国际合作高峰论坛上，习近平从历史与现实的角度分析了当今世界的发展态势，习近平指出“从历史维度看，人类社会正处在一个大发展大变革大调整时代。世界多极化、经济全球化、社会信息化、文化多样化深入发展，和平发展的大势日益强劲，变革创新的步伐持续向前”[4]。这是世界发展形势的一个方面。“从现实维度看，我们正处在一个挑战频发的世界。世界经济增长需要新动力，发展需要更加普惠平衡，贫富差距鸿沟有待弥合。地区热点持续动荡，恐怖主义蔓延肆虐。和平赤字、发展赤字、治理赤字，是摆在全人类面前的严峻挑战。”[5]这是现实世界安全态势的另一个方面。

安全是一段时间内对价值和体系的维护。[6]中国在实现和平崛起进程中，世界格局保持相对稳定，国际局势实现长久和平，保持安全的状态

3　庞中英著：《全球治理与世界秩序》，北京大学出版社，2012年4月版，第7页。

4　习近平：携手推进“一带一路”建设：在“一带一路”国际合作高峰论坛开幕式上的演讲，http://news.sina.com.cn/c/2017-05-14/doc-ifyfekhi7625206.shtml.

5　同上。

6　Helga Haftendorn, ”The Security Puzzle: Theory-Building and Discipline-Building in International Security”, in International studies Quarterly, Vol. 35, 1991, p. 5.

中国需要积极参与全球安全治理并提出中国安全治理方案，为维护世界的和平与安全做出中国贡献。

中国对于参与全球治理、全球安全治理从认识到实践再到主动参与其中，并成为解决方案的提供者经历了一个过程。在认知定位上，“随着国家发展和改革开放的深入，中国对于参与全球治理的认知、态度和角色定位也发生改变，从消极被动转变为积极主动，从融入者演变为建设者。”[1] 尤其是经历了改革开放40年的中国，正在积极参与国际安全治理。整体来看，中国在全球安全治理过程中发挥的作用越来越大，在朝鲜半岛危机、金融危机、全球性气候治理、核安全治理等诸多领域贡献着中国方案。中国方案越来越受到全世界人民的关注和重视，中国提出的“命运共同体思想”、“一带一路倡议”等思想倡议写入了联合国文件，这种情况是不多见的。[2] 但是，我们也要看到当今世界的国际政治经济秩序依然保持二战后雅尔塔体系和布雷顿森林体系，旧的格局体没有发生根本改变。在参与和改变国际制度方面，新加坡国立大学东亚研究所所长郑永年认为“中国在如何组织国际力量方面的经验显然是很缺乏的。……中国不知道把已有的影响力加以组织化和制度化”[3]。所以，参与全球安全治理中国既义不容辞，而又任重道远。中国可从以下几方面参与全球安全治理，以保障中国发展的既定目标。

---

1 西南财经大学中国西部经济研究中心：专题思想政治课，http://xbzx.swufe.edu.cn/2017-05/25/20170525160026518 4.html，（2017-05-25），[2017-06-19].

2 2017年3月11日，联合国安理会通过第2344号决议，该决议呼吁国际社会积极援助阿富汗，并通过一带一路建设，本着合作共赢的精神加强区域合作，以促进地区的安全稳定和发展，建设人类命运共同体。

3 郑永年：通往大国之路，东方出版社，2011年版，第43页。

一、积极参与国际安全治理保障国际安全

（一）树立和培育全球共同安全价值观理念

在心理学领域，价值观概念的定义是“基于人的一定的思维感官之上而作出的认知、理解、判断或抉择，也就是人认定事物、辨定是非的一种思维或取向，从而体现出人、事、物一定的价值或作用；在阶级社会中，不同阶级有不同的价值观念。价值观具有稳定性和持久性、历史性与选择性、主观性的特点。价值观对动机有导向的作用，同时反映人们的认知和需求状况”[4]。在国际政治中，国际政治行为体基于特定事件、事物、人物也会形成各种形式的价值认识和价值判断。不同的国际政治行为体对同一事件或者国际人物有时候会形成基本相同的认识和判断。在安全领域中，各国对于全球范围的环境危机、金融危机、恐怖主义、跨国犯罪、贩毒等违反人类基本生存之道的行为都为全世界人民所不齿。在特定的状态下，尤其是在危及全人类生存的条件下，国家之间就会跨越意识形态、政治制度、历史文化、宗教信仰的不同走到了一起，共同应对各种危机和灾难。也就是说，在国际政治中，基于相同的价值判断情况下，共同价值观也是存在的，这就导致了不同国家之间的共同行为的出现。

当今国际社会风云变幻，国际安全形势令人担忧。大国关系虽有合作但仍是摩擦不断。国际社会迎来了冷战以来最为不确定的时代。在经济全球化进程中，美英大国开始退缩。中俄两国在面对共同的全球性安全威胁下逐步达成共识，战略合作加深。美日韩澳等亚洲的“北约”关系逐渐走近，形成了新的以安全防范为核心价值理念的安全思想。在国际安全治理中具有世界性、普世性或者带有人类性质的安全价值理念尚未

4　李逸飞：论价值观的选择，《大观》，2017（1）。

形成。由于大国之间的关系错综复杂，国际安全治理任重而道远。在这样的国际安全背景下，以习近平为核心的中国共产党提出了“人类命运共同体理念”“亚洲安全观”“共同安全”等安全价值理念，中国提出并积极践行的安全新理念受到了国际社会的广泛关注和评论，尤其是命运共同体思想有望成为全世界人民的共同的安全价值理念。构建人类命运共同体思想在前面的章节中已经论述，下面简略地谈谈“亚洲安全观”。

在民族国家形成之前的亚洲“国际社会”基本上是以中华朝贡体系来维持国家之间的安全平衡的。“中华朝贡体系”本身也是一种安全结构体系。这种长期的安全“平衡”体系是以国家之间权力的绝对不平衡造成的。也就是说中华帝国在与藩属国的长期实力对比下形成了绝对实力，在这样的安全态势下，寻求帝国的保护跟与帝国作对更能获得安全利益。长久以来便形成了朝贡体系安全观，实现了朝贡体系下的基本和平。[1]1848 年之后，随着清帝国的土崩瓦解，日本军国主义的崛起，亚洲朝贡体系不复存在，朝贡体系安全观也就随风而去了。

接着便是日本军国主义图谋建立的“大东亚共荣圈”，这一违背亚洲各国人民意愿的主张，给亚洲国家带来的是灾难，而不是“共荣”。这种灭绝人性的思想及行为是注定不会给亚洲国家带来繁荣和富强的。包括中国人民在内的亚洲国家人民，乃至世界爱好和平的国家对日本的行为理念是拒绝接受的。这是一种失败的亚洲安全观。

二战后，中印缅三国提出了和平共处的安全观。和平共处安全观得

1　本文所说的“朝贡体系下的和平”与其他学者所说的“中华帝国治下的和平”是不同的。“中华帝国治下的和平”是有些学者根据“罗马治下的和平”仿造出来的。两者其实是有本质区别的，罗马治下的“和平”是通过暴力统治、镇压、迫害形成的假和平。中国的和平不应该称之为“中华帝国治下的和平”，中国朝贡体系形成的和平是国家间实力对比下的和平，是自愿平等的和平交往。关于这一思想还可参考北京大学国际关系学院外交学与外事管理系副教授李扬帆：帝国的概念及其世界秩序 —— 被误读的天下秩序，《国际政治研究》，2015 年第 05 期。

到多数亚洲国家的响应，并最终成为世界各国交往的基本原则。和平共处安全观至今依然发挥着重要的安全稳定作用。

新世纪以来，亚洲的安全态势发生了新的变化，新的安全形势需要新的安全观理论出现。在这样的形势下，2014 年 5 月的“亚信峰会”上，习近平提出了“共同、综合、合作、可持续的”新的亚洲安全观。新亚洲安全观是亚洲国家人民从维护亚洲国家和地区的安全与和平的角度出发，提出的保障亚洲地区安全的主张或安全理论。亚洲安全观的出现是随着亚洲国家之间交往的互动、影响或者冲突而形成的。当前亚洲地区是全球最不稳定的地区，最容易产生动荡的地区。西方大国插手亚洲国家事务，在太平洋印度洋“横行自由”，域外势力的介入成为影响亚洲地区安全的因素。“亚洲是亚洲人的亚洲”理念尚未形成，尽管在第四届亚信会议上中国提出“新安全观”思想，要想把域外大国完全赶出亚洲几乎还是不可能的。

（二）在全球安全治理中发挥建设性作用

参与全球安全治理是中国崛起进程中的必然要求。“中国国际安全环境的复杂多维性以及国家利益边界的日趋扩展，决定了中国对国家安全、国际安全、全球安全的关注和重视。”[2] 随着中国国际地位的提升，中国在国际社会上发挥的作用也越来越重要。在国际社会和多边治理场合中中国的意见，中国的观点越来越得到重视。中国在促进世界经济发展、维护世界和平、参与朝核问题解决、打击恐怖主义势力、世界环境保护、非洲传染性疾病控制等诸多领域发挥着建设性作用，中国方案逐渐显现出它的效用。建设性作用体现在以下方面：

1. 中国提倡全球安全治理的方式是通过协商谈判方式解决问题和

2　余潇枫主编：非传统安全概论（第二版），北京大学出版社，2015 年 10 月版，第 173 页。

争端。无数事实证明武力不能解决问题。美国使用武力推翻了伊拉克萨达姆政权，但是伊拉克并没有换来和平与安宁。叙利亚问题的武力解决方式制造的难民越来越多，大量难民涌向欧洲，使欧洲国家不堪重负，用中国的一句老话，就叫“搬起石头砸了自己的脚”。中国长期以来一直倡导通过协商谈判的方式解决朝鲜半岛核问题、解决美俄之间矛盾。2014 年 5 月 21 日，习近平在亚洲相互协作与信任措施会议第四次峰会上指出：“有句谚语说得好：‘力量不在胳膊上，而在团结上。’要通过坦诚深入的对话沟通，增进战略互信，减少相互猜疑，求同化异、和睦相处。”[1]2015 年 9 月，习近平在第七十届联合国大会一般性辩论时指出：“协商是民主的重要形式，也应该成为现代国际治理的重要方法，要倡导以对话解争端、以协商化分歧。”[2]2016 年“七一”，习近平讲话再次强调“什么样的国际秩序和全球治理体系对世界好、对世界各国人民好，要由各国人民商量，不能由一家说了算，不能由少数人说了算”。中国反复提倡的和平谈判方式协商方式解决问题是对当前国际社会用武力解决问题方式的不满。中国解决国际安全问题不仅是口头上说说，而且在用实际行动通过协商谈判解决问题。

2. 中国倡导大国之间相互协作解决国际安全问题。国际安全与大国关系密不可分，大国在处理国际问题时的作用举足轻重，有时大国之间关系影响着人类历史的发展进程，国际安全的治理归根结底是大国参与的治理。纵观世界各地的热点问题，虽然涉及有关国家事务，但是背后都有大国的身影，只有大国协商共谋，寻求共同安全，世界才能获得真正和平。另外一方面还要看到，当今世界性的问题任何一个国家或国家集团都无法单独解决，必须携手共同应对。中美之间同意建设“新型大国

1　习近平：加强全球安全治理刻不容缓，凤凰网财经新闻，2016 年 07 月 12 日。

2　习近平：携手共建合作共赢新伙伴　同心打造人类命运共同体，(2015-09-29)，http://news.xinhuanet.com/world/2015-09/29/c_1116703645.htm，[2017-08-24].

关系”；中俄关系政治互信，军事合作，经济互补，堪称大国关系典范；中欧关系，在美国特朗普政府宣布退出《巴黎气候谈判协定》后合作加强，努力打造“和平、增长、改革、文明”四大伙伴关系。当前俄美两国关系相对紧张。美国对俄罗斯的经济制裁及两国外交人员的相互驱逐导致两国关系前景无法预测，但是双方争斗远没有达到武装冲突的地步。

3. 中国的方案坚持以公平正义的原则解决国际安全问题。公平和正义是人类社会的普世价值。中国提供的方案充分考虑到各方的实际情况，以公平正义的原则处理问题。在处理朝鲜核问题上，主张从大局出发从半岛无核化的结局出发，同意对朝鲜实施经济制裁，又反对美日韩三国在日本海靠近朝鲜一侧频繁军演，反对朝鲜不顾半岛的和平一意孤行地开展核试验。提出“双暂停”原则处理 2017 年 2 月以来朝美之间的敏感行为。中国在朝鲜半岛核问题上的一切努力无不体现了公平正义的立场，一定程度缓解了事态的发展。2016 年，美国幕后主导菲律宾阿基诺三世主演的所谓“南海仲裁案”就是对公平正义的亵渎。霸权主义和强权政治是公平正义的死敌。“‘大道之行也，天下为公。’公平正义是世界各国人民在国际关系领域追求的崇高目标。”。[3] 缺乏公平正义的国际社会没有稳定可言。

4. 中国方案提倡协同创新，并身体力行为国际安全做出贡献。在中国提供的方案中，创新思维是方案的一大亮点和特色。“新型大国关系”是国际关系处理原则的一种创新。“一带一路”倡议是中国与广大沿线沿岸国家解决经济发展问题、解决贫困问题、解决动荡不安问题的伟大构想。现在“一带一路”建设初见成效，相关国家获得了实实在在的利益，“一带一路”倡议实施后带动了共建国家经济发展和基础设施的建设。

3　习近平：弘扬和平共处五项原则　建设合作共赢美好世界——在和平共处五项原则发表 60 周年纪念大会上的讲话（2014 年 6 月 28 日）人民网，http://politics.people.com.cn/n/2014/0629/c1024-25213364.html.

2016年9月，杭州召开G20峰会，为应对全球经济下滑的挑战，会议提出了“我们决心构建创新、活力、联动、包容的世界经济，并结合2030年可持续发展议程、亚的斯亚贝巴行动议程和《巴黎协定》，开创全球经济增长和可持续发展的新时代”[1]。杭州峰会还制定了《二十国创新增长蓝图》。中国方案赢得了世界上大多数国家的欢迎和赞誉，中国方案正在逐步显示出其活力和动力。

（三）政治多极化发挥引导作用实现全球安全治理

当前美国虽然作为全球唯一的超级大国，但是美国的势力无法撑起整个世界。世界多极化趋势已势不可挡。中国、俄罗斯、印度、巴西、东盟等新兴经济体的出现正悄然改变着世界格局。目前由上述几个新兴国家经济体建立起的国际组织，如上海合作组织、金砖国家会议、中国-东盟10+1论坛等等，在地区和世界发挥的作用越来越受到关注。中国在政治多极化发展趋势中发挥着主导和引导性双重作用。中国经济实力的增强、国际影响力的增大、国际地位的提升，势必会促使中国在国际社会中发挥更多作用。

（四）中国崛起可以成为维护全球安全的重要力量

美国的霸权在持续地走向衰落已成事实。特朗普总统上台后提出“让美国再次伟大”方针，但从他执政一年来的成绩看，这种可能性不大。霸权虽衰但实力还在。美国拥有强大的科技创新能力和军事投放能力，美国在一段时间内依然保持着世界性领先的优势。美国在这衰落的过程中如何看待不断崛起的中国，很大程度上决定着未来世界发展的方向。世界史上，新老大国权力转移时几乎都不是一帆风顺的。两国战争发生的

---

1 《二十国集团领导人杭州峰会公报》，新华网，http://news.xinhuanet.com/world/2016-09/06/c_1119515149.htm.

概率取决于新兴大国的发展战略和守成大国对新兴大国的战略判断。从国家之间力量对比演变的一般历史来看，美国著名学者约瑟夫·奈认为“在一定时期，力量不均衡能够导致稳定。但是，如果后起的国家对最强大的国家所强加的政策感到不满，它们就有可能向领头国家提出挑战，或结成同盟与之抗衡”[2]。美国对中国的崛起总是忧心忡忡。它们的观念基于以往的历史逻辑：雅典帝国的兴起引起了斯巴达人的恐慌；德意志帝国的崛起引起了大英帝国的恐慌；苏联的崛起引起了美国的恐慌；中国的崛起引起了整个西方世界的恐慌。它们就是在“有崛起就有战争”这样“套路中”展开对中国的想像和现实围堵。

秉持约瑟夫·奈的观点的人对于中国来说是不正确的。第一，从中国人的性格来看，中国人是内敛保守的，长期的历史发展积淀了中国人不具有扩张性的特点。第二，中国人热爱和平，不希望用武力解决问题 —— 除非被逼无奈。第三，近代中国所遭受的苦难与伤痛中国人民不愿再追加到其他国家人民身上，我们不忘记英法联军火烧圆明园，我们不会忘记八国联军入中国，我们不会忘记南京大屠杀，铭记历史不是延续仇恨。第四，改革开放以来中国对外的一切行动战略、军事、外交、安全等都是秉持和平方式、共赢理念，协商理念，西方国家如果自己内心没有恶魔，对中国又何惧之有！

崛起的中国将成为维护世界和平与安全的重要力量。西方有句谚语“God helps those who help themselves”叫“天助自助之人”或者叫“自助者天助”。中国人除了维护自己的安全之外，还维护着世界的和平与安全。中国越强大世界就越安全，这是国际正义。也是中国人的“修身、齐家、治国、平天下”的天然使命。

---

2 ［美］约瑟夫·奈著：《美国霸权的困惑 —— 为什么美国不能独断专行》，郑志国、何向东等翻译，世界知识出版社，2002 年 5 月。

二、积极合作共建新型大国关系

在传统国际政治中，国际冲突和矛盾多由大国之间引发，尤其是西方大国之间协调解决。“从 1814 年到 1945 年的 130 年间，传统大国协调时断时续、时强时弱，不但成为二战后维持和平的最重要途径，而且成为最早的国际组织和全球性多边安全机制的核心设计者和缔造者，如国际联盟、联合国及其多边安全制度框架都是在大国协调基础上建立起来的。”[1] 大国之间的关系对于全球安全来说具有稳定器的作用，大国之间的良性合作与协调互动关系是世界和平与稳定的“压舱石”。“在经济全球化时代，大国之间共同利益在不断增大，因此，无论是崛起大国还是守成大国，都有义务去共同解决全球问题和维护人类的利益。”[2] 中国在未来实现中华民族崛起的进程中，应不断加强与美、俄、欧洲（法、德）、英国、日本、印度等大国的关系，以合作共赢的新型大国关系理念处理与大国之间的关系。

（一）中俄关系 —— 新型大国关系的典范

在当代的大国关系中，中俄之间关系可以说是大国关系交往的典范。两国做到了“结伴而不结盟”的相互关系。中俄两国关系在历史上曾经是有过波折起伏的。中国人无论是对现在的俄国还是曾经奉行霸权主义的苏联，都有着复杂的感情。苏联解体后，中俄两国关系由正常化国家不断发展成为现在的全面战略协作伙伴关系国家，这是中俄两国关系发展的需要。在 2017 年 5 月“一带一路”国际合作高峰论坛上，中国国家主席习近平在会见俄国总统普京时这样评价两国关系：“中俄两国是好邻居、好朋友、好伙伴。今年以来，中俄全面战略协作伙伴关系保持高

1　郑先武：大国协调与国际安全治理，《世界经济与政治》，2010 年第 5 期，第 51 页。
2　钮菊生、杜刚：合作共赢的新型大国关系前瞻，《唯实》，2013 年 12 期，第 92 页。

水平发展，各领域合作取得一批新成果。”[3] 中俄两国是全面战略协作伙伴关系，而且是高水平发展，双方协作的广度和深度是前所未有的。

高水平发展的全面战略伙伴关系表现在多个领域和多种国际合作机制上。

在政治上两国高度互信。相互尊重彼此核心利益。在国际双边和多边外交场合相互密切配合支持。

在安全与战略上加强合作。2014 年中俄两国签订《中华人民共和国与俄罗斯联邦关于全面战略协作伙伴关系新阶段的联合声明》中强调，“双方始终不渝地捍卫国际关系中安全不可分割的原则。单方面在全球范围内发展反导系统不利于国际局势的稳定，只能损害全球战略稳定和国际安全。”此外，双方建立了安全磋商机制。目前中俄双方已举行了十二轮安全战略磋商。双方就反恐议题、“颜色革命”、外交、经贸等多种议题开展磋商。在第十二次安全磋商会议上国务委员杨洁篪这样评论：“中俄同为安理会常任理事国和主要新兴市场国家，在维护地区及世界和平稳定方面拥有广泛的共同利益，肩负着重要责任。双方要保持密切沟通，落实好两国元首达成的重要共识，不断加强战略安全领域的沟通、磋商和协作，加大相互支持，进一步深化国际事务中的协调配合。”[4] 此外，双方在朝鲜半岛核问题上、韩国部署萨德导弹系统问题上、在叙利亚等诸多问题上保持密切沟通协商，观点基本相同或高度一致。

在军事上，中俄军事合作的意义在于不是加剧地区的紧张局势，而是“在世界政局不稳定的背景下，俄罗斯与中国表明维护和平和加强国际安全的意愿，意义重大。需要指出的是，双边军事合作不针对其他国

3　人民网时政：习近平会见俄罗斯总统普京，http://politics.people.com.cn/n1/2017/0514/c1024-29274039.htm,1（2017 年 05 月 14 日），[2017 年 6 月 4 日]。

4　环球网：外交部就中俄第十二轮战略安全磋商等答问实录，http://world.huanqiu.com/hot/2016-09/9439722.html，（2016-09-13），[2017-06-04]。

家，不会对这些国家造成威胁，反而有助于加强欧亚大陆内外的和平与稳定”[1]。由于中俄两国政治互信加深，两国在军事上的合作也在同步加深。“目前两国已形成了军事政治、军事技术和军事行动‘三合一’的军事合作关系。”[2]双方在联合反恐，海上军事演习的频率在不断增加。另外中国对俄罗斯的军事武器和技术购买数额也在不断增大，据环球网报道，从1992至2006年间，中国购买了价值260亿美元的俄罗斯武器，包括苏-27、苏-30战机、S-300防空导弹系统、导弹驱逐舰、柴电潜艇等。[3]

在经贸关系上，由于受到全球金融危机和乌克兰危机的影响，西方国家加大了对俄罗斯的制裁，俄国的战略重心逐步东移，这为中俄两国进一步加强经贸合作提供了机遇。中俄两国的经贸合作基础性因素没有变化，中俄经贸合作在五方面仍存在亮点：中国仍保持俄罗斯第一大贸易伙伴地位；原油、铁矿石等主要大宗商品从俄进口规模保持两位数的增长，机电与高新技术产品进口逆势上升；投资合作规模有增无减，中国累计对俄投资额已超过340亿美元；能源、核能、航空、航天、高铁、基础设施建设的战略性大项目全面推进；两国金融合作显著加强。[4]中俄经贸合作潜力巨大，在贸易往来上可以发挥互补优势，也可以借用地缘优势发展边境贸易。经贸往来为文化交流和人员往来增加了机遇。

中俄关系是新型大国关系的典范。但是这并不意味着中俄之间的交往不存在任何矛盾和障碍。未来处理中俄两国关系时，除了不断发展全面战略协作伙伴关系外应注意处理好以下几点敏感问题：

1　[俄]谢尔盖·绍伊古：中俄军事合作是“重中之重”并不针对别国，参考消息网，2016-11-24。

2　李抒音：对中俄军事合作的历史考察与思考，《俄罗斯学刊》，2016(3)：5-9。

3　环球网：俄媒：中俄军事合作“吓着”美国　但离结盟很远，http://mil.huanqiu.com/observation/2017-04/10475207.html，(2017-04-14)，[2017-06-04]。

4　沈丹阳：商务部新闻发言人，在2016年1月6日在商务部新闻发布会上发言，转引：新浪财经：在新形势下推进中俄经贸合作，(2016年05月10日)，[2017-06-06]。

1. 处理好全面战略伙伴协作关系与结盟的关系。有西方学者认为，在美国和北约势力的围堵挤压下，有可能会把中俄逼上结盟的道路。在2017年6月5日，黑山共和国加入北约，成为北约的第29个加盟国，是2009年以来的再次东扩。国内也有不少学者提出中俄可以结盟。中国领导人，从改革开放的总设计师邓小平开始也反复向世界说明“中国不会结盟”。事实上一个国家结不结盟应根据国家利益和国家面临的外部安全压力来决定。结盟要考虑到可能获得什么可能失去什么，在形势发展变化中做出决定。“在组成同盟以实现某种预期目标时，决策者要衡量一下同盟的利弊得失。认识到收益超过成本时，国家才会做出决定参加某一同盟。”[5]结盟是冷战思维，新时期我们强调国家关系是“结伴而不结盟”方针。

2. 在购买俄罗斯的军事武器上，中国应做到购买与研发新式武器相结合，走军备自主创新之路。从国外购买武器在一定的条件下可以省去研发的时间和精力，可以在一定时空内实现军事力量发展的“弯道超车”。但是从战略角度和长远来看，中国应加强武器的自主研发能力，形成中国自己的核心力量。现代战争中因只是用外国武器而不创新武器导致失败的例子，以“马岛战役”最为典型。在1982年的英阿之间的马岛战役中，阿根廷使用了从法国购置的为数不多的飞鱼导弹在战争初期发挥了重要的作用，致使英军损失惨重。但是英法两国毕竟是盟国，当法国把导弹参数和性能告诉英国后，战争的局面彻底扭转。中国必须汲取别国这样血的教训。同时我们应看到，俄国武器还出口到印度和越南，这在未来的战争状态下，印度、越南可能会构成对中国的威胁。

3. 中俄能源合作既要顺势而为又不可过分依赖俄国。中俄能源合作

5　詹姆斯·多尔蒂、小罗伯特·普法尔茨格拉夫著：《争论中的国际关系理论》，阎学通等译，世界知识出版社，2002年12月版，第573页。

是中俄经济合作中的重要内容。从利益上说两国能源合作对各自的经济发展都具有重要意义。但是，事实上是两国能源合作并不是一帆风顺。两国的能源合作受到国际政治大环境的影响较深。“在发展对华能源合作的问题上，俄罗斯对中国能源状况、发展趋势及合作前景的认识和了解决定着俄罗斯对合作的态度，以及双方开展能源合作的深度和广度，并直接影响到俄罗斯合作的行为和策略。”[1] 俄罗斯对中国的大规模能源需求是有疑虑和保留的。中俄之间的地缘政治现状决定了俄国疑虑的存在。俄罗斯东西人口分布不均，西伯利亚地区人口稀少，资源丰富。据俄塔社 2017 年 5 月 26 日报道，俄经济发展部宏观经济预测显示，到 2020 年，俄劳动力人口将由 2016 年的 7270 万降至 7170 万，有劳动能力人口将由 2016 年的 8370 万降至 8060 万。[2] 这就造成了俄罗斯不得不大量引入中国劳工。中国大量劳工的进入使俄罗斯产生了某种“被控制”或是“重新夺回曾经土地”的担心。“中俄两国的地缘政治关系导致俄罗斯对华的战略疑虑并未明显消减，是制约中俄油气合作的深层次原因。”[3] 作为需求方的中国来说，总是被“牵着鼻子走”。而俄国对远方能源尤其是原油的出售考虑太多，总想获得多元保障和更多利益，因为远东的能源需求国不仅仅是中国，还有资源严重匮乏的日本和韩国。在 2015 年乌克兰危机中，俄罗斯受到了西方国家的严重经济制裁，这时候中国给予了雪中送炭式的帮助。在这个国际背景下俄罗斯与中国的能源合作比较顺畅。在这样的状态下，中国也要顺势而为，加大合作的力度，尽可能多地购买俄国的石油和其他资源。2017 年中国科学家宣布可燃冰

1 王俊峰，贾芦苇：中俄能源合作的新战略和新思考，《中国地质大学学报》，2014 年 7 月，第 88 页。

2 中俄经贸合作网：俄经济发展部预测到 2020 年俄劳动力人口将减少 100 万，http://www.crc.mofcom.gov.cn/article/tongjishuju/201706/231847_1.html，(2017-06-02)，[2017-06-18].

3 王俊峰，贾芦苇：中俄能源合作的新战略和新思考，《中国地质大学学报》，2014 年 7 月，第 88 页。

的开采取得了重大技术性突破，这在不久的将来会大大改变中国能源供给的结构，有利于保障中国能源安全的和可持续的经济发展问题。这对于中俄之间的能源博弈又多了一张可用之牌，将来可以摆脱对俄罗斯的能源依赖。

表 12　俄罗斯向中国出口石油情况表（1992—2011）

年份	俄罗斯向中国出口石油（万吨）	中国进口石油总量（万吨）	占比（%）	年份	俄罗斯向中国出口石油（万吨）	中国进口石油总量（万吨）	占比（%）
1992	0.8	1136	0.07	2002	303.0	6941	4.37
1993	1.4	1567	0.09	2003	525.4	9102	5.77
1994	5.7	1235	0.46	2004	1077.4	12272	8.78
1995	3.7	1709	0.02	2005	1277.4	12682	10.07
1996	31.9	2262	1.41	2006	1596.5	14518	10.99
1997	47.5	3547	1.34	2007	1452.6	16300	8.91
1998	14.5	2732	0.53	2008	1163.8	17900	6.50
1999	57.2	3661	1.56	2009	1530	20380	7.50
2000	147.7	7027	2.10	2010	1525	23930	6.40
2001	176.6	6026	2.93	2011	1972.5	25338	7.78

数据来源：依据以下相关数据整理而成，《中国统计年鉴》（2000～2006 年）；《中国对外经济贸易年鉴》（1992～2003 年）；《中国对外经济统计年鉴》（2004～2005 年）；俄罗斯联邦统计局 http://www.gks.ru；中华人民共和国商务部 http://www.mofcom.gov.cn；中国国家海关总署。

资料来源：王俊峰：中俄能源合作的新战略与新思考，《中国地质大学学报》，2014 年 7 月刊。

4. 俄罗斯是历史上侵占中国领土最多的国家，这一点可能会在中国人心里留下永远的记忆。沙俄的强取豪夺、苏联的霸权主义和修正主义都曾对中国的国家安全造成了严重威胁。俄罗斯人骨子里好斗的血性是必须时刻警惕的。

（二）中美关系——新型大国关系践行者

中美关系是当今大国关系中最复杂、最重要也是最关键的双边关系。中美关系超出了两国之间关系范畴，具有全球性意义。中美两国关系的定位在 2013 年 6 月习近平主席访问美国时强调要建立“不冲突不对抗、相互尊重、合作共赢”的中美新型大国关系。特朗普政府尽管在竞选时和执政伊始对中国“毫不客气”，也制造了一些“事端”，但是在中美两国利益面前还是以合作为基调的。2017 年 3 月中旬，美国新任国务卿蒂勒森访华会见习近平时阐述美国愿意本着“不冲突不对抗、相互尊重、合作共赢的精神发展对华关系，不断增进美中相互了解，加强美中协调合作，共同应对国际社会面临的挑战”[1]，尽管蒂勒森没有使用“新型大国关系”这样的表述，但是让学术界普遍感到高兴的是美国是实质接受了中国提出的“新型大国关系原则”。尤其是“相互尊重”更是值得人们关注的，因为在美国的对外关系史上很少能够提出他们认为所谓的对“非民主”国家之间“相互尊重”。在新型大国关系原则引领下，中美合作的领域和议题将会更为广泛。

1. 加强贸易往来和深度合作，共同维护双方的经贸安全。国之交在于民相亲。国际贸易与国际政治之间的关系是相互影响相互促进的。中美现有合作领域不断拓宽，程度不断加深，这有助于维系两国之间的政治互信和地区安全的稳定。约瑟夫·奈说过“我们生活在一个相互依赖的世界”[2]。中美之间的合作体现了这种相互依赖的精神。中美经贸关系对全球经济发展具有重大意义和影响。中美贸易合作始终是两国关系的重要基石。“‘商业沟通’会增进我们的‘政治互信’”，这是 2017 年 6 月 20

1　蒂勒森访华两叹不冲突不对抗“呼应新型大国关系”，网易网军事，http://war.163.com/17/0320/10/CFVDI7N8000181KT.html，（2017-03-20），[2017-06-18].

2　[美]约瑟夫·奈著：《权力与相互依赖》，门洪华译，北京大学出版社，2002 年 10 月，第 3 页。

日李克强总理在中南海紫光阁会见第九轮中美工商领袖美方代表时所讲的话。经济全球化背景下，双方的贸易额和人员往来不断增加。据商务部网站数据显示，“2016 年中美贸易额达到 5196 亿美元，比建交之初的 1979 年增长了 211 倍。经过几十年的发展，中美已经互为第二大贸易伙伴。另据统计，2016 年中国对美国的直接投资达到了 456 亿美元，相比 2009 年的中国对美投资额增长了 64 倍。截至 2015 年年底，在美国的中资关联公司突破了 1900 家，覆盖了 80% 以上的国会选区。”[3] 贸易与人员往来给两国人民带来了实实在在的利益，尤其是对美国解决当前的就业和民生问题大有帮助。当然，美方也认为中美之间也存在着贸易不平衡问题。对这个问题中国驻美大使崔天凯认为“寻求更为平衡的双边贸易是必要的，而究竟通过扩大贸易还是设置贸易壁垒来实现这一目标，则是政策取向问题”[4]。这个问题解决起来也只是时间问题。

2. 加强多领域合作，共同维护两国人民的利益。在 2015 年 9 月，习近平主席访问美国，与奥巴马政府签订了丰硕的合作协议，“中美两国在经贸、能源、人文、气变、环保、金融、科技、农业、执法、防务、航空、基础设施建设、地区和国际事务等诸多领域达成重要共识，签署了一批影响深远的合作协议。”[5] 中美两国经济总量占到全球的 40%，双方都经受不起贸易战或货币战。唯有加强合作才是解决双方结构性矛盾的出路。2017 年 4 月习近平主席再次访问美国，与特朗普总统在海湖庄园进行了首次会面，双方虽是首次会晤也达成了不少共识与合作议题。两国元首“规划了双边合作优先领域和机制。中美双方同意推动双向贸易和投资健康发展，推进双边投资协定谈判，探讨能源、基础设施等领域务实

3　汤先营：中美合作机遇大于挑战，《光明日报》，2017-02-06。

4　殷淼：崔天凯全面阐述中美元首海湖庄园会晤后的中美关系，人民网国际频道，http://world.people.com.cn/GB/n1/2017/0425/c1002-29234154.html，（2017-04-25），[2017-06-24]。

5　《南方日报》：中美合作领域必将更加广阔，2015 年 9 月 27 日。

合作。双方愿加强两军交往，深化执法司法、网络安全等领域合作，扩大人文交流。”[1] 从习近平主席访美的成果我们看到合作的领域已不仅仅是经济贸易方面的合作，两军、司法与网络安全议题都已开展合作。

3. 中美之间高科技贸易与军用武器出售极不平等状况需要改变。尽管中美经贸往来合作不断加深，但是美国并未放松对华高科技出口和武器禁运的限制，尤其是高科技军事领域。美国对华的武器出口是两个手法，两种手段。一方面是对大陆实行武器禁运，另一方面是对台湾大规模出售武器。从 1949 年以来，以美国为首的西方国家针对有可能影响到其安全的高科技技术禁止向中国大陆输送。甚至是阻挠其他国家与中国的军事购买合作。今天的中国尽管我们并不需要美国的高科技，甚至在某些领域中国的科学技术已经走在世界的前列，但是美国自身所宣扬的贸易自由贸易公平对中国而言是有保留的，这与时代发展是不合时宜的。而且美国的禁运政策完全是两个手法，在先进武器出口方面不卖武器给大陆，却持续不断地把先进武器卖给台湾，这是赤裸裸的干涉中国内政。奥巴马政府时期对台军售数额巨大，影响极为严重。根据新华社等媒体报道，2010 年，美国出售台湾武器达到 64 亿美元；2011 年 9 月间，“根据美国国防部 21 号公布的情况，这一次对台军售的总价值为 58 亿美元，其中 53 亿美元将用于更新台湾现有的 145 架 F16ab 战机。根据美国政府的说法，尽管此次没有向台湾出售他们要求的 F16cd 战机，但更新后的 F16ab 战机能够达到同样的性能，而且更加经济。其余的 5 亿美元，则将被用于飞行员训练和采购相关零部件，其中包括雷达系统、部分空对空导弹、激光和 GPS 制导的精确打击炸弹等等。”[2]“虽然此次美

1　央视网：习近平出访芬兰和美国取得圆满成功和丰硕成果，http://news.qq.com/a/20170409/032856.htm，（2017-04-09-22:12），[2017-06-20]。

2　新华网：奥巴马政府对台军售总额超 79 年后历届政府总和，http://news.xinhuanet.com/mil/2011-09/22/c_122073802.htm，（2011-9-22），[2017-7-2]。

国并未向台湾出售 F16C/D 型战斗机，但新一轮军售总额远高出预期。此次普遍估计的金额为约 42 亿美元，结果却高出了约 40%。这使得奥巴马政府对台军售总额达到 122.52 亿美元，超过美台断交后历届美政府的对台军售总额。"[3]2015 年 12 月，美国国会宣布向台湾出售价值达 18.3 亿美元的军事武器。[4]这种行为不仅干涉了中国内政，也给两岸关系的发展制造矛盾障碍，这都与美国的"贸易保护"有关，从而也看出了"美国的自由贸易精神"是虚伪的。特朗普总统入主白宫以来，尽管有两国元首"海湖庄园会晤"为两国关系发展奠定基调，但是这并没有改变美国对华外交与军事行为的两种态度和两面手法。

4. 及时调整和创新对话机制谋划中美未来发展。中美关系自尼克松访华以来，历经曲折发展，但整体上来看还是不断向前的。中美之间关系非敌非友，好也好不到哪里，坏也坏不到哪里。但是中美之间的关系越来越重要这是毋庸置疑的。如何维护好发展好两国之间的关系需要两国政治家共同谋划未来。2017 年 4 月中美元首"海湖庄园会晤"为未来中美 45 年的发展做出了勾画。两国元首明确了一个共识："中美作为世界大国责任重大、合作是唯一选择，两国加强沟通协调可以共同办成一些大事，成为很好的合作伙伴。"[5]为推动中美关系的发展，调整了合作机制。在奥巴马政府时期中美建立了"中美战略与经济对话"机制。在新形势下，这个机制重新拆分组合形成"外交安全对话、全面经济对话、执法与网络安全对话、社会和人文对话"四个高级别对话合作机制，这体现了沟通机制和协调能力的创新，也体现了中美之间务实合作的精神。

5. 在相互信任相互尊重基础上加强安全合作，灵活应对和处理敏感

3　同上。

4　大众网：国际新闻，http://news.dzwww.com/guojixinwen/201512/t20151218_13524306.htm.

5　晓岸：中美元首"海湖庄园会晤"成果盘点，中国网，http://www.china.com.cn/news/world/2017-04/08/content_40582899.htm（2017-04-08），[2017-07-02].

性问题和国际热点问题。中美之间需要合作的安全议题有很多。如台湾问题、南海问题、钓鱼岛问题、朝核问题、贸易摩擦问题、全球性气候问题、打击恐怖主义势力、维护亚太地区和世界和平，都是需要中美两国合作解决的难题。

三、国际安全治理几个关键领域的安全保障

（一）核安全保障与治理

核安全问题因在安全领域中的敏感性和特殊性，历来受到国际社会的广泛重视。当前核安全面临的国际问题是核扩散风险、核恐怖主义和核电工业的潜在隐患。关于核问题的三个典型案例：一个是传统安全中的核武器使用问题；一个是切尔诺贝利核电站的核泄漏事件，这是人类历史上被认为是最严重的核电事故，据估算，这次核泄漏事故后产生的放射剂量相当于日本广岛原子弹爆炸产生的放射污染的 100 倍以上；[1] 一个是日本福岛地震核泄漏事件。日本福岛核泄漏事件因发生在太平洋的岛屿上，导致核污染的面积是所有核事件污染面积最大的。从上述核事件的影响来看，无论是核战争还是核工业，核事件的发生都将对人类社会带来极大的负面影响。核安全、核监管、核防护成为各安全领域重中之重的话题。

核安全首先是国家课题。中国对核安全问题历来是重视的。2010 年华盛顿首届核安全峰会，时任国家主席胡锦涛参加了会议，并发表了“携手应对核安全挑战，共同促进和平与发展”主旨演讲。十八大之后，在总体国家安全观思想中，核安全成为国家安全体系的重要组成部分。2014 年习近平出席海牙核安全峰会，阐述了中国“理性、协调、并重”的核安

1 环球网，科技频道：世界史上最可怕的十大核泄漏事故，http://tech.huanqiu.com/photo/2011-03/1563390_5.html，[2017-08-25].

全观。2016年习近平出席华盛顿核安全峰会，强调“加强国际核安全体系 推进全球核安全治理”主旨讲话。

核安全的法制化建设上，在《中华人民共和国国家安全法》中第三十一条做出规定“国家坚持和平利用核能和核技术，加强国际合作，防止核扩散，完善防扩散机制，加强对核设施、核材料、核活动和核废料处置的安全管理、监管和保护，加强核事故应急体系和应急能力建设，防止、控制和消除核事故对公民生命健康和生态环境的危害，不断增强有效应对和防范核威胁、核攻击的能力”。这一条对核安全的使用、监管和保护做出了明确规定。在核安全的对外关系上，有两点值得关注，一是强调了“国际合作”，这一点在行动上我们切实做到了国际合作。二是“不断增强有效应对和防范核威胁、核攻击的能力”，这一点对我们来说是非常有必要的。当前国际社会有核武器国家在事实增长，中国保有适量的核防备能力是强国的体现，也是国家崛起的保障。

学会应对核战争防止核辐射是公民和国家在未来核危机状态下必备的安全技能。尽管国际社会爆发核战争的可能性很低，但是核武器的大量存在犹如飘浮在人类社会上空的一片乌云，蘑菇云的上升要比乌云可怕得多。中国应做好核安全防护知识普及工作。

核安全也是全球性课题。《2016年核安全峰会公报》强调了安全合作的必要性，“应对核及放射性恐怖主义需要开展国际合作，包括根据各国法律和程序共享信息。国际合作可使全球核安全体系更为包容、协调、可持续、强有力，以实现共赢和共同安全。”[2] 国际社会应加强合作，科学利用核能，同时努力建设“零核武”世界。核武器是可以使世界毁灭的武器，当今世界核武器的保有量足够让世界毁灭无数次，国际社会必须加强全球核安全治理。“核攻击、核扩散、核事故和核恐怖主

2　中国政府网：http://www.gov.cn/xinwen/2016-04/05/content_5061426.htm，（2016-04-05）.

义都具有跨越国界的影响，核安全已成为全球性安全问题，理应成为全球治理的重要领域。”[1]当今防止核扩散的重点难点体现在一是印度、巴基斯坦、以色列一直拒绝参加《不扩散核武器条约》，上述三国已成为事实上的有核国家。二是朝鲜2003年退出该条约，并不断开展核试验。2015年以来，朝鲜半岛核危机愈演愈烈，朝鲜半岛战争阴云密布。三是中东地区的核扩散风险。以色列在事实上拥有了核武器，而西方国家对伊朗发展核武器持有偏见。四是核恐怖分子对核技术核设施核装置的掌控将严重危及人类社会的安全，这对美国来说是个极其迫切而严峻的问题。

中美核安全合作意义重大。“9.11事件”之后，恐怖主义上升为世界各国面临的重大威胁，人们担心恐怖分子获得大规模杀伤性武器和制造“超级恐怖主义”，美国更是把防范核恐怖主义作为反恐战略的重中之重。[2]在这种核恐怖心理背景下开展与美国的核安全合作、治理和技术合作显得顺畅得多。中美核安全合作可以增强政治互信，降低全球核安全风险。在具体操作上，中美联合建立“核安保示范中心”就是中美安全合作很好的示范案例。据媒体报道该中心2015年建成，成为亚太地区乃至全世界设备最大最齐全的安保交流和培训中心。

美俄之间实现核裁军是达成“零核武”的关键。由于美、苏（俄）两国拥有的核武器的总数一直占世界各国总数的90%以上，限制和裁减核武器的责任自然首先应由他们来承担。[3]从上世纪70年代至今，核裁军的效果并不明显，根本原因在于美俄之间猜忌和戒备心理没有消除。距离“零核武”的目标还有很长的道路。

1　傅小强：从全球治理角度认识国际核安全问题，《现代国际关系》，2016年第3期，第1页。
2　傅小强：从全球治理角度认识国际核安全问题，《现代国际关系》，2016年第3期，第2页。
3　百度词条：核裁军，https://baike.baidu.com/item/%E6%A0%B8%E8%A3%81%E5%86%9B/4712767?fr=aladdin.

（二）网络与信息技术安全的保障和治理

美国著名未来学家阿尔文·托夫勒曾预言，谁掌握了信息，控制了网络，谁就拥有整个世界。信息技术和互联网对国际政治和国家安全的影响越来越明显。信息化程度越高的国家，信息安全受到的威胁程度也就越高。除核安全问题外，信息安全也是国际安全和国家安全领域极为重要的内容。网络空间的安全问题不仅是虚拟空间，它也直接威胁到实体国家安全。正是意识到网络安全的重要性，中国互联网信息办公室，2016 年 12 月制定了《国家网络空间安全战略》，其中对网络空间与国家安全关系做了重要表述，“网络空间安全事关人类共同利益，事关世界和平与发展，事关各国国家安全。”[4]《国家网络空间安全战略》的制定对维护国家信息及网络安全起到了重要的保障作用。即便如此，网络威胁依然存在。中国网络专家郝叶力认为当前影响网络空间安全主要的主要威胁有四个方面：网络恐怖袭击、网络经济犯罪、网络舆论乱局和网络军备竞赛。[5]面对这些全球性网络威胁，单一国家已经无法应对，全球网络安全合作治理才是实现互联网和信息技术安全的唯一出路。

世界各国应加强互联网安全技术合作，共同应对病毒、黑客和网络攻击。网络命运共同体，强调“共同体意识”，世界各国应联合起来，寻找技术合作的利益契合点，共同应对网络安全挑战。对中国来说，应在关系到国家安全的重点领域，加大对网络信息安全技术的人员和资金投入，研发新技术，在信息科技领域实现技术突破。

---

4 国家互联网信息办公室：《国家网络空间安全战略》，http://www.cac.gov.cn/2016-12/27/c_1120195926.htm.

5 郝叶力：观潮网络空间论坛主席、国家创新与发展战略研究会副会长，他在 2017 年 5 月第五届中国互联网安全大会上发言，见人民网社会专栏，http://society.people.com.cn/n1/2017/0915/c1008-29537645.html.

世界各国应加强现实世界制度合作，为网络“恶魔”制定牢笼。“互联网到底是阿里巴巴的宝库，还是潘多拉的魔盒？这取决于‘命运共同体’如何认真应对、谋求共治。”[1] 网络的“乱”，根源在于现实世界的“乱”；网络威胁根源在于现实世界的威胁。实现网络安全归根结底还是要回到现实世界中来。世界各国应本着和平利用互联网理念，制定互联网使用和发布信息规则，

（三）发展与周边国家的睦邻友好关系

邻国，特别是接壤国、邻水国、邻海国、国际河流流经国家对国家安全都会产生不利的影响，尽管它在其他方面有可能会带来一定的益处。但在现实的国际体系中，邻国的数量越多，国家之间矛盾就越多。尤其是互为邻居的国家有时候就是一个矛盾共同体。比如，以色列与巴勒斯坦，印度和巴基斯坦，中国和日本，朝鲜和韩国等。邻居既然无法选择，那就勇敢面对。相邻国家虽有安全认知差异，但相邻国家或地区也可以形成“安全复合体”。哥本哈根学派主要代表巴里巴赞认为，“一个安全复合体要具备三个要素，一是国家间安排和它们之间的差异；二是友善和敌对模式；三是主要国家中的权力分配。”[2] 与邻国构筑安全复合体是解决周边国家安全问题的一种尝试。

中国有句老话叫“远亲不如近邻”。在对外关系上，中国历来重视与周边国家之间的关系。因为“无论从地理方位、自然环境还是相互关系看，周边对中国都具有极为重要的战略意义。”[3] 周边国家生变、生乱对中国也是不利的。而周边国家，在其自身发展的过程中，选择了不同的政

1　余建斌：当互联网照亮“命运共同体”，《人民日报》，2014 年 11 月 21 日，第 05 版。

2　［英］巴瑞・布赞、奥利・维夫、D. 怀尔德著，朱宁译，《新安全论》，浙江人民出版社，2003 年版第一章。

3　习近平在 2013 年 10 月在周边外交工作座谈会上发表的讲话，人民网时政高层动态（2013 年 10 月 25 日）http://politics.people.com.cn/n/2013/1025/c1024-23332318.html，[2017-10-11].

治制度、经济制度和文化制度。它们在历史上和现实中与中国发生过或亲或疏、或近或远的关系。但总的来说亚洲国家与中国的关系基本上保持在相对稳定的状态。从安全的角度来说一个国家邻国的数量少一些，国家之间的冲突、争端、摩擦、领土纠纷可能就少一些；但是如果从贸易与文化交往的角度看，邻居数量多，也会对贸易、文化的交流，人员的往来也会带来益处。所以，邻居的多寡与邻居的好坏并不具有一定的必然联系，这要看自身国家奉行什么样的邻国政策。是以邻为伴，还是以邻为壑就看你对邻居的态度如何。“德不孤，必有邻”也可以作为一个国家对外的基本价值倾向。

十八大以来，中国更加重视与周边国家之间的关系。把处理好与周边国家之间的关系看作是事关国家战略发展的问题。为此，2013 年 10 月下旬，习近平专门召开了周边工作座谈会，为未来 5 到 10 年做好与周边国家的工作定调。确定了中国周边外交的基本方针，就是坚持与邻为善、以邻为伴，坚持睦邻、安邻、富邻，突出体现亲、诚、惠、容的理念。[4] 我们对周边国家长期以来以“善”的一面与之交往，而历史证明，或者用经典现实主义观点来看，“善的”外交行为，并不一定带来“好的”外交结果，有时还可能产生负面的或“恶的”结果。当前对周边国家，尤其是那些与域外大国结成了同盟的国家，如日本、韩国、新加坡等国家的交往，是否应少一些“亲诚惠容”，多一些警惕和防范。对一些长期敌视我们的个别邻国，也讲“亲诚惠容”，恐怕是农夫与蛇故事将会再次上演，“子系中山狼”还是要警惕的。

另外，再从外交对等的原则来看，“亲诚惠容”也似乎是不太妥当的。我们对周边国家讲“亲诚惠容”，他们对中国是否也“亲诚惠容”呢？哪怕是其中的一个方面的原则，又有几个国家呢？他们希望在经济上搭

4　同上。

中国便车，而在心理上、安全上、战略上还要防范中国，这就难以理解了。周边国家中因国内政治斗争影响到当地华人华侨，甚至是对华人屠杀、大开杀戒的“邻居”也不少！过分强调对别国的友善，给自己的国家带来的可能就是隐患。

（四）国际热点问题与突发事件的管控

国际社会中的一些热点问题或突发事件对一个国家的安全与稳定可能会有较大影响。谨防事件的“蝴蝶效应”的发生。中亚国家的“颜色革命”、阿拉伯国家的“阿拉伯之春”、香港的“占中”运动，这些看似突发的事件其实背后隐藏着的对手对国家安全稳定与团结构成的威胁是非常严重的。它的发生极有可能引起相关国家的政权颠覆或引起国家内乱的发生。类似的还有突尼斯 2010 年发生的“茉莉花革命”事件也应引起高度关注。

对于此类事件，无论是看似经济事件，或是政治事件，或是暴力恐怖事件，都要及时关注，持续关注事态的演变和发展，然后开展“与我威胁”评估。评估的要素要分为人、财、物、事及未来关系，然后制定应对方案或解决的方法，是救人，救物，还是挽救关系，或是其他事宜，最终采取措施，解决涉及我方的问题。即使确实没有我方人员或工程项目受影响，也应及时与事件国保持联系，或问候、或致电，以取得事态发展的主动权，赢得事件发生国的尊重、理解或支持。这个过程简化为“关注 — 评估 — 方案 — 解决”。不可隔岸观火，任由事态蔓延发生。

对于那些长期存在的热点问题，一时无法解决的，如南北差距问题、朝核问题、气候问题、传染病问题应借助多种机制平台，与世界各国合作联手共同制定解决方案，以使其负面影响达到最小化。

上述几个关键领域的问题也并不是相互孤立的，它们有时会相互影响，相互促进，相互渗透。只要长期保持危机意识、忧患意识，提前预防，积极应对，一切有损国家安全的外部因素都可以防范和应对，关键是看我们是否做到了未雨绸缪。

四、增强人类命运共同体意识

安全，是人类的普遍价值，是人类永恒的追求目标。人类自诞生以来，为了应对大自然的挑战，为了过上美好的生活，为了人类自身的和平与安全不断的走在了一起，建立了各种类型的氏族社会、社团、组织、机构、单位和国家。所有这样的组织单位在英文中就一个词“community”与之对应。国家、协会、组织、单位不过是 community 的不同表现形式。这种“单位体系”从它的发展历程来看它的组织机构是不断增大的，人员数量是不断增加的，功能在不断完善。如果从“安全”的角度来理解 community 的话，因安全的客观内容是历史的、多变的、丰富的，所以保障安全主体的 community 发挥的作用永远是落后的。

在 2013 年 4 月，习近平在博鳌亚洲论坛发表主旨演讲时指出“天下仍很不太平，发展问题依然突出，世界经济进入深度调整期，整体复苏艰难曲折，国际金融领域仍然存在较多风险，各种形式的保护主义上升，各国调整经济结构面临不少困难，全球治理机制有待进一步完善。实现各国共同发展，依然任重而道远”[1]。今天我们要讨论和研究的话题就是在这充满风险的国际社会中，人类未来的安全何以得到保障的问题。世界政治经济形势的变化，引起世界各国的不断调整与相互之间的深度合作。国际力量的对比、分化组合以及恐怖主义势力的猖獗，给世界安全带来了新的威胁，解决未来国际安全需要寻求新的理论、新的思路、

1　习近平：共同创造亚洲和世界的美好未来，http://news.xinhuanet.com/2013-04/07/c_115296408.htm

新的方式。中共自十八大以来，在不同场合提出“命运共同体”理念得到了国际社会的关注。

要理解“命运共同体”首先要明白什么叫“共同体”。通常人们所理解的共同体意思一是人们在共同条件下结成的集体；二是由若干国家在某一方面组成的集体组织。如同欧盟；三是在爱情方面，指最具同心力的一个集体。双方具有非常深厚的感情基础。可以做到同荣誉，同命运，同生活。是当代爱情应有的一个方向。例如张赵共同体。[1] 从本质上来看，任何共同体都是利益共同体，这个利益可以是经济利益、政治利益、文化利益、安全利益等。九三学社中央副主席丛斌认为“共同体”是基于传统的血缘、地缘和文化所形成的人类集合体，共同体内的人们有着共同的价值观和传统，体现着成员的共同感情、共同信仰和集体意识，将同质性的个体结合在了一起。共同体的一个基本功能是为其成员提供生活的某种确定性和安全性，而成员之间则维系着一种紧密的社会关系，相互依存、相互信任和相互帮助。[2] 从共同体的定义来看，共同体是具有多重内容（横向纬度的）和逻辑范围（纵向纬度的）的。横向看，比如有利益共同体、安全共同体、爱情共同体、命运共同体等；纵向看，共同体有大小和隶属之分，比如有家庭共同体、社区共同体、单位共同体、国家共同体、地区共同体、人类共同体。在所有的共同体中人类命运共同体是最大的共同体，一切其他的共同体都是历史的范畴，最终都会发展成为人类共同体或人类命运共同体。

所谓的“命运共同体”，是指在追求本国利益时兼顾他国合理关切，在谋求本国发展中促进各国共同发展。命运共同体发展应有三个层次：国家命运共同体、区域命运共同体和人类命运共同体。从现实来看，人

1 共同体：http://baike.baidu.com/view/428035.htm?fr=aladdin.

2 张纪：中国梦：铸就人类命运共同体 —— 对话九三学社中央副主席、中国工程院院士丛斌，新华网，http://news.xinhuanet.com/politics/2013-11/01/c_125636138.htm.

类命运共同体应是建立在国家、区域共同体的基础之上的。习近平强调的是最终的“人类命运共同体”。人类只有一个地球，各国共处一个世界，要倡导“人类命运共同体”意识。[3] 如果从学术的角度来看上述的解释不够十分全面。从名称上来看，它应该是一种价值追求，一种目标，一种理念；同时具有价值的主体和主体追求的价值目标。鉴于此，我们认为命运共同体定义为：人类社会当处于一定的风险国际社会时，行为体为了满足自身安全需要或达成某种共同意识或目标价值而进行的共同行动和结果。命运共同体是全人类的事情，事关全人类的生存、灭亡和发展的问题。

人类的安全受到了威胁，这是铁的事实。在建设人类命运共同体的进程中，个人、团体、社会、国家、地区、国际社会的安全保障出路在哪里？当今国际社会一个不可避免的现实就是全球化。全球化的发展造就了“风险国际社会”。在风险国际社会中，“人人奉献，才能人人安全”，也就是说只有每个人都行动起来，每个人才能获得安全、获得和平、过上稳定的生活。

人类命运共同体建设需要国家安全主体相互合作。全球化的发展把地球上的每一个角落都联系了起来，把每一个人都联系了起来。每个国家都形成了“你中有我”“我中有你”的“共同体”。在这充满依赖与互补的国际环境中，我们不能仅仅看到相互依赖带来的“利益”，还要看到相互依赖的社会存在着不可预知的、复杂的、全球性的风险。国际社会虽然充满风险的，但是风险无法让我们分离，风险让我们走得更近，风险让我们相互取暖、相互抱团、依赖更深。

寻求国家安全必须探寻新的安全思路。面对可预料的不可预料的威

3　人类命运给共同体：http://baike.baidu.com/view/10412536.htm?from_id=6306542&type=syn&fromtitle=%E5%91%BD%E8%BF%90%E5%85%B1%E5%90%8C%E4%BD%93&fr=aladdin.

胁，人类必须携起手来共同寻找更加适合人类生存与发展的道路，探寻更加安全的出路，探寻人类真实而永久的和平。人类不要战争，战争会让人类共同灭亡。2014 年，中国在纪念抗日战争爆发七十七周年时，习近平强调："纵观世界历史，依靠武力对外侵略扩张最终都是要失败的。这是历史规律。中国将坚定不移走和平发展道路，并且希望世界各国共同走和平发展道路，让和平的阳光永远普照人类生活的星球。"[1] 全世界人民都应该珍惜来之不易的和平，摒弃前嫌，放下芥蒂，相互信任，以诚相待，共同寻找人类和平发展的道路，建立人类命运共同体。

人类命运共同体保障国家安全的中国职责。既然中国提出了"命运共同体"思想，那么无论在外交实践上还是理论建设上，中国应发挥建设性的和更加积极的作用。中国作为一个负责任的大国，不仅对命运共同体负责也要对事关人类命运的具有全球性的问题负责，这就要求中国发挥与自身地位相称的作用。对于影响命运共同体发展的一些问题和挑战中国都要主动出击，要解决问题，要勇于担当；对于影响世界和平与发展的问题中国要阻止、要谴责，要伸张正义；对于全球性的体制机制建设中国要积极参与，维护共同体和广大发展中国家的利益。在理论的建设与研究上要与"中国梦""和谐世界""全球治理"等理念对接起来，让命运共同体理念走得更稳健、更扎实、更遥远。

---

1 习近平：依靠武力对外侵略扩张最终都是要失败的，人民网，(2014-07-07)，http://politics.people.com.cn/n/2014/0707/c1024-25248046.html.

结 论

老子在《道德经》中说，胜人者有力，自胜者强。

当前中国正处于实现中华民族伟大复兴的关键时刻，“实现伟大梦想，必须进行伟大斗争。”[2] 安全不是凭空得来的，安全需要争取，安全需要合作，安全需要不断的更新思想、更新武器、更新观念，不断升级国家的物质力量和国民的精神力量。

国家的崛起就是国家力量在较短时期内的迅速持续的增长，也就是综合国力短期内相对他国的提高。但是国家力量的积累并不意味着国家安全的实现与获得。国家在崛起的进程中如果外部安全环境不利于国家崛起，国家就要把综合国力适度地转化为国家安全保障力。同时，国家在安全战略上应尽量保持克制、忍耐，也就是常说的“韬光养晦”。韬光养晦也是有条件、有时间限度的，如果守成大国防范、围堵或遏制新兴国家崛起，崛起国不应无限制地承诺以非武力方式崛起。对于中国来说，保持理智、理性是必要的，但是也要学会斗争，我们要始终牢记毛泽东的那句话“我们爱好和平，但以斗争求和平和平存，以妥协求和平和平亡”。要丢掉幻想，随时准备战斗！

此外，在无政府国际社会中，实现共同安全才可能实现国家安全。国家安全的获得需要同时考虑内外两个时空维度。执政者须时刻记住国家追求安全只是相对的，只要有国家的存在，国家之间就会存在认识上的差异、发展上的差距，这就会造成对国家安全的威胁。国家安全随着

---

2 习近平：中国共产党第十九次全国代表大会报告。

国家的存在而存在，未来社会国家自行消亡，国家安全也就不复存在，剩下仅是人类如何更好地生存或生活安全问题了。在国家存在于人类发展历史进程的过程中，无论是执政者还是普通民众都要保持一种国家安全的意识，国家越是富强繁荣，就越要塑造和培养国家安全意识。同时，并尽可能地利用时代发展的生产力转化为可使用的安全保障能力。

维护国家安全的最本质、最关键的因素依然是人。科学技术本身只具有自然属性，所谓科学技术的“两面性”只是人的邪恶两面性在科学技术上的反映。所以，科学技术与生产力的发展并不意味着国际社会、国家、团体、家庭和人类社会变得更安全。国家之间如果存在生产力的差别，就会有威胁存在。国家之间如果在战略上出现误判或者一国的战略意图模糊不清就会给对其他国家产生安全困境。一国的生产力综合国力越是发达对其他国家造成为潜在威胁就有可能越大，如果国家之间能够保持价值观、共同理想或认识上的达成一致国家之间的安全威胁将会大大降低。人类如果彼此消除误解，消除阶级差别，国家安全问题将不复存在，人类剩下的安全议题仅仅就是共同面对大自然的自然灾难了。然而国家之间的差距、差别、误解和仇恨在短期内很难消除，可见的未来也难能消除，也就是说国家安全问题将长期存在。

全球范围内的生产关系不平等，国际贸易存在不平等、不公正情况存在，国家之间的阶级差别也是产生国家安全问题的原因之一。东西方国家之间和南北方国家之间只要存在着阶级差别，这些矛盾无法从根本上进行调和，国家之间的冲突就会一直存在，影响国家安全的行为将会长期存在。

执政者在维护国家安全的方略上应该随着生产力的不断发展而不断提升自身的防御能力，促使精神力量与物质力量相匹配，国家安全保障力实现最大化。

当然，论文在研究过程中也存在问题和疑惑，比如强调物质和精神对国家安全的保障作用，但是二者之间围绕着安全议题的互动关系是怎样的？如何培育全球性安全价值观？国家作为民族生存的共同体在发展进程中国家安全能否消失，人类只剩下人与自然界的安全互动都是值得进一步探索和研究的。中国提出的建设“和谐世界”、构筑“人类命运共同体”理念、“一带一路”倡议必将书写人类和平与进步的新篇章。

参考文献

1、专著（含中文译本）

[1] 《马克思恩格斯选集》(1-4 卷)，北京：人民出版社，1995 年版。

[2] 《毛泽东选集》(1-4 卷)(2 版)，北京：人民出版社，2009 年版。

[3] 《邓小平文选》(2-3 卷)，北京：人民出版社，1993 年 10 月版。

[4] 《胡锦涛文选》(1-3 卷)，北京：人民出版社，2016 年 9 月版。

[5] 习近平：《习近平谈治国理政》，北京：外文出版社，2014 年。

[6] 习近平：《出席第三届核安全峰会并访问欧洲四国和联合国教科文组织总部、欧盟总部时的演讲》，北京：人民出版社，2014 年 4 月。

[7] [美] 汉斯·摩根索著：《国家之间政治》，海口：海南出版社，2008 年 9 月版。

[8] [美] 詹姆士·多尔蒂等著，阎学通等译：《争论中的国际关系理论》，北京：世界知识出版社，2002 年 12 月版。

[9] [英] 巴里·巴赞 [丹麦] 琳娜·汉森著，余潇枫译：《国际安全研究的演化》，浙江大学出版社，2011.10。

[10] [英] 巴里·巴赞 [丹麦] 奥利·维夫著，潘忠岐、孙霞等译：《地区安全复合体与国际安全结构》，上海：上海世纪出版集团，2009 年。

[11] [德] 乌尔德里·贝克著，何博闻译：《风险社会》，南京：译林出版社，2004 年版。

[12] [美] 亨利·基辛格著，胡利平等译：《论中国 On China》，北京：中信出版社 ,2012 年 10 月。

[13] [美] 彼得·卡赞斯坦主编，宋伟译：《国家安全的文化》，北京：北京大学出版社，2009.3。

[14] [美] 罗伯特·杰维斯著，秦亚青译：《国际政治的知觉与错误知觉》，北京：世界知识出版社，2003 年 5 月。

[15] [美] 塞缪尔·亨廷顿著，周琪等译：《文明的冲突与世界秩序的重建》，北京：新华出版社，1998 年 3 月。

[16] [美] 约瑟夫·奈著：《理解国际冲突：理论与历史》，北京：北京大学出版社，2005 年 1 月。

[17] [美] 约瑟夫·奈著，门洪华译：《硬权力与软权力》，北京：北京大学出版社，2005.10。

[18] [英] 巴瑞·布赞、奥利·维夫、D. 怀尔德著，朱宁译：《新安全论》，杭州：浙江人民出版社，2003 年版

[19] [以] 伊曼纽尔·阿德勒 [美] 迈克尔·巴涅特主编，孙红译：《安全共同体》，北京：世界知识出版社，2015 年 1 月。

[20] [美] 罗伯特·基欧汉、约瑟夫·奈著，门洪华译：《权力与相互依赖》，第 3 版，北京：北京大学出版社，2002 年 10 月。

[21] [美] 盖伊·彼得斯著，顾丽梅、姚建华译：《美国的公共政策 — 承诺与执行》，上海：复旦大学出版社，2008 年 5 月。

[22] [美] 亚历山大·温特著，秦亚青译：《国际政治的社会理论》，上海：上海人民出版社，2000 年版。

[23] [德] 乌尔德里·贝克，哈贝马斯等著，王学东等译：《全球化与政治》，北京：中央编译出版社，2000 年版。

[24] [俄] 库拉金，钮菊生译：《世界主要大国的作用》，《俄罗斯中亚东欧研究》2008 年，第 1 期。

[25] [美] 罗伯特·特吉尔平著，武军等译：《世界政治中的战争与变革》，北京：中国人民大学出版社，1994 年版。

[26] [英] 安东尼·吉登斯，田禾译：《现代性的后果》，译林出版社 2000 年版。

[27] [美] 兹比格纽·布热津斯基，中国国际问题研究所译：《大棋局：美国的首要地位及其地缘战略》，上海：上海世纪出版集团，2007 年版。

[28] [美] 约瑟夫·奈：《美国霸权的困惑》，北京：世界知识出版社，2002 年。

[29] [美] 罗伯特·阿特著，郭树勇译:《美国大战略》，北京:北京大学出版社，2005 年。

[30] [美] 丹尼斯·德鲁、唐纳德·斯诺《国家安全战略的制定》，北京：军事科学出版社，1991 年版。

[31] [美] 罗伯特·特吉尔平著，杨宇光等译：《全球政治经济学》，上海：上海人民出版社，2003 年。

[32] [美] 艾莉森、布莱克威尔、温尼编，蒋宗强译：《李光耀论中国与世界》，北京：中信出版社，2013 年 10 月。

[33] [美] 理查德 · 尼克松著：《超越和平》，北京：世界知识出版社，1995 年。

[34] [美] 保罗肯 · 尼迪著：《大国的兴衰》，北京：中国经济出版社，1989 年。

[35] [美] 亨利 · 基辛格著：《大外交》，海口：海南出版社，1998 年 1 月。

[36] [日] 星野昭吉著，刘小林等译：《全球政治学》，北京：新华出版社，2000 年版。

[37] [日] 本多胜一著，刘春明等译：《南京大屠杀》，太原：北岳文艺出版社，2001 年 9 月。

[38] [美] 罗伯特 · 基欧汉著，苏长河等译：《霸权之后》，上海：上海人民出版社，2001 年。

[39] [美] 肯尼斯 · 华尔兹著，信强译：《国际政治理论》，上海：上海人民出版社，2003 年。

[40] [美] 肯尼斯 · 华尔兹著，倪世雄等译：《人、国家与战争》，上海：上海译文出版社，1991 年版。

[41] 阎学通，金德湘主编：《东亚和平安全》，北京：时事出版社，2005 年版。

[42] 阎学通著：《世界权力的转移：政治领导与战略竞争》，北京：北京大学出版社，2015 年 9 月。

[43] 秦亚青著：《霸权体系与国际冲突》，上海：上海人民出版社，1999 年版。

[44] 李慎明主编：《马克思主义国际问题基本原理》，北京：社会科学文献出版社，2008 年版。

[45] 阎学通、周方银编:《东亚安全合作》，北京:北京大学出版社 2004 年 10 月。

[46] 朱锋著：《国际关系理论与东亚安全》，北京：中国人民大学出版社，2007 年。

[47] 刘江永著：《中日关系二十讲》，北京：中国人民大学出版社，2007 年版。

[48] 马维野、张士铨编：《全球化时代的国家安全》，武汉：湖北教育出版社，2003 年版。

[49] 周建明著：《美国国家安全战略的基本逻辑》，北京：社会科学文献出版社，2009 年 5 月。

[50] 夏保成编:《美国公共安全管理导论》，北京:当代中国出版社，2006 年 6 月。

[51] 黄金元著：《全球化时代大国的安全》，北京：中国社会科学出版社，2007.1。

[52] 胡宗山著：《国际政治学基础》，武汉：华中师范大学出版社，2005 年版。

[53] 胡宗山著：《国际关系理论方法论研究》，北京：世界知识出版社，2007 年 3 月。

[54] 乔耀章著：《政府理论》，苏州：苏州大学出版社，2003 年 9 月版。

[55] 乔耀章著：《政府理论续篇》，苏州：苏州大学出版社，2013 年 12 月版。

[56] 陈振明编著：《公共政策学》，北京：中国人民大学出版社，2004 年。

[57] 钮菊生著:《公共政策分析的理论与实践》，西安:陕西出版集团，2010 年。

[58] 王卓君著：《文化视野中的政治系统》，南京：东南大学出版社 ,1997 年版。

[59] 王沪宁：《政治的逻辑》，上海：上海人民出版社，2004 年。

[60] 邵辉、赵庆贤编著：《安全心理与行为管理》，北京：化学工业出版社，2011 年。

[61] 余潇枫主编：《非传统安全概论》（第二版），北京：北京大学出版社，2015 年。

[63] 邢悦、詹奕嘉著：《国际关系：理论、历史和现实》，上海：复旦大学出版社，2008 年版。

[64] 俞正梁著:《全球化时代的国际关系》，上海:复旦大学出版社，2000 年版。

[65] 金太军主编：《政治学新编》，上海：华东师范大学出版社，2006 年版。

[66] 时殷弘著:《现当代国际关系史》，北京:中国人民大学出版社，2006 年版。

[67] 阎学通著：《国际政治与中国》，北京：北京大学出版社，2005 年 7 月。

[68] 刘慧主编:《中国国家安全研究报告》，北京:社会科学出版社，2014 年版。

[69] 刘胜湘著：《全球化与美国：安全利益的冲突分析》，北京：北京大学出版社，2006 年 4 月。

[70] 黄日涵、姚玉斐主编：《国际关系实用手册》，天津：天津出版传媒集团，2013 年版。

[71] 陈振明著：《政治学前沿》，福州：福建人民出版社，2000.05.

[72] 庞中英著:《全球治理与世界秩序》，北京:北京大学出版社，2012 年 4 月。

[73] 王正毅、张岩贵著：《国际政治经济学：理论范式与现实经验研究》，北京：商务印书馆，2003 年版。

[74] 罗云主编：《安全行为科学》，北京：北京航空航天大学出版社，2012 年 8 页。

[75] 东鸟著：《网络战争》，北京：九州出版社，2009 年 5 月。

[76] 张景林等主编：《安全学原理》，北京：中国社会劳动保障出版社，2009 年。

[77] 田水承、景国勋主编：《安全管理学》，北京：机械工业出版社，2014 年版。

[78] 杜雁芸、刘杨钺：《科学技术与国家安全》，北京：社会科学文献出版社，2016 年 4 月，第 1 版。

[79] 黄爱武：《战后美国国家安全法律制度研究》，北京：法律出版社，第 1 版，2011 年 6 月版。

[80] 亚诺编著：《美国国家安全局全传》，南京：凤凰出版社，2010 年 4 月。

[81] 朱建新、王晓东：《各国国家安全机构比较研究》，北京：时事出版社，2009 年版。

[82] 梁守德、陈岳、李义虎主编：《变革中的国际体系与中国职责》，北京：世界知识出版社，2011 年版。

[83] 王彦民著：《大国的命运》，成都：四川人民出版社，2000 年版。

[84] 赵丕、李效东主编：《大国崛起与国家安全战略选择》，北京：军事科学出版社，2008 年 8 月。

[85] 刘跃进主编：《国家安全学》，北京：中国政法大学出版社，2004 年 2 月。

[86] 阎学通、周方银编：《东亚安全合作》，北京：北京大学出版社，2004 年 10 月。

[87] 杨毅主编：《国家安全战略理论》，北京：时事出版社，2008 年 9 月。

[88] 子杉著：《国家的选择与安全》，上海：上海三联书店，2005 年。

[89] 倪键忠著：《国家安全》，北京：中国国际广播出版社，1997 年版。

[90] 王逸舟主编：《全球化时代的国际安全》，上海：上海人民出版社，1999 年版。

[91] 王逸舟著：《当代国际政治析论》，上海：上海人民出版社，1995 年版。

[92] 王逸舟著：《西方国际政治学：历史与理论》，上海：上海人民出版社，1998 年版。

[93] 戴维·阿希夏尔、理查德·艾伦主编：《国家安全》，北京：世界知识出版社，1965 年版。

[94] 薄贵利著：《国家战略论》，北京：中国经济出版社，1994 年版。

[95] 郭树勇著：《大国成长的逻辑》，北京：北京大学出版社，2006 年版。

[96] 高金钿主编：《国际战略学概论》，北京：国防大学出版社，1995 年版。

[97] 高金钿主编：《国家安全论》，北京：中国友谊出版社，2002 年版。

[98] 王缉思著:《国际政治的理性思考》，北京:北京大学出版社，2006 年 8 月。

[99] 王缉思著：《高处不胜寒：冷战后美国的全球战略与世界地位》，北京：世界知识出版社，1999 年。

[100]时殷弘著:《国际政治与国家方略》，北京:北京大学出版社，2006 年 10 月。

[101]梁西主编：《国际法》（第二版），武汉：武汉大学出版社，2003 年 11 月。

[102]鲁毅等著：《外交学概论》，北京：世界知识出版社，1997 年。

[103]何理著:《中国人民抗日战争史》(2 版)，上海:上海人民出版社，2015 年。

[104]张骥主编：《世界主要国家国家安全委员会》，北京：时事出版社，2014 年 3 月。

[105]蔡拓著:《全球问题与当代国际关系》，天津:天津人民出版社，2002 年版。

[106]黄硕风：《国家盛衰论》，长沙：湖南出版社，1996 年版。

[107]黄硕风：《综合国力新论》，北京：中国社会科学出版社，1999 年版。

[108]李智著:《文化外交:一种传播学的解读》，北京:北京大学出版社，2005 年。

[109]张文木著：《中国新世纪安全战略》，济南：山东人民出版社，2000 年版。

[110]阎学通著：《美国霸权与中国安全》，天津：天津人民出版社，2000 年版。

[111]阎学通、孙学峰著：《国际关系研究实用方法》，北京：人民出版社，2001 年版。

[112]倪世雄等著：《当代西方国际关系理论》，上海：复旦大学出版社，2001 年版。

[113]金应中、倪世雄著：《国际关系理论比较研究》，北京：中国社会科学出版社，1991 年版。

[114]方连庆、刘金质、王炳元主编：《战后国际关系史》，北京：北京大学出版社，1999 年版。

[115]梁守德、洪银娴著:《国际政治学理论》，北京:北京大学出版社，2000 年版。

[116]杜雁芸、刘杨钺主编：《科学技术与国家安全》，北京：社会科学文献出版社，2016 年 4 月。

[117]陈琪、刘丰主编：《中国崛起与世界秩序》，北京：社会科学文献出版社，2011 年版。

[118]黄忠伟主编：《非传统安全论》，北京：时事出版社，2003 年版。

[119]王缉思、李侃如：《中美战略互疑：解析与应对》，北京：社会科学文献出版社，第 1 版，2013 年 6 月。

[120] 陈东晓著：《全球安全治理与联合国安全机制研究》，北京：时事出版社，2012 年。

[121] 邵鹏著:《全球治理:理论与实践》，长春:吉林出版集团责任公司，2010 年。

[122] 俞可平主编：《全球化：全球治理》，北京：社会科学文献出版社，2003 年 6 月。

[123] 封永平著：《大国崛起困境的超越》，北京：中国社会科学出版，2009 年 9 月。

2、论文

[1] 刘胜湘：西方国际安全理论主要流派述评，《国外社会科学》，2005 第 3 期。

[2] 时殷弘：中国崛起与世界秩序，《现代国际关系》，2014 年第 7 期。

[3] 张萍：从安全到风险：当代安全研究的趋势与问题，《思想战线》，2009 年第 6 期。

[4] 翟安康："安全问题"的哲学追问，《苏州大学学报》，2015 年第三期。

[5] 朱锋：中国周边安全局势：问题与挑战，《现代国际关系》，2013 年 2 月。

[6] 耿丽华：对非传统安全与传统安全中几个问题的认识，《辽宁大学学报》，2004 年第 6 期。

[7] 刘德斌：国家类型的划分 —— 拓展国际安全研究的一种思路，《国际政治研究》，2012 年第 1 期。

[8] 丁灿、许立成：全球金融危机：成因、特点和反思，《中央财经大学学报》，2010 年 06 期。

[9] 姜玉欣：风险社会与社会预警机制，《理论学刊》，2009 年第 8 期。

[10] 苏长和：安全困境、安全机制与国际安全的未来，《世界经济与政治》，1998 年第 5 期。

[11] 曹子勤：金融危机产生的原因分析，《内蒙古财经学院学报》，2009 年第 4 期。

[12] 葛冰、郑垂勇：经济全球化背景下我国经济安全面临的问题与对策，《现代经济探讨》，2009 年第七期。

[13] 陆保生：世界多极化趋势在曲折中发展，《解放军报》，2003 年 09 月 01 日。

[14] 钮菊生：大湄公河次区域国家安全合作为何雷声大雨点小，《唯实》，2014 年 12 期。

[15] 钮菊生："和谐世界"理念与我国的地缘安全战略，《学海》，2008 年第 3 期。

[16] 王逸舟：关于国际格局变迁与中国和平崛起的两点看法，《现代国际关系》，2014 年第 7 期。

[17] 熊光楷：信息时代国家安全，《学习时报》，http://www.china.com.cn/xxsb/txt/2007-04/30/content_8199499.htm.

[18] 孙建国：携手打造休戚与共的亚太命运共同体，《学习时报》，http://www.gmw.cn/sixiang/2014-06/09/content_11555870.htm，2014-06-09.

[19] 许小年:新型大国关系的重要内涵，《人民论坛》政论双周刊，总第 408 期。

[20] 魏涛：中国与亚太是命运共同体，《光明日报》，2013.10.04，第 8 版。

[21] 曲星：人类命运共同体的价值观基础，《求是》，2013 年第 04 期。

[22] 社评：所有中国人都须力挺国家安全，《环球时报》，2014 年 4 月 16 日。

[23] 江苏省教育厅主编:大学生安全教育读本，东南大学出版社，2014 年 8 月。

[24] 张劲松：政府软实力：新型城镇化过程中维稳困局的破解，《湘潭大学学报》，2014 年 5 期。

[25] 王逸舟：和平崛起阶段的中国国家安全：目标序列与主要特点，《国际经济评论》，2012（3）：9-20。

[26] 阎学通:道义现实主义的国际关系理论，《国际问题研究》，2014 年第 5 期。

[27] 任晓：从集体安全到合作安全，《世界经济与政治》，1998 年第 4 期。

[28] 习近平：努力构建携手共进的命运共同体，《新华每日电讯》，2014 年 07 月 19 日。

[29] 刘威：中国与东盟：构建共享和平与繁荣的命运共同体，《瞭望》，2013 年 08 月 30 日。

[30] 翟崑：亚洲安全观助推命运共同体建设 [N]，《解放军报》，2014.05.22。

[31] 新华网：美国债务违约风险增加国际社会普遍担忧，http://news.xinhuanet.com/fortune/2013-10/10/c_125505589.htm.

[32] 新华网：中共首提"人类命运共同体"倡导和平发展共同发展，2012 年 11 月 10 日。

[33] 习近平：命运共同体意识在周边国家落地生根，新华网，2013 年 10 月 25 日。http://news.xinhuanet.com/2013-10/25/c_117878944.htm.

[34] 李克强：构建融合发展大格局 形成亚洲命运共同体，人民网，2014 年 4 月 10 日，http://politics.people.com.cn/n/2014/0410/c1001-24870401.html.

[35] 习近平：携手建设中国 — 东盟命运共同体，光明网《光明日报》，2013-10-04，http://www.gmw.cn/sixiang/2013-10/04/content_9081686_2.htm.

[36] 郑国光：维护气候安全 保障生态文明，《人民日报》，2015 年 7 月 7 日，12 版。

[37] 崔克亮：面对全球化时代的风险社会：生存还是毁灭？ http://business.sohu.com/s2006/spschina5-1.

[38] 柳森、章友德：全球化时代，如何应对“风险社会”，《解放日报》，2010 年 8 月 17 日。

[39] 周方银：命运共同体 — 国家安全观的重要元素，人民网，2014 年 6 月 4 日，http://theory.people.com.cn/n/2014/0604/c112851-25101849.html.

[40] 习近平：凝心聚力精诚协作推动上海合作组织再上新台阶，《光明日报》，2014 年 9 月 13 日，第 3 版。

[41] 马振岗：中美必须为“老问题”寻求“新答案”，http://bbs.tianya.cn/post-worldlook-802850-1.shtml.

[42] 波海辛:西方打反恐战离不开中俄，《参考消息》，2015 年 11 月 19 日，14 版。

[43] 路透社：美军舰下月或再抵近巡航南海，《参考消息》，2015 年 11 月 22 日，8 版。

[44] 读卖新闻：日澳酝酿“太平洋战略”遏制中国，《参考消息》，2015 年 11 月 22 日，8 版。

[45] 程远：中华民族尚武精神的历史轨迹及文化启示，《西安政治学院学报》，2016 年 6 月。

[46] 李爱红：关于民族尚武精神弱化的历史根源及对策思考，《体育研究与教育》，2015 年 4 月。

[47] 吴鲁梁：尚武精神的时代价值研究，《武术研究》，2016 年 3 月。

[48] 林尚立：现代国家认同建构的政治逻辑，《中国社会科学》，2013 年 8 期。

[49] 金太军：国家认同：全球化视野下的结构性分析 [J]，《中国社会科学》，2014（6）。

[50] 韩震：论国家认同、民族认同及文化认同 —— 一种基于历史哲学的分析与思考，《北京师范大学学报（社会科学版）》，2010 年第 1 期。

[51] 周毅、孙帅：应对突发事件的信息制度及其构建思路，《情报研究》，2012 年 5 月。

[52] 潘晓珍：理论、制度与现实：全球治理时代中国国家能力建设的三维审视，苏州大学博士论文，2015 年。

[53] 刘利民：把国家安全教育纳入国民教育体系，《光明日报》，2016 年 04 月 16 日，第 06 版。

[54] 李滨、陈光：经济全球化：人的安全与治理，《国际安全研究》，2014 年 4 期（142-154）。

[55] 余潇枫：共享安全：非传统安全研究的中国视域，《国际安全研究》，2014 年 1 期（4-34）。

[56] 孟祥青：设立国安委：有效维护国家安全的战略之举，《中国国家安全研究报告》（2014），刘慧主编，社会科学出版社。

[57] 尹继武：中国对外危机决策中的风险偏好：一项研究议程，载《复旦国际关系评论》，第 10 辑，2011 年。

[58] 潘广辉：现实主义与理想主义的国际安全观辨析，《教学与研究》，2003（10）:73-78。

[59] 尹继武：和谐世界秩序的可能：社会心理学的视角，《世界经济与政治》，2009 年，第 5 期。

[60] 门洪华："安全困境"与国家安全观念的创新，《科学决策》，2007（2）:36-39。

[61] 苏长河：从国家安全到世界安全，《欧洲研究》，1997（1）:43-48。

[62] 余潇枫："认同危机"与国家安全 —— 评亨廷顿《我们是谁？》，《毛泽东邓小平理论研究》，2006（1）:44-54。

[63] 张文木：全球化视野中的中国国家安全问题，《世界经济与政治》，2002（3）:4-9。

[64] 潘忠岐：利益与价值观的权衡 —— 冷战后美国国家安全战略的延续与调整，《社会科学》，2005（4）:40-48。

[65] 王义桅：国家安全特性的变化与研究困境，《国际观察》，2000（2）:19-22。

[66] 王逸舟：和平发展阶段的中国国家安全：一项新的议程，《国际经济评论》，2006（5）:5-9。

[67] 张文木：大国天助 —— 世界地缘政治体系中的中国国家安全利益，《中国改革》，2004（2）:8-14。

[68] 唐永胜：超越传统的国家安全战略，《世界经济与政治》，2004（6）:32-36。

[69] 夏立平：美国国家安全委员会在美对外和对华政策中的作用，《美国问题研究》，2002（2）:9-14。

[70] 刘跃进：十四大以来中共中央关于国家安全的论述与决定，《中央社会主义学院学报》，2010（2）:90-94。

[71] 刘胜湘：国家安全观的终结？—— 新安全观质疑，《欧洲研究》，2004（1）:1-16。

[72] 石斌："人的安全"与国家安全 —— 国际政治视角的伦理论辩与政策选择，《世界经济与政治》，2014（2）:85-110。

[73] 刘灿国：列宁国家安全思想及现实启示，山东师范大学，2014 年博士论文。

[74] 李文良：中国国家安全体制研究，《国际安全研究》，2014 年 5 期。

[75] 黄四民：美国国家安全人才支撑体系的发展，《学习时报》，2015 年 04 月。

[76] 黄四民：构建国家安全人才培养体系，《学习时报》，2015 年 03 月。

[77] 陈宏、杨守畔、罗金沐：构建国家安全教育特色品牌 —— 国防大学探索地方省部级领导干部培训新路子记事，《光明日报》，2015 年 6 月 10 日，11 版。

[78] 任天佑：勇毅笃行开拓中国特色国家安全道路，《人民日报》，2015 年 04 月 15 日，http://theory.people.com.cn/n/2015/0415/c40531-26846636.html.

[79] 孙建国：中国有被侵略危险 用斗争谋中美共赢，人民网，2015-03-02，http://fj.people.com.cn/n/2015/0302/c181466-24042311.html.

[80] 胡伟新：新形势下维护国家安全的利器，《人民日报》，2014 年 11 月 26 日。

[81] 李玉：国家安全与发展不可偏废，《中国社会科学报》，2014 年 9 月 29 日，第 652 期。

[82] 徐倩：糜振玉中将为首批"国家安全教育示范基地"开讲第一课，新华国际，2014 年 06 月 23 日。

[83] 彭光谦：符合自己国情的国家安全机制就是最好的，人民网，2014 年 09 月 22 日。http://world.people.com.cn/n/2014/0922/c157278-25709688.html.

[84] 张玉胜：增强忧患意识 致力国家安全，新华网，2015 年 01 月 25 日。

[85] 王晓樱，魏月蘅：高校学生国家安全意识教育亟待加强，《光明日报》，2015 年 03 月 13 日 05 版。

[86] 曹晓飞，唐少莲：美国《国家安全教育法》的颁布及其影响，《重庆高教研究》2015 年 7 月。

[87] 刘跃进：非传统的总体国家安全观，《国际安全研究》，2014 年 06 期。

[88] 胡洪彬：中国国家安全问题研究：历程、演变与趋势，《中国人民大学学报》，2014，28（4）:148-155。

[89] 丁斗：因特网中的国际政治权力，《国际政治》，2000 年第 8 期。

[90] 张力：因特网的发展对国际关系的影响，《现代国际关系》，2000 年 11 期。

[91] 洪平凡：中国是全球治理机制中的重要力量，新浪财经，2017-03-09，http://finance.sina.com.cn/roll/2017-03-09/doc-ifychihc5920090.shtml.

[92] 王永贵：完善全球治理的中国方案 —— 学习习近平关于全球治理的新理念新思想，《群众》，2016 年 05 月 21 日。

[93] 韦宗友：安全治理：中美全球合作新空间，人民网国际频道，2015-09-20，http://world.people.com.cn/n/2015/0920/c1002-27609222.html.

[94] 仇华飞：为全球治理贡献“中国方案”，《大众日报》，2017-03-22。

[95] 李智、陈爱梅：论信息化生存的两重性及其出路，《自然辩证法研究》，2000 年 12 期。

[96] 王世伟：论信息安全、网络安全、网络空间安全，《中国图书馆学报》，2015 年 3 月。

[97] 王世伟、曹磊、罗天雨：再论信息安全、网络安全、网络空间安全《中国图书馆学报》，2016 年 9 月。

[98] 罗力：论国民信息安全素养的培养，《图书情报工作》，2012 年 3 月。

[99] 陈美：国家信息安全协同治理：美国的经验与启示，《情报杂志》，2014 年 2 月。

[100] 吴志敏：新媒体视域下城市突发公共事件的风险治理，《甘肃社会科学》，2017-09。

[101] 金太军、赵军锋：基层政府“维稳怪圈”：现状、成因与对策，《政治学研究》，2012-08。

[102] 金太军、张健荣：重大公共危机治理中的 NGO 参与及其演进研究，《华中师范大学学报（人文社会科学版）》，2016-01。

[103] 赵长峰：从和平发展到和谐世界 — 改革开放以来中国外交理念的传承与发展，《长白学刊》，2009-07。

[104] 刘跃进：科学技术与国家安全，《华北电力大学学报（社会科学版）》，2000 年 04 期。

[105] 李军：恐怖主义与主要大国的反恐战略研究，华中师大学博士论文，2014 年。

[106] 李形、彭博：中国崛起与全球安全治理转型《国际安全研究》，2016，(3)。

[107] 俞可平：全球治理引论，《马克思主义与现实》，2002，(1)。

3、政策法律法规文件

[1] 中华人民共和国《宪法》（1982 年）。

[2] 中国共产党中央委员会第十七大、十八大、十九大工作报告。

[3] 中华人民共和国《国家安全法》，2015 年 7 月 1 日，第十二届全国人大代表第五次会议颁布。

[4] 中共中央关于全面深化改革若干重大问题的决定，《人民日报》，2013 年 11 月 16 日，第 01 版。

[5] 十八大以来每年《政府工作报告》。

[6] 中央军委办公厅：《中国人民解放军军营开放办法》，国防部网站。

[7] 《中国共产党第十八届中央委员会第三次全体会议公报》，2013 年 11 月 12 日中国共产党第十八届中央委员会第三次全体会议通过，新华网，http://news.xinhuanet.com/politics/2013-11/12/c_118113455.htm.

[8] 国家互联网信息办公室：《国家网络空间安全战略》，中国网信网。

[9] 国务院新闻办公室：《中国亚洲安全合作策略》白皮书，人民出版社，2017 年 1 月。

[10] 国务院新闻办公室：《中国的和平发展》白皮书，2011 年 9 月。

[11] 中央网络安全和信息化领导小组办公室：关于加强网络安全学科建设和人才培养的意见，2016 年 6 月 6 日。

[12] 中华人民共和国《反间谍法》（主席令第十六号）

[13] 中华人民共和国《反恐怖主义法》,2015 年 12 月 27 日，第十二届全国人民代表大会常务委员会第十八次会议通过。

[14] 中华人民共和国《刑法》（涉及第二篇，第一章危害国家安全罪、第二章危害公共安全罪），1979 年 7 月 1 日第五届全国人民代表大会第二次会议通过，1997 年 3 月 14 日第八届全国人民代表大会第五次会议修订。

4、外文资料（foreign language paper）

[1] P Zhao, M Zavarin, R M Tinnacher, A B Kersting.*analysis of trace neptunium in the vicinity of underground nuclear tests at the nevada national security site*. Journal of Environmental R adioactivity, 2014.

[2] BN Porfiriev: *The environmental dimension of national security: A test of systems analysis methods*, Environmental Management, 1992, 16(6): 735-742.

[3] *Human Development Report 2014*, Sustaining Human Progress: Reducing Vulnerabilities and Building Resilience.

[4] Karen DeYoung *Obama redefines national security strategy, looks beyond military might*, Washington Post Staff Writer, Thursday, May 7, 2010.

[5] UNDP, *Human Development Report* 1994.

[6] UNDP, *Human Development Report* 2016.

[7] Steve Thomas, *China's nuclear export drive: Trojan Horse or Marshall Plan? Energy Policy*, 2016-09-14.

[8] David A. Baldwin, Paradoxes of Power, New York: Basail Blackwell, 1989.

[9] Barrry Buzan: Strategic Studies,New York: St. Martin's Press, 1987.

[10] Samuel Huntington, the clash of Civilization? *Foreign Affairs*, summer,1993.

[11] John P. Lovell, "the United States as Ally and Adversary in East Asia: Reflections on Culture and Foreign Policy" , in Jongsuk Chay, et., *culture and reflations*, New York, 1990.

[12] Chunghun Lee; Choong C. Lee; Suhyun Kim, Understanding information security stress: focusing on the type of information security compliance activity, *Computers & Security*, Feb. 2016.

[13] Adéle da Veiga; Nico Martins Defining and identifying dominant information security cultures and subcultures, *Computers & Security*, 06-2017.

[14] David Held, *Globale Transformation: politics, economics and culture*, Standord: Standord University Press, 1999.

[15] David Baldwin, Security Studies and the End War, the contemporary debate, New York: Columbia University Prss, 1995.

[16] 美国国家安全服务网：http://www.unitedstatessecurity.net/Services.html.

[17] 美国白宫网站：https://www.whitehouse.gov.

[18] DONALD J. TRUMP, Presidential Memorandum for the Secretary of Transportation, https://www.whitehouse.gov/the-press-office/2017/10/25/presidential-memorandum-secretary-transportation, October 25, 2017.

[19] Wang Gungwu and Zheng Yongnian, *China and International Order*, London: Routledge, 2008.

[20] Terry Terriff, Stuart Croft, Lucy James (eds.), *Secury Studies Today, Cambridge*: Polity Press, 1999.

[21] Helen E.S. Nesadura(eds.), *Globalization and Economic Security in East Asia*: Governace Institutions, London: Routledge, 2006.

[22] Ken Booth, *Theory of World Security*, New York: Cambridge University Press, 2007.

[23] Brynjar Lia, Globalization and the Future of Terrorism: Patterns and Predictions, London and New York: Rout-ledge, 2005.

[24] Kenneth Lieberthal and Wang Jisi, *Dressing, U. S 一 China Strategie Distrust*, 北京大学国际战略研究中心 2012 年 3 月。

[25] Liu Yuejin, *CPC Statements and Decisions on National Security*, Contemporary International Relations, Aug. 2010.

[26] Ishmael Kwabla Hlovor, *Border Communities and Border Security in China*, ccnu, 2017. IBN.

攻读博士学位期间发表论文及参加科研情况

1.《总体国家安全的国内政治基础》，（杜刚、钮菊生），《南京政治学院学报》（C 刊），2016 年第 1 期；被人大报刊复印资料《国家安全专辑》转载，2016 年，第 4 期。

2.《共同安全价值观的凝练与大国关系未来》，（杜刚、钮菊生），《中国社会科学报》（C 刊），2018 年 3 月 22 日，第 1416 期。

3.《在风险社会背景下寻求国家安全》（C 刊），（钮菊生、杜刚），《中国社会科学报》，2015 年 10 月 23 日，第 829 期。

4.《共同安全价值观：国际安全治理中大国关系发展的动力与诉求》，2017 年云南大学全国第五届国际安全论坛参会论文，（钮菊生、杜刚）。

5.《新型大国关系的内涵、意义与构建》，（钮菊生、杜刚），《新型大国关系、国际秩序转型与中国外交新动向》，梁守德著，全国高校国际政治研究会年会论文集，2014 年 11 月。

6.《合作共赢的新型大国关系前瞻》，（钮菊生、杜刚），《唯实》2013 年 12 月。

7.《以国家利益为最高准则构建中美新型大国关系》，（钮菊生，杜刚），《常熟理工学院学报》，2017 年 5 期。

8.《生产力发展与国家安全论》，（杜刚、钮菊生），《江南社会学院学报》（C 扩），2017 年 1 期，被人大报刊复印资料《国家安全专辑》转载，2017 年，第 10 期。

后　记

追求学术的道路是艰辛而又快乐的。这个道路上唯有毅力和智慧的同时拥有，才能获得对真理认识的一点点进步。值得庆幸的是，在追求人生目标的道路上有那么多老师、亲人、同学和朋友的鼓励、支持和热情帮助，没有他们的一路相伴真的很难相信可以走下去。我的导师钮菊生教授，为人亲切和蔼，学术渊博，风趣幽默，对待学生平易近人，而在学术上又严格要求，规范写作。几年来，钮菊生老师一丝不苟地教育我们做人、做事、做学问。在博士论文的撰写上，钮老师在提纲的审定上反复与我进行推敲、研究、琢磨，在迷惘困惑时及时为我提供最新国家安全研究资料。没有钮老师的引导、帮助、支持和鞭策，真的无法实现学术的进步。

还要感谢苏州大学政治与公共管理学院辛勤教诲我们的一大批老师。乔耀章老师对我们饱含期待，谆谆教导，细心引领，要求我们大胆突破，不断创新，要对自己的学术人生和未来负责；金太军老师学识渊博，课堂教学多姿多彩，引人入胜，案例引用恰到好处而又信手拈来，开阔了我们的视野；张劲松老师课堂轻松诙谐，对学生要求严格，尊重学术规范，以自身严谨的学术研究态度引导和规范学生；王卓君老师从哲学、从文化的视角给我们以启迪和引导；周毅老师及时提醒要在国家信息安全方面注意重视和加强研究；葛剑一老师提出要合理选择分析问题的标准和类别；王俊华老师提出要加强理论工具的分析使用和把握；叶继红老师、钱振明老师对论文提纲的梳理和典型案例的选择都提出了宝贵的意见。

师母钱美华老师在我的学习、学业上给了我热情的帮助和引导，对于掌握博士学习各阶段流程、规范和制度起到了重要的帮助作用。

另外，感谢华中师范大学政治与国际关系学院副院长、博士生导师胡宗山老师提出了“334”论文写作原则；感谢北京大学王逸舟教授、清华大学阎学通教授对论文的写作提出的宝贵建议和指导。同学郭亮副教授、熊兴博士、陈邦瑜博士等对论文的提纲和论文写作业提出了意见和帮助，感谢师弟刘敏博士给予的支持和帮助。

爱人李亚光老师在我读博期间对家庭的付出，对孩子的学习、辅导和生活的照料解决了我的后顾之忧；感谢八十多岁的老父和病母在我读博期间给予我最最真切的爱和无私的支持！

最后，感谢苏州市 2024 年社科基金项目支持（项目名称：总体国家安全观指导下的苏州特殊节点风险防控研究）。

保障力：

中国的发展与总体国家安全

杜刚 著

责任编辑 萧 健
装帧设计 高 林
排 版 黎 浪
印 务 刘汉举

出版 开明书店
香港北角英皇道 499 号北角工业大厦一楼 B
电话：(852) 2137 2338 传真：(852) 2713 8202
电子邮件：info@chunghwabook.com.hk
网址：http://www.chunghwabook.com.hk

发行 香港联合书刊物流有限公司
香港新界荃湾德士古道 220-248 号
荃湾工业中心 16 楼
电话：(852) 2150 2100 传真：(852) 2407 3062
电子邮件：info@suplogistics.com.hk

版次 2024 年 5 月初版

规格 16 开 (240mm × 160mm)

字数 230 千

印张 18.5

ISBN 978-962-459-352-5